彩图 1　腐熟有机肥

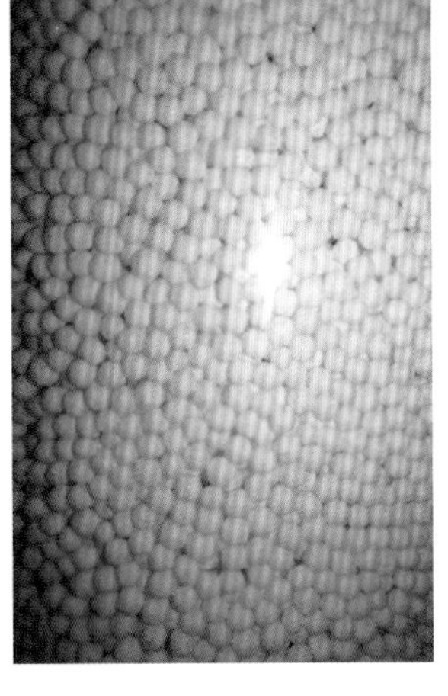

彩图 2　改性硫黄包膜尿素

彩图 3　腐植酸颗粒肥

彩图 4　颗粒掺混复合肥

彩图 5　活性包膜控释氮肥

彩图 6　微生物菌肥

彩图 7　滴灌施肥系统

彩图 8　包膜控释肥料接触施肥

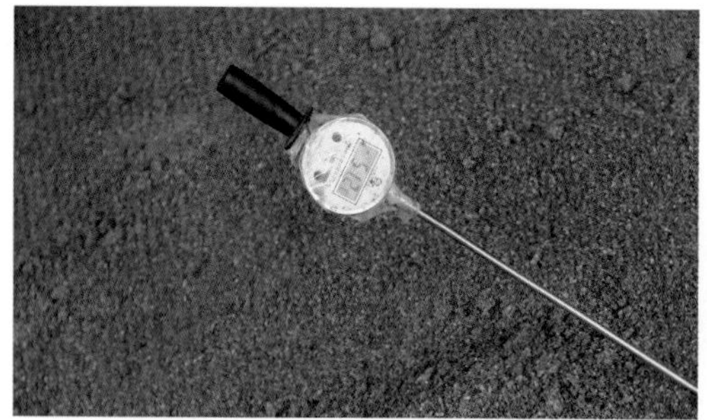

彩图 9　堆肥堆体温度检测

彩图 10　设施栽培旁通罐配肥施肥系统

彩图 11　果园有机肥撒施作业

彩图 12　果园颗粒肥料撒施作业

彩图 13　果园旋耕施肥机田间作业

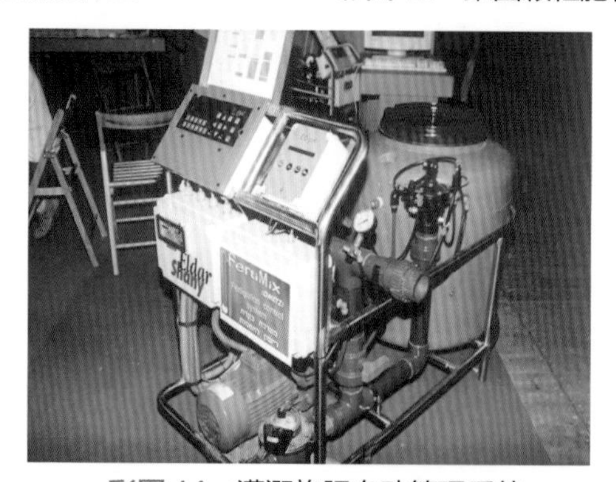


彩图 14　灌溉施肥自动管理系统

彩图 15　新型肥料盆栽肥效试验

彩图 16　新型肥料生产中控室

彩图 17　颗粒肥生产第一烘干车间

彩图 18　颗粒肥生产第二烘干车间

彩图 19　颗粒肥生产第一冷却车间

彩图 20　颗粒肥生产第二冷却车间

彩图 21　颗粒肥包装机器人

彩图 22　水溶肥螯合车间

彩图 23　整形翻堆机

彩图 24　液体肥料灌装车间

彩图 25　液体肥料螯合灌装车间

彩图 26　液体肥料吨肥灌装车间

彩图 27
液体肥包装设备

彩图 28　条垛式堆肥车间

彩图 29　复合肥生产管式反应器

彩图 30　固体肥料包装车间

彩图 31　微生物菌肥发酵车间

彩图 32　年产 20 吨发酵罐车间

# 新型肥料及其应用技术

崔德杰　杜志勇　主编

化学工业出版社

·北京·

本书详细介绍了缓/控释肥料、尿素改性类肥料、水溶性肥料、微生物肥料、功能性肥料和其他新型肥料的概念、特点、分类及科学的施用技术，使读者在了解基本知识的基础上能够学会运用科学原理指导新型肥料的应用，以增强新型肥料应用的科学性、实效性和安全性。同时，抓住新型肥料"新"的特点和与传统肥料相比的优势及其在应用过程中注意的问题这一难点来总结其应用技术，力争使读者能将相应技术学得会、用得上、推得好，最终实现新型肥料应用技术领域的节本增效、高效环保、安全优质。本书理论联系实际，具有很强的指导性与可操作性。

本书适用于农业肥料科技推广部门、肥料生产企业、设备制造及相关营销企业负责人、大专院校学生、科研技术人员及农资经销商及农业生产者等阅读。

**图书在版编目（CIP）数据**

新型肥料及其应用技术/崔德杰，杜志勇主编.
北京：化学工业出版社，2016.9（2024.2重印）
ISBN 978-7-122-27775-6

Ⅰ.①新… Ⅱ.①崔…②杜… Ⅲ.①施肥-基本知识
Ⅳ.①S147.2

中国版本图书馆CIP数据核字（2016）第181597号

责任编辑：刘　军　　文字编辑：陈　雨
责任校对：边　涛　　装帧设计：关　飞

出版发行：化学工业出版社（北京市东城区青年湖南街13号　邮政编码100011）
印　　装：北京科印技术咨询服务有限公司数码印刷分部
710mm×1000mm　1/16　印张17¼　彩插2　字数333千字　2024年2月北京第1版第7次印刷

购书咨询：010-64518888　　售后服务：010-64518899
网　　址：http://www.cip.com.cn
凡购买本书，如有缺损质量问题，本社销售中心负责调换。

**定　　价：58.00元**

# 本书编写人员名单


**主编**

崔德杰　杜志勇

**副主编**

曾路生　金圣爱　刘庆花　马秀珍

**编写人员**

（按姓名汉语拼音排序）

崔德杰　代庆海　杜志勇　金圣爱　刘庆花

马秀珍　宋祥云　曾路生　赵伟杰

# 前言

肥料投入约占农业生产全部物资投入的一半。综观国内外研究发现，20世纪粮食单产的1/2、总产的1/3来自化肥的贡献。但是由于化肥自身存在的某些缺陷以及不合理施用，给环境带来了不同程度的污染。世界上每年氮肥消费量约为9000万吨，中国约为2000万吨，通过气态、淋洗和径流等各种途径离开农田损失的数量分别达3500万吨和900万吨。地下水和饮用水硝酸盐含量超标，江河湖泊富营养化，温室气体的增加，农产品硝酸盐污染等都与施用化肥不当有关。

随着人口的增长，人类对粮食和农产品需求量增多，对农产品安全和生态环境质量提出更高的要求，新型肥料产业发展对我国这样一个人口大国，不仅是肥料产业升级进步的必然要求，也是农业生产沿着高产、优质、低耗和高效的方向发展及粮食安全的重要保证。新型肥料并不一定“新”，也不一定具有“高科技”的特征，而是在新形势下对传统肥料的提升。凡是克服或弥补了传统肥料的不足，具有更高肥效、更好的经济效益、环境效益、社会效益的肥料都统称为新型肥料。新型肥料有别于传统的、常规的肥料，表现在功能拓展或功效提高、肥料形态更新、新型材料的应用、肥料运用方式的转变或更新等方面，能够直接或间接地为作物提供必需的营养成分；调节土壤酸碱度、改良土壤结构、改善土壤理化性质、生物化学性质；调节或改善作物的生长机制；改善肥料品质和性质或能提高肥料的利用率。

近十年来，随着控制化肥用量的环境立法在世界各国越来越受重视，世界普通化肥用量出现负增长，但是新型缓/控释肥料消费量每年以高于5%的速度增长。近二十年来，日、美等国聚合物包膜控制释放肥料的消费量年平均增长速度为常规肥料的10倍以上。世界各国都在投巨资发展新型肥料，抢占新型肥料研究的制高点。新型肥料研究一直是国际农业高技术领域竞争的重要领域，作为新开发的产品，它的发展态势迅速，应用前景相当广泛。目前，市场上存着多种新型肥料，主要有缓/控释肥料、尿素改性类肥料、水溶性肥料、微生物肥料、功能性肥料和其他新型肥料。纵观世界各国肥料使用现状，当前仍以常规肥料占绝大多数。新型肥料只是在某些特殊作物、特殊土壤上或者在其他的具体条件下进行应用。今后肥料工作的重点仍然在提高科学施肥水平、完善施肥技术、推广平衡施肥理念上，常规肥料在今后相当长的时间内仍将是肥料应用的主流，新型肥料的研制、生产与推广需要稳步发展，不断完善。

本书将尽可能地从生产实际入手，针对生产实践中出现的肥料应用问题，尤其是新型肥料问题，进行深入浅出的描述，重点和特色在于剖析新型肥料应用中问题的实质，以及提供解决问题的策略、建议和措施。将新型肥料的概念、分类、特点等基础知识与植物营养和科学施肥的基本原理相结合，使读者在了解基本知识的基础上能够学会运用科学原理指导新型肥料的应用，以增强新型肥料应用的科学性、实效性和安全性。

本书第一章、第六章和第七章由杜志勇编写，第二章由曾路生编写，第三章由金圣爱编写，第四章由刘庆花编写，第五章由宋祥云编写，代庆海、马秀珍、赵伟杰也参加了其中部分章节编写工作。全书由崔德杰、杜志勇统稿。

由于作者水平有限，不当之处在所难免，敬请广大读者批评指正。

**编者**

**2016 年 6 月**

# 目录

## 第一章 缓/控释肥料 /001

## 第二章 尿素改性类肥料 /043

## 第四章 微生物肥料 /159

## 第五章　功能性肥料　/183



## 第六章　其他新型肥料　/209

# 第一章

# 缓/控释肥料

# 第一节 缓/控释肥料概述

缓/控释肥料这个词，在许多年前还是个新鲜的事物，而如今已经像“测土配方施肥”一样家喻户晓。缓/控释肥料是一种具有理想情怀的肥料，为什么这么说呢？因为作物生长和人一样，小的时候需要的养分少，青年期需要的多，后期需要的少但不能缺，而我们施肥习惯要么一次给足，要么后期没有。而缓释肥料却能将肥料中的养分在作物生长的不同时期，缓慢释放出来，让作物整个生长期持续得到养分供应，前期有量，中期给足，后期不缺，实现了提高产量和减少污染两大目标，这也是近几年缓/控释肥料在全国大面积施用的重要原因。

中国植物营养与肥料学会新型肥料专业委员会副主任沈兵认为，新型肥料的界定是为了与传统化肥相区别，把改性化肥、含微生物菌剂的有机肥、添加功能制剂的有机或无机复混肥称为新型肥料。因此将其定义为：以能提供植物矿质养分的物质为基础，通过物理、化学或生物转化作用，使其土壤和作物的营养功能得到增强的肥料称为新型肥料。其主要功效是提高养分利用效率和改善养分利用条件。这一含义已经超出了传统肥料的范畴，是肥料家族中不断出现的新成员、新类型、新品种，其内涵是动态发展的，是肥料产业创新发展的原动力。

因此，界定新型肥料需要满足下述条件：①是否能够提高传统化肥性能、功能和效率；②肥料的理化性质是否改变，并提高了产品的商品性；③生产工艺水平是否处于国际国内领先水平；④是否具有良好的社会、经济和环境效益；⑤是否应用最新科学技术成果；⑥是否具有可持续性特征，对土壤不会造成污染。只有满足上述条件的肥料或功能性物质，才能称得上新型肥料的“新”字。

2016年中国化肥工业绿色产业化年会总裁论坛指出，开发新型肥料，突出肥料卖点，是肥料企业走出困境的唯一出路。

近两年，肥料行业呈现急速变化，创新乏力，需求疲软，产能过剩，市场竞争激烈，行业整体利润率下降，亏损企业增多，一些化肥生产企业被淘汰出局，企业并购、重组案例增多，大型、综合性、跨行业、跨地区的企业集团不断涌现，这标志着肥料行业正逐渐步入发展成熟期，面临结构调整，单打独斗的运行模式将成为过去时。

农业部农技推广中心提出，要树立“增产施肥、经济施肥、环保施肥”理念，大力开展耕地质量保护与提升，增加有机肥资源利用，减少不合理化肥投入，加强宣传培训和肥料使用管理，走高产高效、优质环保、可持续发展之路，促进粮食增产、农民增收和生态环境安全。

实现化肥行业绿色产业化，可以走精、调、改、替这四条技术路径：一是推进精准施肥。根据不同区域土壤条件、作物产量潜力和养分综合管理要求，合理制订各区域、作物单位面积施肥限量标准。二是调整化肥使用结构。优化氮、磷、钾配比，促进大量元素与中微量元素配合。适应现代农业发展需要，引导肥料产品优化升级，大力推广高效新型肥料。三是改进施肥方式。大力推广测土配方施肥，提高农民科学施肥意识和技能。研发推广适用施肥设备，改表施、撒施为机械深施、水肥一体化、叶面喷施等方式。四是有机肥替代化肥。通过合理利用有机养分资源，用有机肥替代部分化肥，实现有机无机相结合。提升耕地基础地力，用耕地内在养分替代外来化肥养分投入。

新型肥料是未来发展的方向。新型肥料由于本身的优势，能够直接或间接地为作物提供必需的营养成分，改善肥料品质和性质或能提高肥料的利用率，深受行业的追捧，也已经获得了国家认可，未来发展可期可盼。

自2004年以来，历年中央一号文件均以“三农”为主题，有力地促进了农村经济和农业生产的发展。尽管过去十年我国粮食产量实现十连增，但农产品供需矛盾，耕地、水资源污染、食品安全等问题也接踵而至，农业发展的可持续性面临挑战。为实现农业现代化，确保主要农产品生产稳定发展，打造高效生态的现代农业体系迫在眉睫。“发展生态友好型农业，构建新型农业经营体系”已成为农业发展的重点。在农业土壤污染上，化肥是主要的污染源。与此同时，随着我国对食品安全的日益关注，消费者对健康食品的追求以及对现代化高效低能耗农业的要求，使得新型化肥快速发展成为一种必然。

分析人士指出，中国以占世界9%的耕地消耗了世界1/3的化肥，单位面积用量是世界平均水平的3.7倍，而每千克养分所增产的粮食却不及世界的1/2，且肥料的消费仍呈上升趋势。每年有超过50亿吨的有机废弃物不能很好利用，环境与生态压力很大。所以，依靠技术加强新型肥料的研发与推广，是保障粮食安全、提高肥料利用率、减低环境风险的重要途径。为适应中国农业由传统加速向现代转化，一批大中型企业将在新型肥料研制中承担重任。

目前我国新型化肥正处于发展阶段，仍有很大上升空间。相关数据显示，目前全国从事各类新型肥料生产的企业已超过2000家，占全国肥料生产企业总数1/4。新型肥料产业资产规模约为500亿元，新型肥料产业的总产值每年约为164亿元，产品正在向着高效、增值、多功能、生态环保的方向发展。随着新型化肥的逐渐升温，越来越多的企业将进入该行业，分享巨大的市场。

水溶肥发展良好，已成新型肥料发展主导趋势。在第十七届中国国际农用化学品及植保展览会（CAC）暨第七届中国国际新型肥料展览会上，展出的产品主要是水溶肥料、增效肥料、缓/控释肥料、土壤调理产品。其中水溶肥产品占半壁江山，已成为我国新型肥料发展的主导趋势。

在目前形式下，企业通过转型升级，竞争力获得提升，产品在国际市场上的竞争力有所增强。中国化肥产业处于转型升级关键时期，面对如此局面，很多企业瞄准全球市场。2015 年全国出口继续保持较高增长态势。主要原因有两点，一是去年全年出口采用统一关税；二是国内化肥产量在不断增加，企业加大了出口力度。

目前，中国的肥料出口已不是以最基础的原料产品为主，中国的肥料品牌也逐渐被外国客商所认可。颗粒水溶肥在国际市场却是空白，而它深受东南亚客商的喜爱。我们要打破中国制造在外国人心中廉价的概念，由中国制造到中国创造。

国家非常重视“一带一路”进出口贸易的发展，沿线国家对于我国的种子、化肥、农机等行业有强烈的需求。2015 年对“一带一路”沿线国家出口化肥，销售额 6732 亿美元，同比增长 28.2%，市场潜力巨大。

新型肥料应该是以提供营养、提高作物产量、改善农产品品质、保护耕地土壤生态环境、实现节本增效为最终目的，重点研究能增强抗逆性、提高肥料利用率、有利于农作物健康生长、增强土壤自净能力的产品。但目前我国的新型肥料市场只能用“品种繁多，优劣参半”来形容。

目前，我国的肥料市场除常规单质氮磷钾、复混（复合）肥料、掺混肥料、有机肥料、有机无机复混肥料、水溶肥料、微生物肥料外，各种新型肥料纷纷登场，如微生物肥料、缓/控释肥料、增值肥料等。除了品种繁多，原料也更广泛，如复混类肥料中除含氮、磷、钾外，还添加各种微量元素、氨基酸、腐植酸、增效剂；有机肥料类可以是各种人畜粪尿、农作物秸秆、各种饼粕、酒糟、中药渣等。然而，新型肥料的品种和原料的纷杂也造成了肥料市场价格持续走低，质量合格率低，肥效不尽如人意，肥害纠纷屡发。

肥料行业存在的问题，主要表现在以下九个方面。

**1. 产能过剩，同质化严重**

以全国尿素为例，2015 年产能 9000 万吨（不包括进出口和工业用），全国耕地面积 18 亿亩，按平均复种指数 200%计算，每亩可供尿素 25kg。市场上还有碳铵、硫铵等其他氮肥，还要加上磷钾肥、有机肥、有机无机复混肥料和各种水溶肥料，每年还要进口钾肥。种种因素造成尿素价格持续走低，土壤酸化、板结等现象严重。对任何一个肥料产品，相关法律和标准强制规定必须标注真实的养分名称和含量，不得标注标准规定以外的成分，更不得标注根本不存在的养分来误导消费。

**2. 闭门造车，创新错位**

只考虑效益，不考虑农业生产需求。如城市垃圾制作的肥料有重金属污染；药肥如不解决化学反应问题，会导致作物中毒；全营养和同步营养只是理论成立（在组织培养、盆栽试验、设施栽培实验室中实现）；富硒肥料中的硒可抑制癌症，但吸收多了就会中毒；纳米是长度单位而不是营养等。

**3. 配方随意，针对性差**

作物需肥是有规律的，不同作物、不同的目标产量、不同土壤、不同气候、不同管理水平，要求产品配方均不同，因此，要进行测土配方施肥，平衡作物营养，根据需要选择大量、中微量元素和不同原料的有机质（酸碱度），制作相应肥料。不能根据原料价格的高低来制订配方。

**4. 偷减养分现象严重，品牌意识不强**

在产能严重过剩、同质化现象普遍的现状下，不少企业把品牌效益放在脑后，过分追逐利润，偷减养分。农业部连续 2 年全国抽检，均有相当比例的大型肥料企业赫然在榜。

**5. 标识混乱，难辨真假**

有的多标不存在的养分（如固氮因子、纳米）、有的虚标各种荣誉（某某奖、发明专利、美国技术、领导或科学家题词等）、有的夸大效果。

**6. 炒作概念，误导消费**

有的炒作产品概念，号称“高科技新产品”（多种名称的尿素、聚能、多肽、三胺、第四元素、全营养、海水提取物、冰川提取物、防治病虫害等），有的炒作营销理念（电商、土壤速测仪现场出配方、赠送物品甚至汽车等），有的吹捧高科技，有的夸大生物肥料效果，有的偷梁换柱（用氯化铵冒充高效氮肥）。

**7. 流动讲师团，索赔难度大**

有的打着讲师团的名义，进村入户，现场讲座，田间鉴定，高价卖假肥，售完消电话，打一枪换一个地方，造成损失找不到人赔偿。

**8. 制假售假屡发，肥害纠纷案件增多**

受利益驱动，有的企业或自身或按经销商要求、或与经销商勾结。2010 年以来，安徽已发生多起因肥害造成的纠纷事件。

**9. 法律法规不完善，企业违法成本低**

一个 13 亿人的农业大国，至今没有一部专门的肥料大法。

为此，未来新型肥料将向以下 8 个方向发展：

① 配方相对科学的高浓度复混（复合）肥料是市场的主流。

② 掺混肥料因天生容易分层的缺点、种肥一体化需要、种植大户对肥料认识的提高，将被市场逐步淘汰。

③ 具有抑制作物病害、防治设施栽培条件下的土壤次生盐渍化、防治连作重茬障碍的微生物肥料及生物有机肥将会成为市场追捧的热点。

④ 土壤调理剂特别是酸性土壤调理剂未来几年会给企业带来可观的利润，但要求必须有实实在在的效果。土壤修复剂还处在研究阶段，这是一项复杂而长

期的工作。

⑤ 可根据作物生育期需要迅速降解的缓释氮肥会有一定的市场空间，前提是不对土壤造成负面效应。

⑥ 利用具有农药功能的植物原料制成的药肥，既可有效防治一定范围内的病虫害，又可起到提供营养的作用，可实现节本增效。

⑦ 适应规模化种植、水资源缺乏、劳动力成本不断提高的现实，具有既可提供营养，又具有抗逆性的，兼有修复、解毒功能的水溶肥料已开始为农民接受，但不是单纯大量元素、微量元素和中量元素肥料产品。如加入硼、硅和黄腐酸、海藻类物质。

⑧ 有机无机复混肥料（在土壤中可迅速转化的无害化有机原料），包括用处理过的腐植酸为原料的该类产品，因既符合种地养地相结合的原理，可大幅度提高肥料利用率，又因富含可转化的有机物料，是天然的环保型缓释肥料。

提高肥料利用率有两大途径：一是改进施肥技术，根据气候、土壤、作物特性不同而采用不同的施肥方法、施肥时间、施肥量等；二是研制新型肥料，新型肥料研制的着眼点是实现对肥料养分释放的调控。而控释肥则是解决这一问题的高新技术产品。控释肥是以有机或无机肥为载体，以同时实现横向-纵向平衡施肥的目标，应用物理、化学、生物化学等调控手段使肥料养分在作物生育期内逐渐释放出来，并与作物吸收基本同步的新型肥料。与施肥技术相比，这种物化了的技术可操作性强，便于推广，原来一些由人工操作的技术已经物化到控释肥新产品中去，使技术实施大为简化，因此控释肥可称之为“傻瓜肥”。

自从 1948 年美国人合成世界上第一个缓释缩合肥料脲甲醛后，缓/控释肥料的研发经历了一个多元化的发展过程。20 世纪 60 年代前后，缓释肥的研发主要集中在脲甲醛的生产及其应用。到了 70 年代，则侧重肥料包膜技术，所用膜材主要为脲甲醛和聚烯烃类化合物或胶黏剂。80 年代，缓/控释氮肥研发突飞猛进，倾向于以硫黄、聚乙烯、磷酸镁铁等作为肥料包膜材料进行研究。目前，缓/控释肥料的研究转向于包膜新材料、新型化学合成缓释肥料合成工艺方法及新型缓/控释肥料长期应用对环境的影响等方面。

通过长期的研究，人们认识到养分释放过快或过慢的肥料都满足不了作物的养分需求，因而需要调控其释放速率。控释肥应是一类养分释放与作物养分需求一致或基本一致的肥料，这类肥料能最大限度提高肥料利用率，防止多余养分对环境的污染。这一基于养分供求的动态平衡是一种纵向平衡，有别于只关注不同养分元素间的横向平衡，是平衡施肥的一个重要方面，据此提出“缓释”与“促释”是控释肥研究的两个重要方向。矿物肥源促释技术促使难溶性磷、镁、钾的活化，在理论和技术上为控释肥增添了新内容。

由于缓释/控释肥料体现了横向-纵向平衡施肥的原理，因而提高了肥料的利用率，可以说具有显著的经济效益、环境效益。Kaneta 等研究表明，免耕移植水稻一次性基施控释肥料与传统水稻栽培成本相比，可降低成本 65%。Shoji 的实验表明，在大麦、土豆、玉米上施用控释肥能显著提高氮肥的利用率及作物的产量；在玉米实验中，控释肥的 $N_2O$ 损失仅仅是尿素损失的 1/3，整个生育期 $N_2O$ 的损失均远远低于传统肥料。河南农业科学院承担的对郑州 Luxecote 的实验表明，小麦施 Luxecote 氮利用率约 57.2%。

尽管缓释/控释肥料具有很好的潜在经济及社会效益，且已经商品化，但在农业上的大规模应用仍受到限制，仅占世界化肥总消耗量的 0.5%以下。

由于控释材料生产工艺的复杂，致使控释肥料价格居高不下。为了降低缓释/控释肥料的价格，研制和筛选新型、高效、廉价的控释材料已成为目前研究的关键。现在控释材料的研究已逐渐从无机物转向有机物，特别是一些高分子聚合物由于具有控释效果好、易降解、无污染而成为研究的重点。另外，不同控释材料包膜的肥料释放机理是不同的，不同形态的养分在不同的土壤、不同的作物上的转移吸收差异也很大。正是由于这一差异的复杂性，有必要对不同土壤上施用于不同作物的控释肥料配方加以研究，同时进一步系统研究控释肥料养分释放速率和机理模式。缓释/控释肥料发展到今天，它的各方面的优势已突显出来，有着广阔的发展和应用前景，势必成为将来肥料的主导。

## 一、缓/控释肥料概念

缓/控释肥料，顾名思义是肥料施用后肥料或养分的释放可以人为控制，或者与速效肥料相比肥料养分释放速度缓慢。因肥料养分的释放缓慢，施用后对作物的作用时间也比较长。缓/控释肥料在国际和国内并没有严格和权威的定义和统一的评价标准，因为一直以来国内外对缓释和控释的概念存在较大的争议。

目前，国际肥料发展中心（IFDC）编写的《肥料手册》中给出的缓释和控释的定义，被大多数人认可和接受。所谓缓释肥料（slow-release fertilizers，SRF）是指肥料所含的养分是以化合的或以某种物理的状态存在的，以使肥料养分对作物的有效性延长。控释肥料（controlled-release fertilizers，CRF）是指肥料中的一种或多种养分在土壤溶液中具有微溶性，以使它们在作物的整个生长期均有效，理想的这种肥料应当是肥料的养分释放速率与作物对养分的需求相一致。这从实际情况来看，要达到这种理想的状态或性能是非常难的事情，因为众所周知作物种类不同，其对养分的需求千差万别，即使同种作物因种植的环境不同，对养分的需求也存在较大差异，所以获取作物对养分的需求规律本身就是一项比较艰巨的任务，而通过技术手段制造一种养分释放速率与这种规律相一致的肥料就变得更加不可思议了。鉴于对“控释”的遥不可及，对“缓释”的俗不可耐，很多人习惯上不再费劲脑汁去区分二者的区别与联系，而更加注重该类肥料在生产实践中的应用效果，故统称为“缓/控释肥料”。

所谓“缓/控释肥料”应该通过某种技术手段将肥料养分速效性与缓效性相结合，其养分的释放模式（释放时间和释放率）是以实现或更接近作物的养分需求规律为目标的，具有较高养分利用率的肥料。

## 二、缓/控释肥料类型

国际肥料工业协会（IFA）按照制作过程不同将缓/控释肥料分为两大类：一类是尿素和醛类的缩合物，并称这类肥料为缓效肥料或缓释肥料（slow-release fertilizers，SRF）；另一类是包膜肥料（coated or encapsulated fertilizers)，通常称为控释肥料（controlled-release fertilizers，CRF)。

按照缓释和控释肥料溶解性不同通常被分为三种类型：一是物理阻隔型的缓/控释肥料，如包膜颗粒肥料和基质复合肥料，其中包膜颗粒肥料又可进一步划分为有机聚合物包膜肥料（热塑性和树脂类）和无机包膜肥料（如硫黄、矿物质包膜）；二是化学合成型缓释肥料，如微溶有机氮化合物等，可进一步划分为生物可降解的微溶有机氮化合物，如脲甲醛、亚丁基二脲/亚异基二脲（IBDU）和其他脲醛缩合物以及草酰胺等；三是微溶性的无机化合物，如金属磷铵盐、磷酸镁铵、部分酸化磷酸盐等。

根据肥料养分的释放控制模式不同可将缓/控释肥料划分为四类，即扩散型、侵蚀或化学反应型、膨胀型和渗透型。

根据缓/控释肥料制造方法可进行如下分类：缓释肥料包括化学合成有机-无机微溶化合物（如脲甲醛、亚丁基二脲、草酰胺、磷酸镁铵等)、涂层缓释肥料（如涂层尿素)、包裹型缓释肥料［如硫包衣尿素、“乐喜施”（Luxecote）］、有机无机复合型缓释肥料等；还有一种是尿素等氮素化肥中加入脲酶抑制剂或硝化抑制剂而生产的肥料，在施入土壤后只是延缓了尿素水解转化成铵或抑制硝化细菌将铵离子氧化而转变成亚硝酸根和硝酸根离子的过程。根据国际肥料工业协会分类，这种肥料通常称为稳定性肥料（stabilized fertilizers)。根据添加的抑制剂的类型不同可以细分为脲酶抑制型、硝化抑制型和复合型。其中复合型既含有脲酶抑制剂，又含有硝化抑制剂，可能还含有氨稳定剂或吸附剂等助剂。

根据养分释放模式和释放原理，很多人又习惯将缓/控释肥料分为物理阻隔型（即包膜肥)、化学合成型、生物抑制剂型（或生物稳定型）和载体吸附型等类型。

物理阻隔型缓/控释肥就是通过简单的物理包膜过程处理，使肥料具有缓控性。一般通过一些手段如加热、喷涂、干燥等在肥料颗粒表面喷涂一层或几层惰性物质，形成致密的低渗透性膜，因而能控制水进入肥料核心以及养分溶液从膜内向外部扩散的速率，进而延缓肥料中养分的释放速率。常见的包涂材料主要分为有机和无机两种，无机化合物作为包膜材料的有硫黄、金属氧化物和金属盐、无机化学肥料等。而有机物作为包膜材料的有石蜡、烯烃聚合物或共聚物、不饱和油、天然橡胶及高分子树脂（如聚氨酯等）等。仅就目前缓/控释氮肥的研究来看，包膜型缓/控释肥料的制造过程一般不涉及化肥的化学反应，通过包膜材料成分和厚度的调整，来控制肥料养分释放速率，该类肥料受外界环境因素影响较小，能灵活地调节其释放特性，制造工艺方法简单易行，在技术和经济上具有较大优势。目前，肥膜的致孔技术是该类肥料最具科技含量的前沿技术，其中致孔工艺的选择，致孔材料的复配和应用均能显著影响肥膜孔穴，进而影响核心养分的释放。

化学合成型缓/控释肥主要以氮肥为主，其养分释放机理比较复杂，综合概括包括两类：一是化学添加物不与目标肥料结合；二是化学添加物与肥料结合形成新物质。在化学添加物不与目标肥料结合的情况中又包括两种形式。一种形式是在目标肥料中添加阻溶性物质。以缓释尿素为例，在尿素中添加含铜、锌、锰化合物及植物所需的其他微量元素的无机盐、有机物等，这些物质可使尿素的溶解速度减慢，从而减缓养分的释放速度。另一种形式是在目标肥料中添加养分释放抑制物质，如在尿素中混加脲酶活性抑制剂、硝化抑制剂。加入脲酶抑制剂能降低脲酶的活性，从而使尿素的分解速率变慢，即减慢氨化过程。加入硝化抑制剂能选择性地抑制亚硝酸菌、硝酸菌、脱氮菌的活性，从而减少氮肥的硝化和脱氮作用，主要硝化抑制剂有卤代苯酚、硝基苯铵、硫脲、甲硫铵酸、吡啶、嘧啶、硫脲、双氰胺（DCD）等，此类肥料又被称为生物稳定型肥料。另一类是化学添加物与目标肥料结合形成新物质，如甲醛与尿素在特定条件下缩合生成脲甲醛；乙酸醛与尿素在酸性环境下生成环状结构物质；异丁醛和尿素反应生成的亚异丁基双脲（IBDU）等，这类缓/控释氮肥的养分释放机理是该化合物在外界环境条件的影响下（如生物作用、土壤 pH 值、水分含量、温度等）分解，特定化合物与尿素之间的化学键断开，重新生成尿素和特定化合物，然后尿素再释放出植物生长所需的氮素。其释放速率取决于组合物键的性质、立体化学结构、疏水性、降解难易度、肥料形状、表面积与体积之间的比率及微生物的作用等，因此也有人简单的称其为脲醛类肥料。

载体吸附型缓/控释肥料是以一种或多种黏土矿物粉，如浮石、沸石、凹凸棒粉、坡缕石粉、高吸附型树脂等作为肥料的吸附载体，先通过载体与养分的吸附融合，然后造粒制成的一类肥料。该类肥料的生产成本一般较低，可广泛应用于大田作物，且多对土壤有一定的改良作用，也有人将其归为土壤改良剂的范畴。

针对缓/控释肥料的分类是与市场上出现的产品来区分的，由于新型的产品不断地涌现市场，且国家行业标准中亦未明确规定对其类型的划分，只是对占市场份额较多的几类肥料进行了单独的肥料产品标准的制定工作，其规范化和标准化还需进一步完善。

## 三、施用缓/控释肥料的好处

传统肥料养分释放速率快，难以被作物完全吸收。肥料中的大部分养分容易被淋溶、挥发、固定，利用率低，并给环境带来污染。与传统肥料相比，缓/控释肥具有以下特性和优点：①缓/控释肥可以根据作物的养分吸收基本规律同步释放养分，肥料利用率显著提高；②减少了施肥的数量和次数，节约劳动力和成本；③有效控制养分，缓慢释放，不会因局部肥料浓度过高对作物根系造成伤害，使用安全；④缓/控释肥一次施用无需追肥，可避免因为气候等不可抗拒因素造成无法追肥的状况，提高了保障力；⑤缓/控释肥养分释放符合作物的吸收规律，作物生长更加健壮，抗逆性提高，农产品品质得到明显改善；⑥缓/控释肥可提高肥料利用率50%以上，有效避免氮的挥发、磷和钾的流失和固定，减少了对环境的污染。

缓/控释肥料能最大限度地提高肥料利用率，减少多余养分流失和环境污染，并具有省肥、省工、增产、增收、改善生态环境、防止化肥过量造成农作物烧苗等优点。

缓/控释肥料由于与传统化肥相比有着很大的优势，它不仅仅是一种农资产品，更是一种环境产品，因此，被认为是“21世纪的肥料”，成为目前肥料界最具有研发潜力的一个新型肥料品种。

## 四、施用缓/控释肥料的原则

缓/控释肥料施用原则是肥料的养分释放规律要与作物的养分需求规律同步。要根据作物生育期的长短，来选择不同释放期的缓/控释肥料。如水稻，选用60～70天释放期；棉花选用4～5个月的释放期；果树等多年生作物则要选用控释期相对较长的，并且要坚持一年多次施肥。在缓/控释肥料施用过程中，还要注意“三结合”。

**(1) 与测土配方施肥技术相结合** 测土配方施肥是一项先进的科学技术，广泛用于各种农作物的生产，具有增产增效和节约成本的作用。在目前缓/控释肥成本较高的情况下，通过与测土配方施肥技术相结合，可以有效利用土壤养分资源，减少缓/控释肥料的用量，提高其利用效率，降低农业生产成本，同时降低施肥的污染环境风险。

**(2) 与普通化肥掺混施用相结合** 普通化肥目前仍然是农作物生产用肥的主体，虽然有效期短，但释放迅速，能及时给作物提供养分。缓/控释肥料与普通化肥掺混相结合施用，可以起到以速补缓、缓速相济的作用。

**(3) 与农作物专用BB肥相结合** 农作物专用BB肥（散装掺混肥料）是测土配方施肥的最佳物化成果，具有养分含量高（总养分含量多在50%以上），配方合理并易于调整，物理性状好等诸多优点。在此基础上，对农作物专用BB肥进行包膜处理，将BB肥加工成缓/控释农作物专用BB肥。增强了BB肥的应用功能，拓展了缓/控释肥料的应用领域，是新型肥料研制与应用的创新之举。

## 五、施用缓/控释肥料的注意事项

缓/控释肥料的养分调控措施均受到环境因素的影响。在选择和施用缓/控释肥料产品时需要充分考虑环境因素。有机包膜控释肥料主要受温度影响，温度越高养分释放越快，高温地区宜选用肥效期长、受温度影响相对较小的控释肥料类产品。添加抑制剂类稳定型肥料中的抑制剂易随水淋失，故而在降水较少的地区，效果更为明显。脲醛类或硫衣肥料类缓/控释肥料受土壤温度、水分、pH值、微生物等多种因素影响，选用此类产品时更要综合考虑环境因素的影响。

除了考虑养分的比例、肥料用量（即成本）外，缓/控释肥料的施用次数也是一个很重要的影响养分效率的因素。目前缓/控释肥料的一次性施肥成为了商家的卖点。对生长期较短的作物一次性施肥，可以兼顾省工、养分高效和降低成本；而对生长周期6个月以上的作物则难以兼顾上述三点，若要达到省工和养分高效的要求则必定会增加肥料成本；对生长周期较长的作物，采用2～4个月追肥1次，可大幅度降低肥料投入成本。

一次性施肥或少次施肥虽然省工，但要对根系扩展范畴较大的作物而言。养分的时空有效性会明显地影响养分的整体效率。在施用缓/控释肥料时，应将缓/控释肥料施于作物根系在施肥空档期的主要生长区域。

## 六、缓释型氮肥安全施用方法

缓释型氮肥的施用方法与一般氮肥相似，值得注意的是，一般做基肥，如用于生育期长的作物或多年生果（林）园和草地植物追肥，施用时间应使肥料释放期与作物需肥期相一致；施肥深度应既能使作物吸收到氮素，又能减少流失；合理配施速效氮肥，协调供氮。

**1. 长效尿素施用方法**

据报道，涂层尿素在土壤表面撒施随即浇水，14天氨挥发累积量比普通尿素低4.4%～18.3%；先浇水后撒施，14天氨挥发累积量比普通尿素低8.9%～50%；施于表土以下5cm，涂层尿素的氨挥发累积量比普通尿素低14.3%～58.3%。生产试验表明，长效尿素的肥效期比普通尿素长1倍以上，达到110～130天，氮素利用率达45%。与等量普通尿素相比可使作物增产6%～20%，并可节省追肥用工，扣除长效尿素价格增加的费用，每亩可增加纯收入40～100元。另外，长效尿素在同等产量条件下可节省尿素用量20%，可减少运输成本，减少农田和地下水的氮素污染。

由于长效尿素肥效期长，利用率高，在施用技术上应与普通尿素有所不同。对一般作物如小麦、水稻、玉米、棉花、大豆、油菜而言，可在播种（移栽）前一次施入；在北方，除春播前施用外，还可在秋翻时施入；如作追肥，一定要提前进行，以免作物贪青晚熟。长效尿素施用深度为10～15cm，施于种子斜下方或两穴种子之间，与土壤充分混合，既可防止烧种、烧苗，又可防止肥料损失。

对水稻而言，长效尿素用作基肥要深施，施肥深度一般为10～15cm。

小麦垄作时，先将肥料撒在原垄沟中，然后起垄，肥料即被埋入垄内；或者整地起垄后，施肥与播种同时进行。不管怎样施肥，要保证种子与肥料间的隔离层在10cm以上。畦作小麦通常采用全层施肥的方法，即先将肥料均匀地撒在地表，然后翻地，将肥料翻入土中，然后耙地、作畦、播种，此时肥料主要在下层，少部分肥料分布在上层土壤里，翻地深度不低于20cm，以免肥料过于集中，影响小麦出苗。

玉米施用长效尿素时，要注意防止烧种、烧苗。种子与肥料之间的间隔应不低于10cm。对于10月下旬即进入低温期的北方地区，可考虑在秋季将长效尿素深施入土，然后起垄或作畦，翌年开春即抢墒播种。

大豆施用长效尿素时，要注意既能满足大豆对氮素的需要，又不妨碍根瘤的正常固氮。长效尿素采用侧深施肥方式，深开沟侧位施肥，合垄后，在另一侧等距离点播或条播种子，每亩播10kg左右为宜。北方地区，也可采用类似于玉米的秋季施肥方式。

棉花垄作时，采用条施。先开15cm深的沟，将长效尿素均匀撒入沟内，必要时与其他肥料一起施在沟内，然后合垄，常规播种。新疆地区的大垄双行棉花，在垄中间开20cm深的沟，将长效尿素和其他肥料一起混匀撒入沟内，覆土压实，然后两侧播种。在干旱、半干旱的北方棉区，秋季施肥也是值得推广的一种方式。

**2. 缓释性包膜尿素施用方法**

一般的所谓缓释复合（混）肥料是将包膜尿素与磷、钾肥掺混使用，实际上是含有缓释尿素的掺混肥料。其中的缓释性包膜尿素是缓释肥料的关键：

旱地作物上。缓释性掺混肥料一般用作基肥，并且不需要进行追肥；施肥深度在10～15cm。施肥量可以根据土壤肥力状况以及目标产量决定。可以根据作物需肥量及肥料养分量计算适宜的施肥量。一般来说，普通肥力水平上，每亩（1亩=667$m^2$）施30～50kg，可保证作物获得较高的产量。玉米可采用全层施肥法，也可以采用侧位施肥法和种间施肥法。肥料与种子间隔5～7cm。小麦可以在播种前，结合整地一次性基施。棉花也可结合整地一次性基施，可以有效地解决棉花多次施肥的难题。

水稻主要采用全层施肥法。即在整地时将肥料一次基施于土壤中，使肥料与土壤在整地过程中混拌均匀，再进行放水泡田，一般也不需要追肥。

## 七、缓释肥料的鉴别及购买

### 1. 质量鉴别方法

分别将缓释肥和普通复合肥放在两个盛满水的玻璃杯里，轻轻搅拌几分钟，复合肥会较快溶解，颗粒变小或完全溶解，水呈浑浊状，而控释肥则不会溶解，且水质清澈，无杂质，颗粒周围有气泡冒出。

因为采用树脂包衣或硫包衣技术的缓释肥的核心是氮磷钾复合肥料，所以，将剥去外壳的缓释肥放在水中，会较快溶解，若剥去外壳不溶解的，是劣质肥料或假肥料。

缓释肥料采用“以肥包肥”工艺，肥料的生产原理类似做“元宵”，有馅有皮，氮肥为内核，层层包裹，从里至外依次为氮肥、钾肥、磷肥，微量元素肥等多种植物营养物质为外层包膜，以肥包肥，层层包裹，才成为多种肥料为一体的团粒包裹结构。剥开颗粒后，能明显辨别出包裹层。

根据颜色辨别。有些厂家仿冒缓释肥的颜色，把普通肥做成与缓释肥相同的颜色，如果放在水里缓释肥脱色，说明是假冒伪劣产品，真正的缓释肥外膜是不脱色的。

### 2. 购买缓释肥注意事项

购买时应注意它的产地名称、企业资质、生产许可证号、联系方式以及包装袋上的养分总含量，是否标明配合式养分释放期，缓释养分种类，第七天、第二十八天标明释放期的养分释放率等。

看外观，缓释肥外观颗粒均匀，不板结，不吸潮。纵剖观察缓释肥外面有一层树脂包膜或硫包膜，也就是在传统肥料的外层包一层特殊的膜，使其在作物生长的不同时期，释放出作物所需的有效的养分，从而使肥料养分的有效利用率得到大幅度的提高。

可用火烧法、水溶法来鉴别，用树脂包膜的肥料燃烧时有塑料泡沫味；溶于水后震荡，不溶的是缓释肥，但剥去外层膜可迅速溶化。

### 3. 缓释肥施用的原则

肥料的养分释放规律要与作物的养分需求规律同步。释放期太长，玉米生长前期氮素供应不足，发苗差，影响后期生长和产量形成；释放期太短，氮素在生育前期释放量大，容易出现烧苗现象和加剧氮肥损失，而中后期氮素供应不足，最终影响产量。缓/控释肥或含缓/控释肥的复合肥一般作为基肥施用。缓/控释肥或含缓/控释肥的复合肥的价格比普通肥料价格偏高，所以在使用这些肥料时要考虑到施肥的经济效益。

# 第二节 聚合物包膜肥料

## 一、聚合物包膜肥料简介

控释膜具有控制颗粒物的化学组分按照一定的速率释放到环境中的作用，因此在药物控释和肥料控释等领域得到广泛的研究和应用。一般是在颗粒表面上包覆一层有机聚合物材料制备控释膜，在控释肥料的生产技术中使用最多的材料是聚烯烃类疏水性树脂，通过筛选高分子聚合物、溶剂、添加剂和助剂可以改变材料的成膜性能。

流化床喷雾涂层法是颗粒包膜的主要方法，使用流化床将以聚烯烃类为主体的包膜材料喷雾沉淀到循环流化状态的肥料颗粒表面则是肥料包膜的重要手段，一些研究揭示了流化床结构、流化状态和烘托气体温度等因素对控释性能的影响。此外，喷雾技术的研究也表明，二流体喷头结构和气液相控制参数对雾化状态有很大的影响。在包膜控释肥料工业化生产中，除了喷头的结构和控制参数外，雾化状态对包膜肥料控释性能和膜结构具有至关重要的影响。

## 二、聚合物包膜材料

包膜型控释肥是目前控释肥市场的主流产品，其生产工艺和控释性能与包膜材料的选择密切相关，以无机包膜材料为主的包膜控释肥一般采用非密闭的包膜设备（如转鼓），以高分子聚合物为主要包膜材料一般需要溶剂回收而采用密闭的包膜设备（如流化床）。前者由于包膜材料价格低廉、生产工艺相对简捷而成本较低，但控释性能一般不如后者。对于无机包膜材料主要以硫黄为主，该部分内容在本书随后章节将作为一个专题介绍，此处不再赘述。

而对于聚合物包膜肥料来讲，其高分子聚合物包膜材料由天然、半合成和合成三大类数十种聚合物及共聚物组成。天然聚合物有蛋白质、多聚糖、木质素、橡胶等；半合成聚合物是一类由各种天然聚合物（如纤维素、几丁质或淀粉）与石化反应产品结合形成的聚合物。可分为非离子型及离子型（阴离子和阳离子型）两种；合成高聚合物（聚烯烃溶胶，如聚乙烯、聚丙烯，聚丙烯酰胺，聚乙烯醇，乙烯基乙烯乙酯，羟乙基甲丙烯酯等）分为热固性树脂和热塑性树脂两种。聚合物包膜控释肥常用的生产工艺为流化床包膜工艺。该生产工艺主要通过溶剂将包膜材料液化后均匀喷涂至肥料颗粒表层，经加热后的热空气将溶剂吹走，而膜材固化黏结到肥料颗粒表层，如此反复多次即可制成聚合物包膜控释肥料。但是，该类包膜材料一般比较昂贵，同时由于流化床包膜需要用压缩空气将肥料颗粒喷动起来，形成往复沸腾式运动，以利于包膜，故能耗较高。由此使肥料成品的生产成本居高不下，该肥料产品被称为“贵族肥料”。

针对聚合物包膜肥成本高的问题，国内专家学者开展了不同技术路线的探索工作，有的用废旧塑料和天然低毒溶剂研制成功低成本可降解型包膜尿素，并成功研制国产包膜设备，大幅度降低材料生产成本，成本为进口产品的30%左右，且肥效显著。也有人通过成本低的硫、高聚物等多种包膜材料，实现了规模生产，成为我国乃至世界上最大的控释肥生产基地，产品出口欧美等国家。

热固性高分子材料是指第一次加热时可以软化流动，加热到一定温度，产生不可逆的化学反应使材料交联固化而变硬，借助这种特性进行成型加工的高分子材料。热固性高分子材料的单体固化前是线型的或带支链的，固化后分子链之间形成化学键，成为三维的网状结构，不仅不能再熔融，在溶剂中也不能溶解。

热固性高分子材料包衣肥料是利用材料的热固性，工艺原理一般是在加热条件下让两种或多种包膜液组分在肥料核心表面原位聚合成膜，冷却后膜材料固化完成包膜。常用的热固性塑料品种有酚醛树脂、脲醛树脂、三聚氰胺树脂、不饱和聚酯树脂、环氧树脂、有机硅树脂、聚氨酯等。

在控释肥领域广泛商业化的热固性高分子材料主要有两大类：一类是醇酸树脂类，知名产品如Scotts公司的Osmocote®；另一类是聚氨酯类，代表产品有Haifa公司的产品Multicote®，Agrkon公司的产品Plantacote®和Agrium公司的ESN中的一些品种。此外环氧树脂、有机硅树脂、脲醛树脂以及天然高分子聚合物纤维素类和壳聚糖类等材料作为包膜控释肥膜材料的研究工作也有报道。

**1. 醇酸树脂类**

第一个商业化生产的树脂包膜控释肥为醇酸树脂类包膜肥料——Osmocote®。该产品于1967年即在美国加州生产，是一种二环戊二烯与丙三醇酯共聚生成的醇酸树脂类聚酯。

多元醇和多元酸可以进行缩聚反应，所生成的缩聚物大分子主链上含有许多酯基，这种聚合物称为聚酯。醇酸树脂（Alkyd Resin）是指脂肪酸或油脂改性的聚酯树脂，大分子主链上含有不饱和双键的聚酯称为不饱和聚酯，其他不含不饱和双键的聚酯称为饱和聚酯。这三类聚酯型大分子在涂料、漆膜等工业领域中发挥着重要的作用。

**(1) 制备原理** 将多元醇（丙三醇）与不饱和油脂在催化剂、高温条件下醇解为不完全的脂肪酸甘油酯，然后通过与二元（多元）酸或酸酐脱水聚合成丙三醇酯，见图1-1。丙三醇酯中侧链油脂R基团中存在不饱和键，在一定条件下可与二环戊二烯共聚生成共聚物，成为性能良好的控释肥料包膜材料。

**(2) 制备工艺** Osmocote®醇酸树脂类包膜肥料的制备工艺：即先将肥料颗粒过筛，取一定量粒径在8～20目范围的内肥料加入到包衣转鼓中，预热至

70℃。包膜液溶质由两部分组成：一部分由38%的二环戊二烯和62%的豆油丙三醇酯组成，这部分占总包膜液质量的90%；另一部分由18%的二环戊二烯和82%的亚麻籽油组成，占包膜液质量的10%。将这两部分溶解于松香水中，控制溶质质量分数在50%～70%。将质量分数为肥料质量3%～10%的包膜液喷到肥料表面，控制温度104～132℃使单体聚合固化，最后用更高温度的煤油作包膜液溶剂，在更高温度121～176℃下完成最外层固化包膜，冷却后得到醇酸树脂类包膜肥料。

该发明专利中指出，用60%油量的长油度豆油丙三醇酯作包膜材料，包膜过程中加入有机锡催干剂催干，醇酸树脂可以直接固化成膜。国内山东金正大生态工程股份有限公司申请了系列醇酸树脂材料包膜肥料发明专利，即是采用的这种方法。

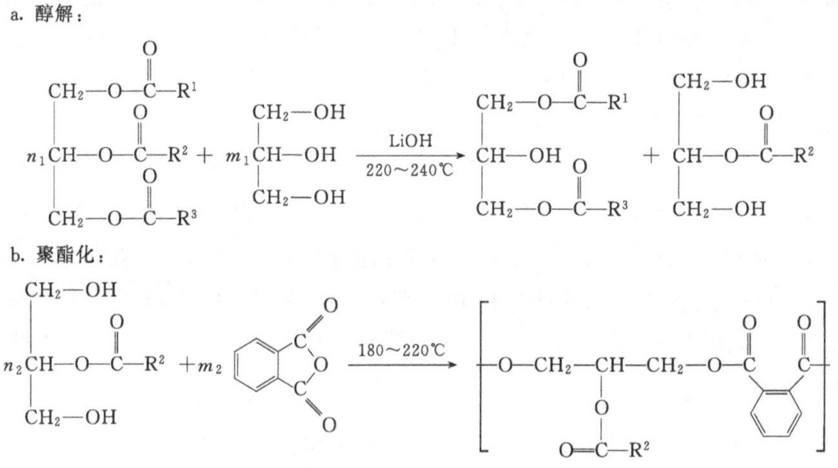

a. 醇解：

b. 聚酯化：

图 1-1　醇酸树脂合成原理（胡树文等，2014）

## 2. 聚氨酯（聚脲）树脂类

聚氨酯（PU）全称为聚氨基甲酸酯，是主链上含有重复氨基甲酸酯基团的大分子化合物的统称，用途非常广泛，可以代替橡胶、塑料、尼龙等材料，并能作为黏结剂、涂料和合成皮革等应用于各行各业。

**(1) 聚氨酯合成原理**　见图1-2，聚氨酯由有机二异氰酸酯（—NCO基团）或多异氰酸酯与二羟基（—OH基团）或多羟基化合物加聚而成，常用的二（多）异氰酸酯有2,4-甲苯二异氰酸酯/2,6-甲苯二异氰酸酯、4,4-二苯基甲烷二异氰酸酯（MDI）、甲苯二异氰酸酯（TDI）、赖氨酸二异氰酸酯（LDI）、六亚甲基二异氰酸酯（HDI）和4,4-二异氰酸酯二环己基甲烷（HMDI）等，常用的二（多）元醇有聚氧乙烯（PEO）、聚己内酯二醇（PCL）、1,4-丁二醇、甘油、聚乙二醇和季戊四醇等。

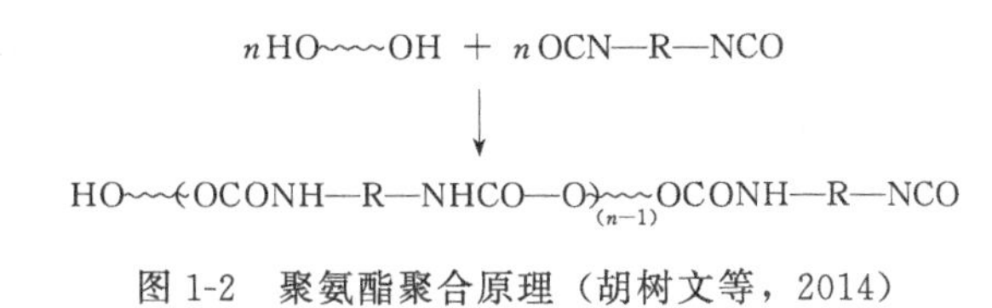

图 1-2　聚氨酯聚合原理（胡树文等，2014）

异氰酸根与初级/一级醇的聚合反应在 50～100℃下即可以进行，形成聚氨酯，异氰酸根与初级/一级铵根在 0～25℃条件下即可迅速聚合形成聚脲。因此，在常温或轻微加热条件下让两种单体在被包裹物表面混合均匀即可固化原位成膜。

**(2) 制备工艺**　制备包膜液 a、b。包膜液总质量约占包膜控释肥总质量的 2%～10%。包膜液 a 由多异氰酸酯与石蜡、松香等助成膜剂混合组成；包膜液 b 由多元醇、淀粉、壳聚糖或纤维素等可降解单体和 1,4-丁二醇、山梨糖醇等扩链剂混合均匀组成。其中异氰酸根与羟基基团的摩尔比范围为（1∶2)～(2∶1)，单体官能团比例对最终成膜性质起决定性作用。其中降解功能单体占包膜液质量比的 20%左右，扩链剂占包膜液质量的 0～15%，助成膜剂占包膜液质量的 0～30%。

将颗粒肥料置于包衣设备中预热至 50～60℃，并保持流化运动，将预热到 50～100℃包膜液 a、b 分别由雾化喷头喷涂到流化态肥料颗粒表面，控制包衣设备中温度范围在 50～100℃，保持 10～30min，包膜液 a、b 组分混合后在肥料颗粒表面原位聚合成膜，冷却后即得成品。

**3. 聚丙烯酸酯类**

聚丙烯酸酯类材料既有热固性类也有热塑性类（同聚氨酯类）。从当前已经报道的方法来看，其包膜工艺由于需要蒸发溶剂，与醇酸树脂类包膜控释肥制备工艺与设备类似。反应原理是使合适配比的丙烯酸酯、丙烯酸及烯烃类单体通过加热和溶剂挥发引发聚合反应固化成膜，这里将其归类于热固性材料包膜控释肥料来介绍。由于传统方法有机溶剂挥发会造成环境污染，近年来水基聚丙烯酸酯包膜控释肥料研究发展迅速，成为目前聚合物包膜控释肥料的一大研究热点。

水基聚合物以水为分散剂，聚合物体系黏度低，涉及水基聚合物基本性质的参数主要有固含量、黏度、玻璃化转变温度（$T_g$）等。膜材料的硬度、强度、韧性、弹性等与玻璃化转变温度（$T_g$）以及聚合物的化学结构密切相关，其中，乳液聚合物 $T_g$ 的设计需考虑包膜过程的操作条件，$T_g$ 太低，包膜颗粒容易粘连；$T_g$ 太高，造成乳胶粒在包膜过程中不能很好地融合，在肥料颗粒表面不能形成均匀连续的膜层。在先前的研究中，水基聚合物包膜材料主要为商品化的乳液，$T_g$ 差别很大，日本旭化成工业株式会社的研究中，$T_g$ 的选择范围达－5～50℃。

水基聚丙烯酸酯膜材乳液制备采用乳液聚合的方法，具体流程见图 1-3。按照设计好的单体配比加入到带搅拌设备的反应器中，加入水与乳化剂充分搅拌形成预乳液，取 1/4 预乳液置于另一反应器中，加入引发剂引发初步聚合反应作为种子乳液，将种子乳液和引发剂加入到剩余预乳液中发生后续聚合反应得到聚丙烯酸酯膜材乳液。包膜工艺与设备与溶剂型包膜工艺相同，用喷枪在流化态肥料颗粒表面均匀涂覆包膜乳液，加热蒸发溶剂脱水后，乳液中胶束单元排列逐渐紧密，然后每个胶束粒子会发生变形，紧密堆积，最后其进一步变形得到均一的胶膜。

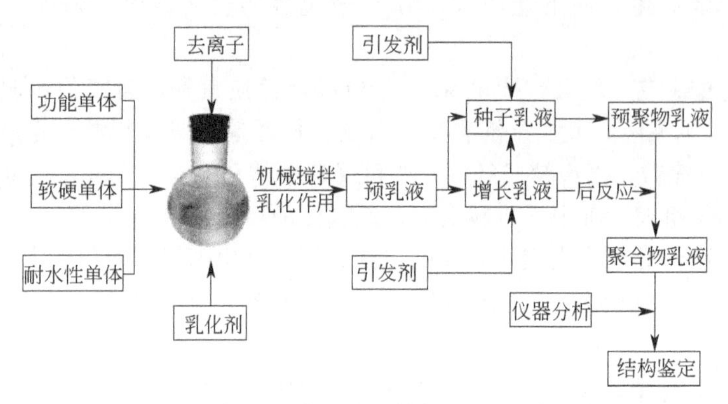


图 1-3　水基聚丙烯酸酯膜材乳液制备流程（胡树文等，2014）

当前普遍应用于生产包膜控释肥料的膜材物质有：①硫黄；②聚合物，如聚二氯乙烯为基础的共聚物、聚烯烃、聚氨酯、脲甲醛树脂、聚乙烯、聚酯、醇酸树脂等；③脂肪酸盐，如硬脂酸钙；④乳胶、橡胶、爪草豆树脂胶、来自于石油的衍生抗胶凝剂、蜡；⑤钙和镁的磷酸盐、镁的氧化物、镁-氨的磷酸盐和镁-钾的磷酸盐；⑥磷石膏、磷矿粉、凹凸棒土；⑦草炭（用草炭团包囊有机无机肥料、有机肥料）；⑧楝树胶饼及楝树胶提取物的肥料。目前成功产业化的主要是硫包膜肥料和聚合物包膜肥料。

## 三、聚合物包膜肥料的特征

### 1. 聚合物包膜肥料的养分供需特征

聚合物包膜肥料可大幅度提高肥料利用率，与等养分的肥料相比，控释肥一般能提高肥料利用率达 30%以上，约为 10 个百分点以上。以氮肥为例，控释氮肥的利用率可达到 50%或更高。控释肥之所以能提高肥料利用率，主要由于在供肥速度上具有“削峰填谷”的效果，控释肥养分的供应速度同作物养分需求规律的接近程度对肥效有很重要的影响（图 1-4）。

研究表明，包膜氮肥在减少氮淋失，促进植物生长及增加植株组织氮含量方面表现出明显效果。几种包膜尿素在等氮量条件下的肥效试验结果表明，控释肥的产量、生物量、氮素利用率均大幅度超过普通尿素，其中有些

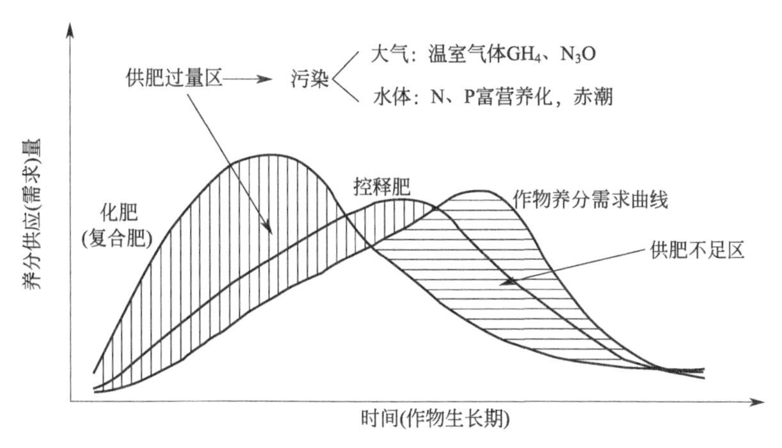


图 1-4 肥料养分释放与作物养分需求的动态变化示意（廖宗文等，2001）

品种在生物量和产量方面与等重尿素（施氮量高出 30%以上）相当，而氮利用率则均高于等氮和等重尿素，增幅可高达 50%。可以看出，两种包膜尿素氨挥发量明显低于普通尿素，这与其包膜严密、尿素溶出量较少有关。氨的挥发损失不仅是氮肥利用率不高的重要原因之一，而且挥发的氨在空气中氧化形成氮氧化物等温室气体，污染环境。控释肥可大大减少这种对大气的污染。

施用缓/控释肥料是提高化肥利用率、降低污染的一个有效途径。聚合物包膜控释肥料是缓/控释肥料中控释效果较好的一种，国内外已有大量研究报道，也有了商业化产品。现有的包膜方法是采用流化床包膜技术，主要是先将聚合物溶于有机溶剂中制成有机溶液，然后将该有机溶液喷涂在颗粒表面，溶剂挥发后成膜。由于有机溶液中聚合物质量分数一般不超过 10%，有机溶剂用量大，在包膜过程中，产生大量含有机溶剂的流化气，其回收处理工艺复杂，且溶剂回收很难彻底，不仅生产过程容易造成污染，而且由于包膜产品中也残留一定量的溶剂，在储、装、运、施过程中，还会造成二次污染。为了解决有机溶液包膜工艺存在的问题，近年来，研究人员开始探索以水为分散介质的聚合物乳液为包膜剂，制备包膜控释肥料。

### 2. 乳液聚合物包膜肥料的优势与问题

与以有机溶液为包膜剂相比，以聚合物乳液为包膜剂制备包膜肥料有诸多优点。由于聚合物乳液的连续相是水，在生产和施用过程中不会造成有机溶剂污染，也避免了有机溶剂消耗而增加成本。而且，水不需要回收，使生产工艺简捷，不用设置溶剂回收系统，可以节省生产设备投资。因此，与有机溶液包膜工艺相比，聚合物乳液包膜是绿色生产工艺，势必成为聚合物包膜肥料的发展方向。随着环境保护问题的日益突出，聚合物乳液包膜肥料技术将在提高肥料利用率、控制农业面源污染方面发挥重要作用。

从目前的文献报道来看，聚合物乳液包膜肥料技术仍处于积极的研究开发中，大部分信息来源于专利报道，可能是由于技术保密的原因，深度详细报道较少。目前关于聚合物乳液包膜肥料技术研究主要存在如下问题。

① 聚合物乳液包膜剂很多是采用涂料领域的商业化产品，此类乳液存在“冷脆热黏”的问题，在包膜过程中容易黏结，在施用过程中膜层变脆。需要针对包膜肥料制备过程的特点，设计专用乳液的研发亟待深入，并考虑膜层的可降解性。

② 很多工作是研究不同包膜工艺条件下包膜肥料膜层形貌或释放特性，对其影响机制认识不深入，没有实现膜层性能的有效控制。需要加强聚合物乳液喷雾成膜过程的研究，开发适合乳液成膜特点的包膜工艺和易于实现连续规模化生产的包膜设备。

③ 乳液聚合物的膜层结构与释放特性关系的研究十分缺乏，这同样也是包膜肥料领域存在的问题，对释放性能的调控方法相对粗放，一般通过包膜量来控制。需要加强聚合物乳液包膜肥料释放性能的设计和调控研究。

虽然目前聚合物乳液包膜肥料的研究还不够深入，工艺技术还不成熟，但其制备过程不使用有机溶剂，生产、施用过程安全环保，对生产设备密闭性要求低，易于实现连续规模化生产，是聚合物包膜缓/控释肥料的重要发展方向。

**3. 控释肥料的优势**

控释肥料的优点可归纳如下：

① 合理使用可大大提高肥料利用率，节省肥料，降低成本。

② 可以进行一次施肥，节省劳力，由于可进行同穴施肥，肥料粒型和强度也较好，有利于机械作业。

③ 由于肥料利用率提高，肥料在土壤中的损失减少，也就减少了肥料的挥发和流失对大气和水源的污染，对环境保护起到一定的作用。

④ 对复混肥本身的保存也有很大的好处。氮肥在保存过程中的吸湿结块一直是复混肥制造中一个难于解决的问题，聚合物包膜后，肥料保存中的吸湿结块现象也就不存在了。

聚合物包膜肥料因其选用的膜材和包膜工艺的原因，其生产成本较高，且不同的包膜材料和工艺生产的产品的缓/控释机理不同，其控释时间和养分释放模式均存在差异，因此养分的释放模式和作物的需求之间存在着不协调性。目前，市场上销售的聚合物包膜控释肥料主要应用于高尔夫草坪、高附加值的园艺作物等领域，而很少直接应用于大田作物和普通种植的作物上。

## 四、聚合物包膜肥料核芯的选择

### 1. 肥料品种的选择

由于肥料是被水分溶出树脂膜外的，所以，凡是具有较好的吸湿性，分子较小的速效性肥料，都可以进行控释肥料的制造。尿素、磷铵、氯化钾、硫酸钾、硝铵等，都可适用于控释肥料制造。但由于包膜成本较高，最好采用浓度较高的肥料进行包膜，可相对降低成本。在中国北方地区，磷、钾在土壤中的损失较小，而氮素当季不能利用，则其大部分都从土壤中损失掉了，很少残留在土壤中。所以，在控释肥料核心肥料选择上优先选择尿素作为包膜对象。

### 2. 肥料颗粒的选择

颗粒的直径由施肥方便和包膜经济效益决定，最好为 2～5mm，颗粒太小，包膜量增加，经济效益下降，颗粒太大，肥料在使用时不易施用均匀。

### 3. 肥料颗粒表面积的计算

肥料颗粒表面积实际受两个方面的制约：一是肥料粒径；二是各种粒径在肥料中所占的比例。在生产实际中，不同厂家生产出的肥料粒径可能不同，相同厂家不同时期生产的肥料粒径也可能不同。所以，要求对每一批肥料都要进行粒径的测定。

## 五、聚合物包膜肥料包膜材料的筛选

高分子聚合物包膜控释肥料是由热塑性树脂如聚乙烯、聚丙烯等作为包膜材料的，将以上材料在有机溶剂中加热溶解，热溶液用高压泵喷到水溶性颗粒肥料上，在高压热风的作用下，将溶液瞬间干燥，直到肥料颗粒被树脂完全包裹，达到所需的厚度，即可以制造出肥料养分释放速率只依赖于温度的控释肥料。

从理论上讲，只要是可以溶解于热溶剂下的树脂均可以作为肥料的包膜材料，但是还要考虑到树脂是否均一和成膜的难易，成膜后是否易于产生龟裂，成膜后的强度和柔韧性。

### 1. 高分子聚合物包膜控释肥料包膜材料优选原则

① 选择树脂包膜材料溶解性能，这些材料在热溶剂中必须有很好的溶解性能，溶解性能的优劣，关系到肥料颗粒包膜时的工艺设置和材料包膜成膜的性能。

② 在相同的包膜率、相同的包膜配方下，包膜材料的组分、包膜材料不同的配比、滑石粉的添加量、表面活性剂的添加量等因素都可以影响到肥料养分的释放速率。可以依据以上条件适当地进行组合，生产出我们需要的释放速率的产品。

③ 不同的包膜材料的配方，可以改变聚合物包膜控释肥料 Q10 的值。滑石粉添加量的不同对高分子聚合物包膜控释肥料 Q10 的值有很大影响。这里指的 Q10 是环境温度每变化 10℃使肥料养分释放速率提高或者降低的倍数。因为高分子聚合物包膜控释肥料养分释放是随着环境温度的变化而变化的，温度越高，肥料养分释放速率越快；反之，释放越慢。

## 六、聚合物包膜材料的可降解技术

可降解高分子聚合物分为光降解型、生物降解型和光、生物双降解型三大类。由于太阳光的作用而引起降解的聚合物称光降解聚合物。由真菌、细菌等自然界微生物的作用而引起降解的聚合物称为生物降解聚合物。光降解材料制备方法大致有两种：一种是在高分子材料中添加光敏感剂，由光敏感剂吸收光能后，所产生的自由基，促使高分子材料发生氧化作用后达到劣化的目的；另一种方法是利用共聚方式，将适当的光敏感剂导入高分子结构内赋予材料光降解的特性。针对加速现有聚烯烃类树脂降解的方式，还可以通过填充淀粉等制成生物可降解聚合物，但对淀粉填充型聚合物最后留下的部分能否最终被分解利用有不同的看法。

研究光降解型肥料包膜的原理在于，虽然肥料施入土中，残膜埋藏在土里，但随着耕翻等田间作业，部分残膜逐渐露出土面。由于在短时间内残膜不会对土壤性质和作物生长产生负面影响，加快露出土壤表面的残膜降解，既可以达到土中残膜减量的目的，又可以充分利用残膜在土壤中对作物生长有利的一面。

日本窒素公司 20 世纪 90 年代前后开发出采用乙烯-一氧化碳共聚物，乙烯-乙酸乙烯-一氧化碳共聚物等作为包膜树脂组分的方法，通过在树脂分子中引入羰基，使撒在土壤中肥料的残膜快速降解。也有人研究了光降解树脂包膜肥料的溶出特性以及光降解残膜的生物分解性能。但在国内可降解残膜树脂包膜肥料的相关研究报道较少。

## 七、聚合物包膜肥料的养分释放类型

高分子聚合物包膜控释肥料依据其养分溶出类型分为两种。一种是直线释放型，也称 L 释放型。例如，包膜尿素，在养分溶出 80%之前，溶出曲线是一条直线，80%之后可能向下弯曲，成抛物线型（因尿素在 25℃时饱和溶液浓度是 40%，在养分溶出 60%之后包膜内为不饱和溶液，养分溶出速率自然减缓，但是多数聚合物包膜肥料释放 80%以后释放曲线才下降，可能是由于热塑性包膜肥料的包膜具有一定的弹性，肥料水溶部分溶出后包膜会有一定的收缩，膜内限制一部分水分的溶入）。控释肥料溶出时间在 30～300d。一般日本公司生产的控释包膜肥料释放期控制得较准，日本窒素公司的 Meister 包膜尿素释放误差一般不超过5%（时间越长的类型，误差越大）。另一种肥料溶出曲线为S形（日本称延迟释放型），肥料施入田间后开始不释放或释放量很少，达到设定天数或积温后，养分快速释放出来。

L型与速效肥料以不同比例掺混，可配成各种专用肥料，使得肥料养分释放可以模拟作物对养分需求的形态，以尽量做到肥料养分释放与作物需求同步的理想状态，最大限度地提高肥料利用率。

固体肥料施入土壤后，受土壤中各种环境条件的影响，变为对作物有效的养分，其有效养分释放速度因环境条件的不同而不同。土壤中影响肥料有效养分释放速度的因素有很多，如土壤水分、pH值、温度、微生物、机械组成等。这些条件在田间都是人为不易或不能控制的，而这些条件之间又相互影响，相互作用，所以，普通的固体肥料或长效肥料不易人为估算其有效化速度，更不易人为控制其养分释放速度。

高分子聚合物包膜控释肥料是采用水分透过率很低的高分子树脂作为包膜材料，将其均匀喷涂于肥料颗粒表面，使其形成一层水分渗透性很低的树脂膜，土壤中的水分通过树脂膜进入肥料颗粒内，将养分溶出膜外供作物吸收，其膜内肥料的溶出速率，就是肥料养分的有效释放速率。由于这些高分子树脂化学性质比较稳定，土壤pH值、微生物、生物等条件短期内不易对其包膜的性质产生影响。所以，也不易对膜的水分渗透速率产生影响。而在土壤环境的所有条件之中，只有土壤的温度、水分条件可改变高分子树脂膜的水分渗透速度，也就是改变肥料养分的溶出速率。

一般来说，水分是以水蒸气形态穿过包膜肥料的树脂膜的，气体或蒸汽由膜的一侧进到另一侧是由于薄膜上有微孔，树脂膜上的微孔只能通过体积较小的水蒸气，液态水由于个体较大，一般不能通过膜，所以在一定温度下，某一种成分的高分子树脂膜，透过薄膜的水分量与作用到膜上的水蒸气压力成正比，而与液态水的量无关。在土壤中，当土壤水分达到不影响作物的养分吸收时，土壤中的水蒸气压力就已经达到或接近饱和。作物的需肥与不同生育期有关，达到不同生育期需要有一定积温，通过此原理，调整肥料养分释放时间，达到作物需肥与肥料养分释放同步的目的。

在一定温度下，某一种成分的高分子树脂膜，透过薄膜的气体量与作用到膜上的压力成正比，与渗透时间和暴露表面积成正比，与环境水的蒸汽压力成正比，与薄膜的厚度成反比。而在土壤中，土壤水分达到不影响作物的养分吸收水分值以上时，土壤中的水蒸气压力就已经达到或接近饱和。所以在田间实际应用时，土壤的水分并不影响养分溶出速度。而包膜肥料中薄膜表面积和薄膜厚度，在加工时是可以推算的。这样，我们就可以通过调整包膜成分，改变膜的水分透过率以改变养分溶出速度，制成在某一温度下不同养分溶出速度的控释肥料。

在作物的生长环境中，控释肥料的释放速度一般不受土壤中其他环境因素的影响，只受土壤温度的控制。受控因子比较单一，易于人为控制。作物的生长受温度的影响很大，在一般情况下，作物在温度较高的环境中生长较快，需养分较多，在温度较低的环境中生长较慢，需养分较少。特别是在较寒冷地区和早春作物，尤其如此。所以，以温度控制肥料的养分溶出速度，更易调整其养分释放与作物需肥相结合，提高肥料利用率。

## 八、聚合物包膜肥料的应用特点

### 1. 控释肥料的应用特点

通过研究发现控释肥料与常规肥料相比具有如下特点：

① 控释肥料的养分释放是缓慢进行、匀速释放的，并可人为调整养分的释放时间。

② 控释肥料在土壤中的释放速率在作物能正常生长的条件下，基本不受土壤其他环境因素的影响，只受土壤温度的控制。

③ 土壤温度变化时控释肥料养分的释放量可人为调整。掌握控释肥料养分释放的特性，就可以根据这些特性调整其施用方法，达到提高肥料利用率的目的。

### 2. 控释肥料提高肥料利用率的途径

① 调整肥料养分的释放曲线，做到肥料养分的释放与作物对养分的需求相结合。作物对养分的需求曲线，一般是中间高两头低，苗期由于作物个体较小，对养分需求较少。随着作物生长加快、个体增大，对养分的需求迅速增加。生长后期由于生长变慢和某些养分在作物体内转移，对某些养分的需求减少。在北方地区，特别是春季播种的作物，在播种初期气温较低，控释肥料养分释放较慢，而后气温升高，养分释放加快，后期肥料膜内养分浓度变为不饱和溶液，释放速率减慢。根据作物需肥时期的长短，选择合适的释放时间的控释肥料，就可达到满足作物不同生育期的养分需求。这样，在作物需肥高峰时，肥料养分释放多，作物需肥较少时，肥料养分释放少，避免养分的损失，达到提高肥料利用率的目的。

单粒控释和异粒变速技术的应用，不同释放速率的实现方式有两种：一是异粒变速；二是同粒变速（图 1-5）。

前者是不同释放速度的肥粒的组合，较易实施；后者则是不同释放速率成分恰当地组合在同一粒子中，难度较高。在生产上，除了单一运用外，综合运用也有很好的效果。例如把木质素加入矿物（磷矿粉、沸石等）中制成复合包膜材料，既有物理控释又有生化控释（脲酶抑制）作用。把磷酸铵镁脲或脲醛类微溶化肥作为包膜材料则是物理-化学双向控释。控释肥料的目标是对速率进行调整，把速率快慢不同档次组合起来，可以更好地实现养分释放和作物吸收的动态平衡。

② 控释肥料可与作物进行接触施肥，实现肥料和活性根系的零距离接触。

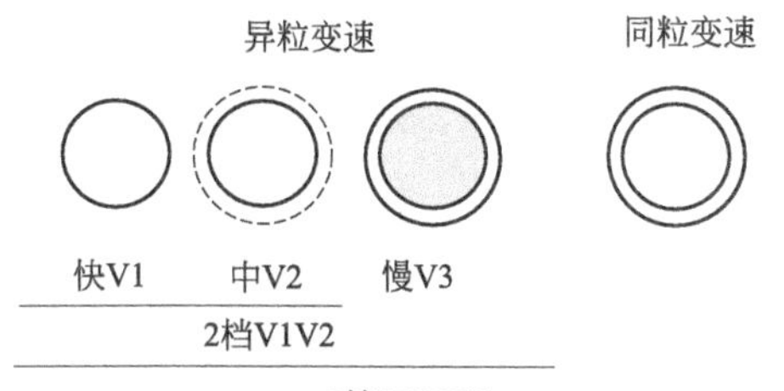


图 1-5　控释的两种调控方式示意图（廖宗文，毛小云等）

一般速效性肥料由于溶解较快，一次大量施入会在局部地区造成高浓度的盐分，如与作物种子或根系接触，会产生烧苗现象。控释肥料由于溶解养分是缓慢进行的，所以不会在土壤中造成高浓度盐分，作物种子或根系可与大量的控释肥料进行接触性施肥而不会烧苗（种肥同穴，根肥同穴）。使得肥料与目标作物直接接触，缩短了养分向根表迁移的距离，提高了肥料养分的空间有效性和生物有效性。因此，提高了肥料的利用率。

据日本的报道，接触施肥方法，氮肥的当季利用率可提高至 80%左右，如图 1-6 所示。

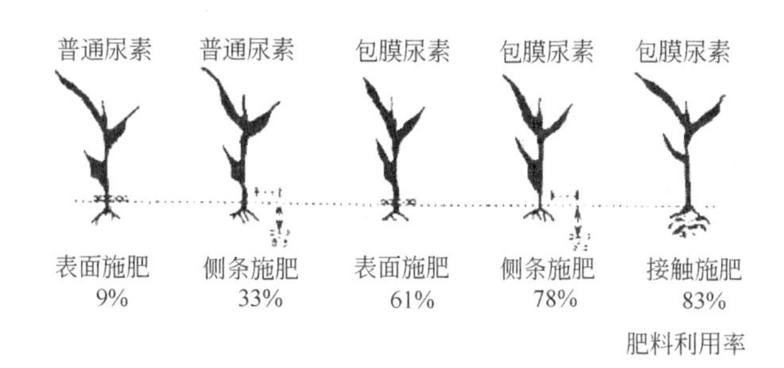


图 1-6　基肥氮素形态与施肥位置对水稻氮利用率的影响（廖宗文，毛小云等）

以上是日本在水稻上做的不同施肥位置的肥料利用率比较研究结果。其结果是肥料利用率的差别很大。这种施肥方式还可用在玉米、果树和各种蔬菜作物上。但是，受市场上控释肥料质量千差万别的影响，很多自称“控释”肥料的产品由于技术不够成熟，常常在接触施肥方式中出现伤根烧苗现象。因此，在不能明确判断其控释性能及其质量优劣的条件下，优先选择非接触施肥方式是比较稳妥的，尤其在移栽时，因幼苗期根系嫩弱，更易受到伤害。

## 九、聚合物包膜肥料的应用实例

### 1. 聚合物包膜肥料在蔬菜上的应用

我国蔬菜产业发展迅速，由于蔬菜需肥量大，需要多次追肥才能满足植株对养分的需求，追肥量一般占作物全生育期总施肥量的1/3，甚至更多。化肥的大量投入不仅造成肥料的浪费，还致使土壤养分失衡、地下水硝酸盐含量增加、蔬菜的硝酸盐大量累积和营养品质下降，对生态环境和人类健康构成威胁。

控释肥料的养分释放缓慢、可控，可以有效地提高肥料的利用率，而且能够减少追肥的次数，省时、省力、省工，因此成为肥料的一个主要发展方向和蔬菜施肥研究的热点。然而，由于控释肥料的价格高于普通肥料，所以成为制约其推广应用的主要因素。通过用控释肥料替代一部分尿素作追肥，起到减少追肥量、追肥次数而且降低控释肥料成本的作用，是扩大聚合物包膜控释肥料应用范围的一个新途径。

**2. 聚合物包膜肥料在果树上的应用**

果园施肥除了高产外，还能保持每年更好地生长，达到稳产优质的目的。那么果园施肥应注意什么呢？下面分享六种施肥法，来达到果园优质高产的目的。这里的六种方法可以是聚合物包膜肥料，但不局限于该类肥料。

**(1) 全园普施法**　先把肥料普施于果园地面，随后结合果园耕翻或冬季深中耕，把肥料翻入土层。这种果园施肥法主要用于根系已满园的成龄果园、密植果园的成龄果树或密植果园的大量施肥。肥料多以粗肥为主。

**(2) 树盘壅施法**　肥料较为集中地撒施在树盘范围内，施肥后亦进行深中耕，把肥料翻入土层中。这种果园施肥法适用于幼龄果园，优点是比全园普施法肥料集中，一般采用粗肥与精肥、缓效与速效相结合的混合肥。

**(3) 环状沟施肥法**　根据果树根系向外扩展的广度，在树冠外缘挖一条深40～60cm、宽40cm的围沟。然后将肥料施入沟中用土覆盖，这种果园施肥法适宜冬季或早春给瘠薄果园、新垦果园和树冠较小的幼龄果园施有机肥。

**(4) 放射状沟施肥法**　以树干为中心，向树冠外以放射状均匀地挖5～6条浅沟，内浅外深，至树冠于地面投影处深20～30cm，随即施入肥料并覆土。这种果园施肥法适宜成龄果园追肥。

**(5) 穴施法或注入施肥法**　穴施即在树冠周围挖若干个深30～60cm的土穴，把肥料施入穴内。这种果园施肥法就是用土钻围绕树干在树盘内打洞，深50cm左右，把调配好的肥液注入洞内。这两种果园施肥法适宜干旱地区果园或密植果园，多以液体肥为主。

**(6) 行沟施肥法**　在果园内顺着果树地的行向，每行开1条宽50cm、深40cm左右的长沟，把肥料施入沟内。这种果园施肥法适宜规模化果园选用，可采取机械化作业。

果园施肥十分关键，六种施肥方法一定要具体情况具体分析，不可盲目套用。

**3. 聚合物包膜肥料在花卉上的应用**

包膜肥料在温室花卉上的施肥有两种基本方法：将小颗粒肥料或缓释肥料混

合在基质中；将小颗粒肥料或缓释肥料覆盖在花盆或土壤的表面。

在盆栽和地栽中，基肥一般采用聚合物包膜肥料，水溶性肥料常结合灌溉一起施用，作为基肥养分不足的补充。叶面喷肥如喷施花卉壮茎灵或花朵壮蒂灵，可以用来补充土壤施肥和水溶性施肥的不足，特别是对于某种植物缺乏并且需要迅速补充的养分。叶面喷肥不如根部施肥有效，只能作为根部施肥的补充。但研究结果显示，叶面喷肥可以使植物更健康，抵抗病虫害的能力更强。因此，花卉上应用聚合物包膜肥料或其他缓/控释肥料产品，一般与栽培基质混合后施用，常常将肥料掺混于栽培基质中，作为基础肥料，其主要成分为氮、磷、钾及部分微量元素肥料。而对于特定的营养元素，尤其对花卉品质比较敏感的元素，常常通过灌溉以水溶性肥料或叶面喷施的方法施用。

# 第三节　硫包衣肥料

## 一、物理包被法肥料简介

物理包被法是指在传统肥料颗粒外表面包裹上一层或多层阻滞肥料养分扩散的膜，来减缓或控制肥料养分的溶出速率。该包衣技术已经广泛应用于医学、药物、食用色素、催化剂、香料和黏合剂等多个领域。

用物理包被法生产的肥料即为包膜肥料（coated fertilizer，CF）。通常，我们将被包裹物质称为核心，将用于外层涂覆的包衣材料称为壁材。常用作壁材的成膜材料有天然产品改性壳聚糖、纤维素、淀粉等和人工合成的多聚体如聚氨基甲酸乙酯、聚乙烯、石蜡、油脂、沥青和硫黄等。由于壁材一般价格较高并且多是非植物营养类物质，因此，在满足成膜密封层完整的基础上应尽量减少用量，壁材用量通常占肥料总质量的10%～30%。

包膜肥料的研制始于美国。1961年，美国田纳西流域管理局（Tennessee Valley Authority，TVA）国家肥料发展中心（National Fertilizer Development Center，NFDC）在硫包衣尿素（SCU）小试生产试验上获得成功，并于1967年中试成功，开始商业生产。1964年，美国ADM（Archer Daniels Midland，Osmocote®制造商）公司开发出商品名为Osmocote®的醇酸类树脂（主要成分为二聚环戊二烯和丙三醇酯的共聚物）包膜肥料，开辟了热固性聚合物包膜肥料的研究。这两种包膜肥料的研制与开发，奠定了物理包被方法生产缓控释肥料的基础。

1987年Moor利用水溶性的含氨基的肥料作为核心，利用氨基的亲核作用和一些含亲电基团的化合物反应结合，形成聚合物包膜层，发明了“耐磨控释肥料”的方法。继美国之后，加拿大、日本、西欧等国家和地区相继开展了包膜肥料的研究。

随着 Ziegler-Natta 催化剂在聚乙烯合成工业上的应用，使得以烯烃为单体的聚合物大量生产。1980 年，日本窒素公司注册了聚烯烃类包膜肥料 Nutricote®，聚烯烃属于热塑性物质，这类聚合物包膜肥料属于热塑性高分子包膜肥料。目前 SCU、Osmocote®和 Nutricote®在多年生产应用中不断改良，如今仍然是控释肥料领域的国际知名品牌。

20 世纪 90 年代以后，聚氨酯类包膜肥料开始出现并得到迅速发展。1990 年，美国 Pursell 公司注册了以 Polyon®为商标的系列包膜肥料，该肥料在生产中采用了"反应层（RLCTM）包膜制程"，使反应单体在颗粒肥料表面原位聚合成膜。以色列 Haifa 公司注册的 Multicote®也是该类产品的代表。

在中国，早在 1974 年，中国科学院南京土壤研究所开发了碳铵包膜肥料（孙秀延，1992）。1986 年广州氮肥厂研制成功"高效涂层氮肥"，化工部命名为"涂层尿素"（丁振亭，1994）。1985 年，郑州大学磷肥与复肥研究所开发了以尿素为核心，以稀硫酸溶解钙镁磷肥，碳铵中和至 pH 5～7，加入植物油泥及其改性物作为壁材材料，包膜制得钙镁磷肥包膜尿素的复合肥料，这是第一类以肥料包裹肥料的复合肥料，之后该产品经郑州乐喜施公司在国内和国外申请发明专利并注册了产品商标 Luxecote®/Luxacote®，属于无机物包膜肥料。现在国内控释肥料研究主要集中在水基聚合物包膜、聚氨酯类包膜和天然高分子材料包膜等方面，并且发展迅速。2000 年以前，国内没有真正意义上的已经商品化、规模化的控释肥料（熊又升等，2000；何绪生等，1998）。到 2006 年时，北京农林科学院、山东农业大学的聚合物包膜控释肥料分别由北京首创集团新型肥料公司、山东金正大集团实现产业化；大连汉枫集团引进加拿大包硫尿素技术在江苏设厂生产；中国科学院石家庄现代化农业研究所的涂层肥料，广东农科院土肥所、湖南农科院土肥所、中国农科院土肥所、华南农业大学、中国农业大学开发的包膜肥料也正在或已经实现产业化。再到 2013 年，中央一号文件中提出：启动高效缓控释肥料使用补助试点。政府通过补贴来积极引导农民接受和使用缓控释肥料，我国形成缓释、控释肥料的生产与使用的高潮。

硫包膜尿素（sulfur coated urea，SCU）是最早产业化应用的包膜肥料。1957 年美国田纳西河谷管理局（TVA）肥料发展中心开始涂硫工艺研究，该机构于 1961 年在 1～7kg/h 的装置上开展小试获得成功后，1968 年正式商业化生产，最初的规模为 70kg/h 试验性生产线，并运行到 1970 年。1971 年建成 900kg/h 的生产线，用来获取设计更大工厂所需的信息，并生产农业试验所需的肥料。直到 1978 年 TVA 才启动建成 9t/h 的大型工厂化生产线，实现了产业化。其代表性的生产工艺流程是典型的三转鼓组合工艺。具体的生产工艺是，首先将颗粒尿素过筛，以获得大小适宜的原料。将过筛尿素通过提升机进入流化床预热器，出口温度约 65℃。经过旋风除尘后，尿素从预热器借助重力进入涂硫转鼓，熔融硫在150℃、表压7.0～10.5MPa压力下从多喷嘴喷到尿素上。涂硫尿素在70℃左右直接送到涂封闭剂的转鼓，用3%熔融蜡与0.2%煤焦油混合物作封闭剂喷涂到涂硫尿素颗粒上。然后将这些物料送到第二转鼓（调理鼓），在此使用1.8%硅藻土作为调理剂，主要防止尿素颗粒间相互黏结成团，在冷风作用下冷却，蜡固化。冷却至40℃左右将黏结成团的大颗粒筛分去除即得到包硫尿素产品。1982年TVA、CIL和工农业制造有限公司开始生产SCU。通过TVA的产业模式可以看出，一个创新型的工艺构建需要从试验室阶段，到小试阶段，进而到中试水平，最后才能实现规模化和产业化，其过程需要25年之久。然而，从1975年开始，日本三井东亚化学公司在美国TVA公司公开的SCU技术基础上，生产并注册了三井东亚SCU及包硫复合肥料，并于1976年开始商业销售SCU，其产品名称为“Gold-N”。从1982年以后，以TVA工艺为基础的技术生产SCU扩展到全球。其中包括1982年Pursell（现在的Agrium）在阿拉巴马州锡拉科加建立SCU工厂；1989年，Scotts公司采用了混合聚合蜡表面涂层的方法生产SCU；20世纪90年代末，Nu-gro（现在Agrium公司）开发了热固性聚氨酯包膜技术生产PSCU，即先进行SCU生产，然后在SCU的外层喷涂聚氨酯高分子树脂，以弥补SCU在涂层方面的物性缺陷；1996年，Nu-Gro买下了CIL的SCU工厂，并经过升级，使其产能达到6.2t/h；2004年，上海汉枫公司从加拿大进口SCU在上海浦东工厂与NPK复合肥掺混，实现生产含有SCU的掺混型缓释肥。1996年，山东农业大学的多位专家以TVA工艺为基础，展开了SCU技术的创新和产业化研究，并于2004年末在山东农大肥业实现了年产6万吨的生产线，并将TVA三转鼓合为一个转鼓中，同时实现了涂硫、密封和调理等多种功能，并实现了连续化生产。这对我国乃至世界的SCU技术的进步作出了突出的贡献。在随后的时间里，该团队与企业合作以硫黄改性为技术突破口，进行了涂硫工艺在改善硫膜脆性上进行了成功的尝试。

产品含氮量根据硫涂层厚薄不同而异，含氮30%～38%，含硫15%～25%。

几十年来，SCU涂层工艺得到不断改进，日本三井东压化学公司从1976年开始生产一种涂硫和蜡的复混肥，其生产工艺与SCU工艺相似，但被包膜的不是尿素而是复合肥。美国研究人员在包硫层外再加聚合物层，这种改进的包硫尿素称为Poly S，控释性能比SCU好。

## 二、硫包衣核芯肥料选择

原则上能用于硫包衣的肥料有很多，只要具有一定的颗粒强度，可以在流化床等包衣设备中产生动态流化，表层与硫有很好的契合度，均可用于硫包衣肥料的生产。但在生产实践中，主要用于硫包衣的肥料为尿素，且为大颗粒尿素，其粒径一般控制在3～4mm。因为，如果用小颗粒尿素，其表面积较大，受硫黄本身粒径的影响，在包衣过程中所需消耗的硫黄量增多，使氮素的相对含量偏低，且包衣工艺流程和生产成本会相应增加。如果颗粒尿素粒径偏大，则在施用过程中与施肥机械的符合度不宜调节，且硫膜会存在较多裂隙，对控释效果和密封剂的要求及用量较高，既不经济，又不符合绿色生产的理念。

## 三、硫包衣肥料的优缺点

硫包衣缓/控释新型肥料是采用硫黄为主要包裹材料对颗粒尿素进行包裹，实现对氮的缓慢释放的缓释肥料。

尿素硫包衣尿素属于无机包膜类缓释氮肥。通过在尿素外面包裹硫黄、微晶蜡密封剂而制成的包裹式缓释肥料，养分释放持续、稳定，能满足作物的营养需求，增产、高质。颜色独特，肥料近中性，适宜各类土壤和作物。特有的硫养分，能控制养分释放速率。

此硫包衣缓/控释肥的优点主要有：硫作为第四大营养元素，SCU 可以补充硫养分，提高作物品质增强抗性，氮硫协同增效；SCU 的包膜厚度通常为 30μm，不会迅速氧化，硫的粒径为 10μm 左右，更易于施用当年转化成作物可吸收的硫酸盐，翻动土壤会使硫包膜破裂成小颗粒；能够满足农作物生长对不同养分的需求，持续供应作物氮营养，多种养分释放模式调节，满足不同作物不同生育阶段的养分需求，使作物稳健生长；减少肥料损失，减少淋洗，减少挥发，且低碳环保，肥料利用率高，减少肥料用量，节肥节能，例如，水稻、尿素的利用率为 30%，而 SCU 的利用率为 50%～60%；增产效果明显，通过肥料外包膜控制养分释放，使作物养分供应平稳有规律，促进农作物稳产高产；省时省力，可以解放劳动力；长期使用可以改善土壤，养分释放完后的空壳既可蓄水保墒，又能起到通气保肥作用，使长期板结的土壤变得疏松；施用安全，低盐分指数，不会烧苗，减少氮素在土壤中累积，降低其盐渍化程度；杀虫、抑制病菌，提高土壤和植物抗性；可作为掺混肥料的原料，提供缓释氮源，消除普通尿素吸湿结块，防止与其他原料反应，提高了可混性，扩大了配伍范围。

与聚合物包膜肥料相比，其膜材本身具有可降解性，是植物必需的中量营养元素，不存在二次污染。与抑制剂型稳定性尿素相比，硫本身具有一定的杀虫抑菌作用，但不会与其他脲酶抑制剂或硝化抑制剂一样，在抑制靶标菌的同时，可能存在抑制其他有益菌活性的风险。

## 四、硫包衣肥料的选购与施用

### 1. 硫包衣尿素国家标准

国家在 2012 年制定并实施的硫包衣尿素标准（表 1-1）。在选择硫包衣肥料时，需要首先按照该标准判断所选择的肥料是否符合国家标准的要求。

**表 1-1　硫包衣尿素的标准要求**（GB 29401—2012）　　单位：%

| 项　目 | | Ⅰ型 | Ⅱ型 | Ⅲ型 | Ⅳ型 |
|---|---|---|---|---|---|
| 总氮(N)的质量分数 | ≥ | 39.0 | 37.0 | 34.0 | 31.0 |
| 初期养分释放率 | ≤ | 40 | 27 | 15 | 10 |
| 静态氮溶出率 | ≤ | 60 | 45 | 30 | 20 |
| 硫(S)的质量分数 | ≥ | 8.0 | 10.0 | 15.0 | 20.0 |
| 缩二脲的质量分数 | ≤ | 1.2 | 1.2 | 1.2 | 1.2 |
| 水分($H_2O$)的质量分数 | ≤ | 1.0 | 1.0 | 1.0 | 1.0 |
| 粒度(1.00～4.75mm 或 3.35～5.60mm) | ≥ | 90 | 90 | 90 | 90 |

注：缓/控释肥料是以各种调控机制使其养分最初释放延缓，延长植物对其有效养分吸收利用的有效期，使其养分按照设定的释放率和释放期缓慢或控制释放的肥料。初期养分释放率为硫包衣尿素在 38℃的静水中浸泡 24h，氮养分的溶出量占总氮的百分率。静态氮的溶出率为硫包衣尿素在 38℃的静水中浸泡 7d，氮养分的溶出量占总氮的百分率。

### 2. 多肽尿素与硫包衣尿素的区别

多肽尿素与硫包衣尿素很相似，都有黄色的外观，很多农民都难以分辨，可通过如下方法区别多肽尿素和硫包衣尿素。

其一，多肽尿素就是在尿液形成前加入金属蛋白酶（此物质是一种促进植物吸收的酶），本身金属蛋白酶是一种无色无味的物体，加入什么颜色就会形成什么颜色的产品。金属蛋白酶能促进作物对养分的吸收、加速植物提前早熟，进而达到增产、增收的效果。

其作用原理是：作物通过光合作用和酶的作用将养分吸收加工成单糖，再通过酶的作用形成多糖进而形成植物纤维，生成果实。作物本身就会产生酶，那为什么还要加入酶呢？加入酶是为了促进植物的加快发育，减少作物为了生成酶消耗能量，防止作物提前衰老。金属蛋白酶本身就是一种重金属，在种子周围形成带电离子场，加快氮、磷、钾离子的运动速度，通过渗透进入作物细胞膜，这就是为什么能促进氮、磷、钾的吸收。现行市场流传着加入一种氨基酸就叫多肽尿素的说法，氨基酸它是一种营养物质，并不能代替酶。氨基酸和酶是两种概念，所以大家一定要注意多肽尿素里面的成分。

其二，硫包衣尿素这种产品在市场上更加混乱，以假乱真、以次充好的现象遍布全国，有的更是涂点黄色就叫硫包衣。我国推行的硫包衣尿素国家标准为 GB 29401—2012。只有符合国家标准规定和要求的肥料才能称得上合格产品。

# 第四节 包裹型肥料

## 一、包裹型肥料简介

1983年，Tojo等人提出了有关包裹缓释肥料的包裹膜控制数学模型。该模型考虑了多种影响包裹缓释肥料的因素，如颗粒尺寸、膜的渗透性、膜的厚度、产品的存放时间、环境温度等，用数学方法对具有暂缓性和稳定性缓释膜材料的缓释肥料所拥有的缓释作用进行了讨论。

包裹缓释肥料由包裹膜和肥料核心组成。肥料核心常用的是普通的N、P、K单元或多元肥料（如尿素、硝酸铵、硫酸铵、碳酸氢铵、磷酸铵、磷酸钾、磷酸钙等)、含微量元素的复合肥料、含有植物营养元素的矿物等。作为肥料核心的这些肥料水溶性好，易于被植物吸收，但也容易流失和浪费，特别是在经常灌溉的田块，因而人们通常在这些肥料的外面包裹一层膜，来阻止或延缓上述现象的发生，从而形成了包裹缓释肥料。

中国科学院南京土壤研究所20世纪70～80年代研究成功了由钙镁磷肥包裹碳酸氢铵或尿素的包裹肥料。郑州工学院磷肥与复肥研究所也开发出了三种类型的包裹型复合肥，以钙镁磷肥为包裹层的第一类产品，以部分酸化磷矿为包裹层的第二类产品及二价金属磷酸铵钾盐为包裹层的第三类产品。

第一类包裹型复合肥是以粒状尿素为核心，以钙镁磷肥和钾肥为包裹层，采用磷钾泥浆和稀硫酸、稀磷酸为黏合剂，在回转圆盘中进行包裹反应，制得氮磷钾复合肥料。

第二类包裹型复合肥是以粒状尿素为核心，以磷矿粉、微肥和钾肥为包裹层，采用磷酸、硫酸为黏合剂，在回转圆盘中进行包裹反应，制得氮磷钾复合肥料。

第三类包裹型复合肥以粒状水溶性肥料为核心，以微溶性二价金属磷酸铵钾盐为包裹层，磷钾泥浆和稀磷酸为黏合剂，在同转圆盘中进行包裹反应，进行多层包膜，制得控释肥料。

第一类、第二类肥料价格低廉，但溶解时间较短，适用于一般大田作物。第三类价格较高，缓释时间较长，适用于花卉草坪等有特殊要求的植物与作物。现将几种典型的具有缓/控释性能的肥料及其特征列于表1-2。

**表1-2 几种缓/控释肥料特征对比**

| 缓释肥料种类 | 无机化过程 | 持续时间 | 土壤环境影响 |
| --- | --- | --- | --- |
| 天然有机质肥料 | 微生物分解 | 数周 | 受环境水分、pH值、微生物等影响 |
| 合成有机缓释肥料 | 溶解、微生物加水分解 | 数日至数月 | 受环境水分、pH值、微生物等影响 |
| 高分子聚合物包膜肥料 | 释放 | 数日至数年 | 除温度外，环境因素影响小 |

包裹型缓控释肥料生产工艺的研究随着生产的需求不断进步和完善。自1983年以来，郑州工学院许秀成等系统地研究了以肥料包裹肥料的缓释/控释肥料，开发了一系列包裹型复合肥料。1985年，以尿素为核心，并以钙镁磷肥为包裹层，以含大量硅胶的氮磷泥浆作为黏结剂，制成了第一代以肥料包裹肥料的复合肥；1991年，该课题组用磷矿粉包裹尿素，用浓硫酸或磷酸为反应性黏结剂，开发了部分酸化磷矿复合肥料，为第二代包裹型复合肥料；1994年，开发了“以微溶性二价金属磷酸铵钾盐”为包裹层，多层包裹粒状水溶性肥料，为第三代包裹型复合肥料。肥效期90～120d，被《国际肥料》杂志称为“中国的首创——未来的肥料”，在中国施用于粮食作物，并获得了显著的经济效益。

包裹肥料的另一重要生产工艺创新是固液反应成膜工艺，该工艺是由华南农业大学新肥料资源研究中心发明的一种生产工艺，具有无需回收溶剂、无需专用设备、无需干燥、成膜快速、适合现有各类国产生产线、成本低而产品控释性能好等突出优点。该技术可以采用开放式常规设备（如普通复混肥生产设备）生产，其生产工艺流程简捷，只有包膜生产流程，产品无需干燥或整形。比普通复混肥生产流程还简捷，因此设备投资和生产成本低。

## 二、包裹材料的选择

目前国内对缓控释肥料的研究主要集中在肥料的包裹层上，通过改变包裹层的化学组分实现肥料性质的改变。下面就最近国内外最新研究的包裹层进行分析探讨。

用于包膜的材料有很多，总体而言分为无机物质和有机物质两大类。

无机类包膜材料常见于文献中的大致有沸石、硫黄、矿石粉（如石膏、滑石粉等）、坡缕石、高岭土、硅藻土、硅酸盐、金属盐等，其中对硫黄包膜的研究最多。Meisen等详细介绍了用硫黄做涂覆材料制备包膜肥料的方法，通过包裹尿素可使氮的利用率较普通肥料提高1倍；蔺海明利用纳米级坡缕石良好的吸附性和缓释性，使马铃薯增产46.9%；武美燕研究了纳米碳缓释肥促进水稻分蘖的形成，有效增加了稻谷产量；Komarneni证明了无机矿物蒙脱土、高岭土、黏土包膜缓释肥具有较高的养分固定和离子交换能力，其较好的耐水性能和养分固定机制可提高氮素利用率；侯俊等利用超微细矿石粉为主要包膜材料，研究了对大白菜生理特性的影响，可使产量提高6.6%～35.5%。

有机类包膜由于有机物的熔点较低、水溶性差、在土壤中易腐化分解，因此在包膜材料中较为常用。常见的有纤维素、淀粉、木质素、聚糖、松香、石蜡、不饱和油脂、聚合树脂和天然橡胶等。徐浩龙等通过淀粉与甘油、聚乙烯醇多元共聚交联，制备出生物降解性好的互穿网络型包膜缓释肥，其缓释期可延长 60～80d；李吉进利用淀粉和纤维素系列的保水性能，通过丙烯腈、丙烯酸、丙烯酰胺改性淀粉和纤维素，研制成功了一系列保水缓释肥，可节约 30%～50%的苗木灌溉用水；巴西 Corradini 采用纳米壳聚糖包衣 NPK，红外结果显示纳米壳聚糖对 NPK 具有较强的静电吸附能力。近年来，桐油、虫胶、松香作为包膜材料的研究也较多，其成膜干燥速度快、附着力强、耐水和耐腐蚀性好，已被广泛用于包膜中。唐辉等对桐油包膜材料进行了深入研究，黑麦草的生物量表明，桐油有助于作物生长及延长绿期；李东坡等以丙烯酸树脂为包膜材料，通过对草甸棕壤中尿素态氮溶出特征的分析，发现丙烯酸树脂膜和生化抑制剂共同作用对抑制尿素释放效果十分显著；王国喜研制了聚氨酯包膜尿素，结果表明，不同包膜量聚氨酯膜层的缓释效应存在差异，包膜量不同，肥料的缓释期不同；Seng 等将天然橡胶进行硫化，通过添加一些物质进行改性处理后用作肥料的包膜材料，用改性天然橡胶制成的缓释肥料，其膜硬且无黏性，便于储存和施用。

无机—有机、有机—有机或无机—无机物质联用包膜通过无机—有机物质的共聚，往往可以获得较两者更优越的包膜性能。徐浩龙以水为溶剂，用腐植酸—淀粉—丙烯酸钾多元共聚，制备出一种高吸水性的缓控释包膜肥，该肥料符合国标 GB/T 23348—2009 规定的缓释要求，同时，徐浩龙制备出了羧甲基纤维素接枝丙烯酸-丙烯酰胺缓释肥包膜材料，测得缓释肥的氮素释放率满足 GB/T 23348—2009 的要求；薛合伦等以纳米土为原料，通过有机硅改性丙烯酸酯制成包膜，实现了水、肥在载体间的吸附，为肥料的长效缓释提供了基础，提高了该类缓释肥的肥效和缓释性能，对农产品的品质有着很好的促进作用。

对包膜肥料主要研究的是涂覆材料。包膜的涂覆材料具有多样性，按其释放机理可分为 3 类：①半透水性膜。主要是减少肥料与水分的接触机会来控制溶出速率。②微生物不能分解的不透水性膜。肥料成分从包膜表面的微孔溶出，溶出速率取决于膜材料性质、膜的厚度及加工条件。这类包膜材料多为聚合物，许多树脂包膜即属此类。③微生物可分解的或可降解的不透水性膜。包膜在土壤中或被微生物侵蚀，或因风化作用而显著降解。这类肥料氮素的溶出速率取决于膜的厚度及加工条件，还依赖于土壤中微生物的多少、温度等因素。

包膜材料按其性质可分为两类：①无机物包膜。无机化合物作为包裹膜的比较少，在文献中常见的有硫黄、$MgNH_4PO_4 \cdot 6H_2O$、硅酸盐、磷酸钙等。②有机包裹膜。在文献中常见的有松香包裹膜、石蜡包裹膜、烯烃聚合物或共聚物包裹膜、酯类包裹膜及聚丙烯、乙二醇聚乙烯二醚等。

## 三、包裹肥料的优缺点

包裹型缓释肥料的最大特点就是养分全面，其核心肥料和包裹层均含有养分，每一粒肥料都不遗余力地发挥作用，把有效成分全部释放给农作物的生长过程，即使到了最后包裹体空了，也起到疏松土壤的作用。根据美国 AOC 法测算，包裹型缓释肥肥效长达 90～120d，其第三代产品的肥效最长可达 150d，完全可以满足国内主要农作物整个生长期对养分的需要。实验表明：每亩地施普通肥 50kg，而包裹型缓释肥料只需 35～40kg。

包裹型缓释肥料的目标是控制水溶性氮肥主要是尿素（或硝铵）的氨化和硝化过程，减少损失，提高氮肥利用率。技术特点是包膜肥料的取材以肥包肥，成本较低，无二次污染。它的优点是针对中国国情并能有效提高氮素利用率，较多数缓/控释肥价格低廉，在中国市场有广阔的应用前景。目前，包裹型缓释肥料在东北地区的推广非常有成效。

但是，中国缓/控释肥料市场整体发展缓慢，原因有三：一是农民认知度低。二是生产成本高成为制约农田大面积推广的关键。目前国内缓/控释肥的每吨加工费一般在 600～800 元，加上工厂管理和经营，大致每吨售价比普通肥高出 800～1000 元，再经市场销售价格就更高了，结果农民看得好而用不起，被称作“贵族肥料”。三是需要组建强有力的研发与推广平台。

“肥包肥”型包裹肥料主要是利用有机或无机的黏结剂等将具有巨大表面积、内表面积无机矿物（如钙镁磷肥、膨润土）或者炭粉（如竹炭粉）包裹在肥料表面，并吸附溶出的养分，延缓养分释放。其优点是，由于采用的磷酸铵盐包裹尿素，养分释放后的壳是养分磷和氮，因此会被作物完全吸收，不存在二次污染；而且价格适中，以目前原材料的行业算，市场售价比普通肥每吨贵 400～500 元。其缺点是，此产品的包裹物质多为无机材料并经有机或黏结剂而成，由于影响因素太多，难以达到满意的控释效果。

## 四、包裹肥料的选购与施用

无机包裹型复混肥料（复合肥料）[inorganic material coated compound fertilizer（complex fertilizer）]已有国家化工行业标准（HG/T 4217—2011）。

由于缓释/控释肥料体现了横向-纵向平衡施肥的原理，因而提高了肥料的利用率，可以说具有显著的经济效益、环境效益。Kaneta 等研究表明，免耕移植水稻一次性基施控释肥料与传统水稻栽培成本相比，可降低成本 65%。Shoji 的实验表明，在大麦、土豆、玉米上施用控释肥能显著提高氮肥的利用率及作物的产量；在玉米实验中，控释肥的 $N_2O$ 损失仅仅是尿素损失的 1/3，整个生育期 $N_2O$ 的损失均远远低于传统肥料。河南农业科学院承担的对郑州 Luxecote 的实验表明，小麦施用 Luxecote 后氮利用率约为 57.2%。

尽管缓释 /控释肥料具有很好的潜在经济及社会效益，且已经商品化，但在农业上的大规模应用仍受到限制，仅占世界化肥总消耗量的 0.5% 以下。

由于控释材料生产工艺的复杂，致使控释肥料价格居高不下。为了降低缓释/控释肥料的价格，研制和筛选新型、高效、廉价的控释材料已成为目前研究的关键。现在控释材料的研究已逐渐从无机物转向有机物，特别是一些高分子聚合物，由于具有控释效果好、易降解、无污染而成为研究的重点。另外，不同控释材料包膜的肥料释放机理是不同的，不同形态的养分在不同的土壤、不同的作物上的转移吸收差异也很大。正是由于这一差异的复杂性，有必要对不同土壤上施用于不同作物的控释肥料配方加以研究，同时进一步系统研究控释肥料养分释放速率和机理模式。缓释/控释肥料发展到今天，它的各方面的优势已突显出来，有着广阔的发展和应用前景，势必成为将来肥料的主导。

如何选用缓/控释肥？

首先，看标识。在包装袋上应标明总养分含量、配合式、养分释放期、缓/控释养分种类、第 7d、第 28d 和标明养分释放期的积累养分释放率等，其他标识应符合核心肥执行标准的标识。产品使用说明书应印在包装袋的背面或放到包装袋中，其内容包括产品名称、以配合式形式标明养分含量、养分释放期、使用方法、注意事项等。目前市场上销售的一些缓/控释肥标识不清，含糊其辞。如在掺混肥的尿素中，只加入部分包膜尿素，磷钾肥都是正常的二胺、钾肥，包装袋醒目大字就是控释肥、包膜控释肥等，不标明缓/控释养分种类、缓/控释养分含量及养分释放期等。建议选择标识完整的缓/控释肥。

其次，看外观。颗粒均匀，无杂质。缓/控释复混肥、复合肥是一种颗粒，缓/控释掺混肥料中应该至少有 4 种颗粒，如大粒尿素、包膜尿素、二铵、钾肥等，采用包膜原料的种类以及所占的比例清晰可见，建议选择时，根据缓/控释养分含量买到货真价实的肥料。肥料颗粒颜色是在肥料生产时加的色素，颜色没有肥效，对作物和土壤有害而无益。

最后，看含量。缓/控释肥有效养分含量一般都在 45%～53%。如玉米专用缓/控释掺混肥（BB 肥），氮有效含量在 26%～28%的情况下，用现有的最高养分含量原料，如 46.4%大粒尿素、37%～45%包膜尿素、64%（N18-$P_2O_5$46）二铵、60%（$K_2O$）氯化钾，生产不出氮磷钾总含量≥55%的合格缓/控释肥。建议不要选购总有效含量≥55%玉米专用缓/控释掺混肥，特别是含有中微量元素的 55%玉米缓/控释肥。

玉米一次性施肥的肥料选择方法。缓/控释掺混肥中，一般缓/控释氮含量占总氮量 15%～20%为宜，这样的部分氮缓/控释肥的供肥能力，符合玉米生长不同时期的需肥规律。缓/控释复混肥、复合肥料，都是氮、磷、钾肥粉碎或熔融后混合制造一种颗粒，外面包膜（多为树脂膜），属于全养分含量缓/控释肥，施入土壤后养分的释放速率受土壤温度、水分、pH 值和土壤微生物影响大，正常雨水调和年份，全养分控释肥的养分释放速率大致接近玉米需肥规律，基本能满足玉米各生育时期对养分的需求，肥效长，产量高。但在干旱年份，由于土壤水分少，全缓/控释肥养分释放少，满足不了玉米各生育时期对养分的需求，表现不如没有缓/控释肥的好。目前还没有完全做到使缓/控释肥料的养分释放速率和作物的需肥规律相吻合。长期施用包膜缓/控释肥料，树脂包膜材料没有肥效，降解慢，对土壤造成一定污染。

## 第五节　缓释肥料产品趋势分析

### 一、缓释肥料产品市场的发展趋势

近五年来，控释肥、控失肥、缓效肥等称谓的产品琳琅满目且发展势头强劲，俨然成为了市场发展重点，并且在不断发展中进行完善，根据中国化肥产业网的分析，亚太重点市场缓释肥产品的发展趋势简述如下。

**1. 中国**

近年来，中国肥料制造业以 20%的增速快速发展。目前中国已成为全球最大的肥料出口国，缓释肥料的生产及销售企业有近百家。2009 年以来，相继出台的国家和行业标准（目前包括硫包衣尿素、缓释肥料、脲醛缓释肥料、控释肥料、无机包裹型复混肥料）使缓释肥行业发展的路径更为清晰而规范。全国农技推广统计数据表明，截至 2013 年缓/控释肥示范推广已扩大到全国 24 个省的 29 种作物，覆盖了各种粮食及主要农作物。2015 年也是缓释肥料在中国取得未来 5～10 年发展的重要契机。同年 3 月，农业部通过了《化肥使用量零增长行动方案》，明确提出 2020 年实现化肥零增长目标，而科技部亦拟定 2025 年化学肥料减施 20%的科研目标。嗅觉灵敏的以色列化工集团，也是全球最早投入缓释肥的发明和生产者，今年也投入了 5 亿美元，连手中国青岛七海进出口有限公司在山东启动合资生产项目。而早在 2013 年，日本丸红株式会社（Marubeni Corporation）和中国鲁西集团签订合作备忘录，向中国引进其包衣控释肥生产技术。国内企业方面，金正大作为缓/控释肥料行业标准与国家标准起草单位，在研发生产上的能力首屈一指；山东茂施肥料，也自行研发出高氮包衣的技术，是国内专业的可降解树脂包衣控释肥生产企业；在加拿大上市，最早以硫包衣作为核心技术的汉枫集团，加上许多其他操作灵活的厂家如西安阿诺肯，也在所谓的“全控释”“半控释”“混掺型（BB 肥）”的变化类别中，于国内外扮演举足轻重的角色。

**2. 日本**

探讨日本的缓释肥料，不得不从其研发的脉络来看，20 世纪 60 年代效法美国技术（硫包衣），到了 70 年代已自行掌握了硫包衣技术，由三井东亚化学（Mitsui Toatsu Chemicals）在 1975 年注册了包硫尿素和包硫复合肥料。此时，20 世纪 80 年代由窒素（氮）公司（Chisso Corporation）发展出来的树脂聚烯烃包衣的“好康多”(Nutricote)，目前与美国知名品牌“奥绿肥”（Osmocote）和以色列的“魔力丰”（Multicote）齐名。2009 年，由 JNC 公司和日本旭化成（Chisso Asahi）以及三菱化学（Mitsubishi Chemical Agri）分别以 42.25%、22.75%和 35%的出资份额成立的 Jcam Agri 株式会社，生产包衣树脂型缓释肥，占有日本本土市场份额达 25%，营销东北亚国家。去年 8 月，住友商社（Sumitomo）收购了马来西亚 Union Harvest SdnBhd 肥料公司，目标主要放在马来西亚和印度尼西亚的油棕用肥料，由于后者也具有化学品背景，住友是否引入缓释肥的技术发展，值得关注。日本除了研究，另一方面也是缓释肥的重度依赖者，主因农民年龄层老化。目前有 70%的缓释肥料用于水稻，另外 15%用于各式的蔬菜（反观欧美，90%以上的用于非大田作物)。日本在 21 世纪初时，脲醛缓释肥占缓/控释肥料总量的 30%，包括 CDU、异丁基二脲（IBDU)，但近十年来慢慢被聚合物包衣肥料所取代，目前聚合物包衣肥料占日本国内缓/控释肥料消费量的 69%。主要用于水稻、蔬菜和柑橘。

**3. 中国台湾地区**

我国台湾地区的缓释肥料需求背景和日本雷同，均面临农民和地力老化的问题。政策层面，在肥料管理法当中有裹覆尿素、甲醛缩合尿素、丁烯醛缩合尿素、异丁醛缩合尿素、硫酸胍基尿素品目。目前在台湾的应用仍以家庭园艺为主，市场常见的产品以台和园艺代理日本的“好康多”（Nutricote）居多，其余多为贸易商自大陆进口并自行贴牌。2015 年 12 月，来自杰康株式会社（Jcam Agri）旗下台湾子公司台湾杰康农业科技公司在台中建厂并动土开工，预计 2016 年 7 月竣工投产包膜肥料，预估 9 成外销，此举势必造成台湾相关企业生态的重整。就目前而言，缓释肥因台湾肥料公司的补助政策而处于下风，但主要原因归咎于农民固守传统肥料的使用观念；另一方面，台湾的进口商等对外贸易企业也致力于寻找在成本和成效上有竞争优势的产品。2016 年初，即有台湾贸易商自马来西亚 Green Feed Agro（绿丰农业）进口以沸石吸附型水田专用缓释肥料，致力推广于水稻上。

**4. 马来西亚**

马来西亚市场预估方面，由于油棕为主要农业项目，目前耕地面积约为 550 万公顷，每公顷平均植栽面积为 140 株来计算，每株每年平均用量 2kg，如只取 30%的市场占有率，一年即有 47 万吨的需求量，尚不包括油棕育苗用的使用量。

将此数字进一步放大来看，马印两国的棕榈栽培面积占全球90%，印度尼西亚的油棕面积达800万公顷，如依马来西亚的用量和市场占有率来看，单在油棕树马来西亚和印度尼西亚的使用量即达到每年120万吨的需求。市场上，最早有贸易商于2000年代理以色列海法化学（Haifa）的“魔力丰”（Multicote），后因成本太高，逐渐退出大马市场。目前棕榈苗选用的产品，大多来源于中国企业。生产厂家方面，据业界消息，SK Fertilizer 近期也投入生产缓释包裹型肥料。Plant Safe公司出品的袋状缓释肥料（以袋子通透性控制肥料的释出），另有Green Feed Agro公司生产的土壤改良兼缓释型肥料。前者着眼于印度尼西亚市场，后者除印度尼西亚市场外，近几年还积极拓宽东南亚、中国和纽澳市场，未来销售前景看俏。

**5. 其他亚太市场**

印度虽为亚太人口和粮食消费大国，但缓释肥产品在大田作物上的应用依然较为滞后，目前农业生产仍以传统化肥产品作为主要支撑。但在研发上，20世纪90年代即以虫胶（虫漆，shellac），一种寄生性紫胶介壳虫的分泌物中得到的树脂来作为包膜材料，试验型应用在水稻和小麦都有不错的效果，但由于原物料成本高，最终未能商业化。圣雄甘地大学也曾以丙烯酰胺作包膜，一些企业也研发了硝化抑制剂硫醇包膜尿素，磷酸钙与环氧树脂包膜尿素，锌硼酸盐玻璃包覆的缓释硼、锌肥等。但由于在量产和市场上缺乏支持，均未发展起来。泰国也使用本地材料，以橡胶基质类型的天然橡胶乳液包囊为原料生产控释肥，基于该技术生产的包衣尿素释放期达50d，但碍于各种客观性因素，亦未能量产。沙特阿拉伯虽然具备发展缓释肥料的天然环境以及丰富的石油蜡、聚乙烯原料资源，但同样碍于各种因素，均停留于研发层面的初始阶段而未能量产。韩国方面，目前仍依赖向日本和中国企业的进口，但近年来Nousbo Co. Ltd. 研发了一款硅肥发泡性肥料，用于水稻上。该产品主打的要求为省肥省工，某种程度上也具有缓释肥应有的效益，但仍需田间数据加以支持。

缓释肥料在亚太地区乃至全球，都已迎来新的发展起点。行业的发展基于“三个契机”：第一，异常的气候带来极端的降水量，缓释肥在攻克土壤水分过多或过少等诸如此类问题，比起传统肥料有更大的突破点，如包覆兼保水性聚合分子包材；第二，农民年龄层分化导致用肥方式转变，老龄化农民难以负荷传统化肥施用的工作量，年轻化农民则接受新颖科学施肥的概念；第三，粮食需求增加，但耕地地力退化，3.0版的机能性（或功能性）缓释肥（1.0版为包硫、2.0版为化学包衣），如含沸石吸附型兼具土壤改良功能的产品趁势而生。与此同时，还不能忽视“四个隐忧”，第一，生产成本高，将遭受既有传统化肥的排挤效应，情况犹如目前的替代性能源虽好，但石化和煤炭产业成本更为低廉；第二，化学包衣材料对土壤环境产生负面影响；第三，目前“半控释”或“部分控释”肥料品种混淆，价格上和“全控释”发生擦边球状况多，也直接影响农民对此款肥料的观感；第四，施用方式亟待改进，因包衣肥料轻质，应用在大田时如未覆土易被冲走，故农民应多着力于条施、穴施覆土。另外应用在水田，也有漂浮的问题存在。

基于上述分析不难发现，缓释肥料在不断的完善发展过程中反而衍生出了更多的方向，从1.0版的化学衍生、缩合技术到2.0版化学包裹、包衣技术，再到3.0版选用诸如沸石、活性炭等对土壤更加友善的吸附性、离子性的材料，缓释肥料技术的发展已迈入了新时代。未来，肥料技术必将迎来更加广阔的发展空间，药肥、省水肥、土改肥、活菌肥、荷尔蒙肥等形式多样的技术，将帮助种植者更加精准而科学地用肥，从而在真正意义上做到减少农事。

## 二、缓释肥料产品技术的发展趋势

缓控释肥料什么技术最关键？答案无疑是包膜。包膜做得好，肥效持续时间更长，更利于作物吸收。当前，缓控释包膜肥料一般有六大类型：树脂包衣型、硫包衣型、肥包肥型、脲酶抑制剂型、脲甲醛型、海藻素包膜型。哪种包膜技术更占优势？

### 1. 树脂包衣型

树脂包衣型控释肥料就是在肥料外围均匀地包覆一层树脂膜，包膜将膜内养分与膜外水分分离，对养分起到物理保护作用。

优点：华南农业大学资环学院樊小林教授介绍，养分从这种产品中的释放主要依赖于温度变化，土壤水分含量、pH值、干湿交替以及土壤生物活性对释放几乎没有影响。当温度升高时，植物生长加快，养分需求量加大，肥料释放率也随之加快；当温度降低时则相反。

缺点：此技术所需要的生产设备及包膜材料均是从国外进口，生产成本高，市场售价比同养分普通肥料贵800～1000元/吨。另外，脂溶性树脂的包膜是聚合物，本身难以降解，长期使用必然造成土壤污染。

代表企业：金正大、施可丰。据统计，2009年全国树脂包衣缓释肥产量为5万吨，占全国缓释肥产量的7.14%。

前景：昂贵的价格将制约其走向大田，新的包膜材料及工艺开发尚有难度，未来几年市场占有率难以大幅上升。

### 2. 硫包衣型

据了解，硫包膜技术有较长的生产历史，最早产品是硫包衣尿素，其技术关键是将硫黄熔融后，在高压下喷涂在预热处理的肥料表面，然后，在其表面喷涂蜡质或聚合物，密封硫黄包裹产生的空隙或裂隙，从而延缓养分的释放。

优点：由于硫黄价格较便宜，而且加工工艺也相对简单，因此生产成本较树脂包衣要低。市场售价也大大低于树脂包衣控释肥，比同养分的普通肥料高200～300元/吨；同时，硫也是作物生长必需的元素，因此施用硫包衣型产品可一举两得。

缺点：有专家担忧，硫黄本身可以作为杀菌剂使用，较大量的单质硫施用于土壤中，会对土壤中已有菌群产生影响，可能会产生二氧化硫，加速土壤酸化。

代表企业：农大肥业、汉枫、金正大。2009年全国硫包衣缓释肥产量为30万吨，占全国缓释肥产量的42.84%，是缓释肥中产量最大的类型。

前景：价格较便宜，还能给作物提供硫元素，易被农民接受。

**3. 肥包肥型**

据了解，该技术主要是利用有机或无机的黏结剂等将具有巨大表面积、内表面积无机矿物（如钙镁磷肥、膨润土）或者炭粉（如竹炭粉）包裹在肥料表面，并吸附溶出的养分，延缓养分释放。

优点：郑州大学许秀成教授介绍，由于采用的磷酸铵盐包裹尿素，养分释放后的壳是养分磷和氮，因此会被作物完全吸收，不存在二次污染；而且价格适中，以目前原材料的价格算，市场售价比普通肥每吨贵400～500元。

缺点：此产品的包裹物质多为无机材料并经有机或黏结剂而成。由于影响因素太多，难以达到满意的控释效果。

代表企业：乐喜施。2009年，全国包裹型缓释肥总产量约为5万吨，占全国缓释肥产量的7.14%。

前景：价格虽然也不算太贵，但控释效果难掌握，真正能生产出此类优质产品的企业不多。

**4. 脲酶抑制剂型**

中科院沈阳应用生态研究所肥料工程中心主任石元亮研究员介绍，此类产品制造技术是在尿素或复合肥生产过程中，在不同部位及时段定量添加脲酶抑制剂或硝化抑制剂，施入土壤后能通过脲酶抑制剂抑制尿素的水解，或通过硝化抑制剂抑制铵态氮的硝化，使肥效延长。

优点：由于是直接加入抑制剂，无须进行二次加工，而且抑制剂加入量也不多，因此是众多缓释肥中生产成本最低的，市场售价只比普通肥料贵100～200元/吨，最容易被农民接受。

缺点：有业内人士反映，由于生产过程中，抑制剂用量难以把握，使得长效效果不如包衣型肥料稳定。

代表企业：施可丰。2009年，全国产量为20万吨，占全国缓释肥产量的28.56%。

前景：价格最便宜，农民容易接受，不需要更新生产工艺，企业就能生产。抑制剂型长效肥料经过这几年的推广，特别是在南方销量不错，所以市场前景也不错。

**5. 脲甲醛型**

简单来说，脲甲醛复合肥是尿素与甲醇在高温下发生反应生成脲甲醛聚合物，再与磷酸一铵，以及钾肥混合后造粒，形成的复合肥料。由于脲甲醛聚合物微溶于水，需要在微生物作用下逐步降解。

优点：既有高塔肥的速效，又有缓释肥的长效功能。

缺点：石元亮介绍，脲甲醛虽然生产工艺不复杂，但反应条件难以掌控，使得脲甲醛聚合物链有长有短，在很多情况下，脲醛低分子量部分提供的氮素比例在作物生长前期超过了作物所需要的量，然而高分子量部分提供氮素又太慢。因此，有些地区就出现了施用脲甲醛肥导致作物减产的现象。同时价格也较贵，比普通肥料高 500～800 元/吨。

代表企业：住商、福利龙。2009 年，全国脲甲醛肥产量为 10 万吨，占全国缓释肥产量的 14.28%。

前景：虽然价格较贵，但生产工艺并不复杂，市场前景较好。

# 第二章

# 尿素改性类肥料

尿素的生产，工业上用液氨和二氧化碳为原料，在高温高压条件下直接合成尿素，化学反应如下：

$$2NH_3+CO_2 \longrightarrow NH_2COONH_4 \longrightarrow CO(NH_2)_2+H_2O$$

尿素在酸、碱、酶作用下（酸、碱需加热）能水解生成氨和二氧化碳。对热不稳定，加热至150～160℃将脱氨成缩二脲。若迅速加热将脱氨而三聚成六元环化合物三聚氰酸［机理：先脱氨生成异氰酸［$HN=C=O$），再三聚］。

尿素是一种高浓度氮肥，属中性速效肥料，也可用于生产多种复合肥料。尿素经过土壤中脲酶的作用，水解成碳酸铵或碳酸氢铵后，才能被作物吸收利用。因此，尿素要在作物的需肥期前4～8d施用。我国尿素颗粒度占95%以上是0.8～2.5mm小颗粒，有强度低、易结块和破碎粉化等弊病。同时，小颗粒尿素无法进行进一步加工成掺混肥、包覆肥、缓效或长效肥等以提高肥料利用率。而生产大颗粒尿素，势必要大幅度增加造粒塔高度和塔径，很不现实。因此，需要对尿素进行改性，形成多种尿素改性类肥料，以提高肥料资源利用率。

## 第一节　概　述

### 一、新型肥料的概念与分类

赵秉强认为，新型肥料是指在物理、化学或生物作用下，其营养功能得到增强的肥料。这个定义包含三个方面，首先是肥料能直接或间接提供植物矿质养分；其次，除了营养功能以外，还强调具备新功能，包括缓释控释、生物促进、有机高效、生长调节、养分增效等；最后是采用最新科技手段制备新产品或对传统肥料生产技术进行了革新。新型肥料一方面强调对现有肥料进行加工改性，使其营养功能得到提高和增强，所制备的新肥料品种在营养功能和综合性能上比常规化肥有所提升；另一方面，新型肥料的含义又超出了常规肥料的范畴。通过开发新资源，利用新理论、新方法、新技术和新途径等，开发肥料新类型、新品种，其内涵也是动态发展的，它是肥料产业创新发展的原动力。具体而言，新型肥料表现在功能、原材料和技术三方面。

**(1) 新功能**　传统肥料的功能是为作物提供营养或改善营养环境，但新型肥料在营养功能的基础上加以拓宽，具有保水功能（保水肥）、防病功能（防病生物肥）、肥料养分释放速度的调控功能（控释、缓释、促释）。还有些新型肥料具有突出的调节农艺性状的功能，如促根肥、抗倒伏肥、促花保果肥等。

**(2) 新原材料**　传统化肥的原材料是石油（制氮肥）、钾盐、高中品位磷矿等不可再生资源。但近十年来，相当多的工农业废物如制糖滤泥、啤酒滤泥、禽畜粪、秸秆等已被成功地用于制造堆肥和有机-无机复合肥。一些难以利用的中低品位磷矿、菱镁矿、钾长石等用于制磷、镁、钾肥的技术也获得突破。利用这类新资源制肥大大拓宽了原有资源，可缓解日趋严峻的资源短缺。

**(3) 新技术** 采用一些新的技术手段也是新型肥料的重要特征。譬如利用一些新技术手段生产出不同剂型的肥料，不同的工艺生产路线生产的产品，让肥料施用方式多样化，也更利于配合各类农业设施的运用。运用新技术手段可以大幅度降低硫酸用量和加工温度，甚至可在免酸、免煅烧条件下，生产出促释磷、镁、钾肥，从而达到节能低碳的目的。

新型肥料就是对具有上述新功能、新原材料和新技术特征的肥料的统称。具体的称谓则有多种，如缓释肥、促释肥、有机无机复合肥、保水肥、防病肥、生态肥等。这些不同的新型肥料都有一个共同的特征：高效，即肥料利用率高，而且节能节资，符合可持续发展的需要，因而具有较强的市场竞争力，国外亦称为“增值肥料”，以强调其技术经济的优点，或称为“环境友好肥料”，以强调其环保优点。

目前，新型肥料还没有完善的分类体系，可以其新功能和新特性将新型肥料划分为缓/控释肥料、水溶性肥料、微生物和有机肥料、功能性肥料等。

新型肥料的重要方向之一是研究开发将作物营养与其他促进作物高产的因素相结合的多种功能性肥料，它们的生产符合生态肥料工艺学的要求，其施用技术将凝聚农学、土壤学、信息学等领域的相关先进技术。这些功能性肥料主要包括：具有改善水分利用率的肥料，高利用率的肥料，改善土壤结构的肥料，适应优良品种特性的肥料，改善作物抗倒伏性的肥料，具有防治杂草以及具有抗病虫害功能的肥料等。另外，在资源开发和高效利用领域还有一些值得关注的技术，比如中低品位磷矿的促释技术，钾长石制备钾肥的技术，利用废弃资源开发成肥料产品的生产技术，甚至于新的工业固氮技术，都是未来肥料研究的动向。

中科院地理科学与资源研究所课题组从区域与省域层面上研究了近10年来我国农业化肥消费的时空变化，研究表明，中国农业化肥消费的增量主要来自集约度较高的蔬菜、园艺经济作物，而不是大田粮食作物。

土地集中造就了规模化农业的加速，高品质需求导致了园艺作物的蓬勃发展。一大批包含新理念、新科技的新型肥料应运而生。主要体现在以下几个方面：

一是前沿的新型肥料在满足了高效农业的需求后，肯定会辐射、转移到基础农业、大田作物使用，对保障我国粮食生产和粮食安全作出了积极贡献。可以说，每一个新型肥料的问世和问世后的传播次序基本都是如此的。加强对这个产业规律的认识，无疑会帮助生产企业的创新工作早日从自发状态迈向自觉境界。

二是高效农业、新型肥料的快速增加吸引着农资人弃旧迎新，逐渐把自己的盈利重点转到新型肥料的追逐上，进而极大推动了生产企业的产品结构调整与转型，共同形成了产业转型升级的积极力量。

三是高效农业、新型肥料不仅让作为新型肥料基础原料的大众化肥料增加了销量，还预示和孕育着环保、节约、高效农业的发展趋势。

## 二、我国增效肥料的分类

目前，我国增效肥料分为以下几类。第一类是稳定性肥料，这是中科院沈阳生态所多年开发的技术产品，目前在市场上应用的比较多，其肥效期长，可实现大田农业的一次性施肥免追肥生产；第二类是包膜肥料，以山东金正大为代表，国内大田作物应用较多，但主要以掺混肥的形式进行使用；第三类是近几年兴起的脲醛类肥料，将尿素和甲醛进行反应形成脲醛聚合物，添加到复合肥生产中形成脲醛类肥料。目前大家用的脲醛类产品属于未知成分，聚合物的聚合链长度尚不清楚，形成的材料在土壤中的降解时间是多长，是否能满足作物对养分的需求，尚无深入研究。此外，还有一种增效肥料是利用有机高分子聚合物络合肥料养分而形成的一类增效肥料，如聚合氨基酸增效肥料。

## 三、新型尿素的种类与特点

石元亮研究员认为，新型尿素按现有产品可分成：物理改性尿素——大颗粒尿素；包衣尿素——包硫、包树脂、包养分、包矿粉等；稳定性尿素——含硝化抑制剂、含脲酶抑制剂、含复合型抑制剂；聚氨酸尿素——聚氨酸尿素、多肽尿素；微肥尿素——含锌、硼、硅等。

**(1) 大颗粒尿素** 是一种在有甲醛存在的条件下，经过二次凝结而形成颗粒较大的尿素产品，和普通尿素相比，其表面光滑、颗粒均匀、不易结块。其特点是：①粉尘含量低，颗粒强度较高，流动性好，可散装运输，不易破碎和结块，适合于机械化施肥；②表面积较小，施入土壤后溶解速度稍慢，加上单粒重较大，在水田中施用可沉入较深的土下，减少挥发损失；③由于加工工艺对尿素溶液浓度的要求不同，一般大颗粒尿素产品中的缩二脲含量较低，这对作物有利。

**(2) 包衣尿素** 将尿素外表面包裹上一层或多层渗透扩散阻滞层，来减缓或控制肥料养分溶出速率的一类肥料。其包膜材料分为有机物质和无机物质两类。无机类包膜材料有硫黄、硅酸盐、磷矿粉、石膏、钙镁磷酸盐、膨润土等。有机类包膜材料有属天然高分子聚合物类的天然橡胶、虫胶、纤维素、木质素、淀粉、甲壳素等。有机类包膜材料的特点是材料来源广，易被生物降解，属于环境友好型材料，适合做缓释肥。

包衣尿素存在的问题：首先包膜材料的自身缺点，如树脂包膜肥料需用大量的有机溶剂，提高了成本；其次是包膜尿素的营养释放与作物吸收的同步问题；第三是制孔技术不过关；第四是环境问题，容易带来二次污染；五是成本较高，产业化难度大。

**(3) 稳定性尿素** 通过一定工艺在尿素造粒过程中加入了一定剂量的脲酶抑制剂、硝化抑制剂或脲酶抑制剂和硝化抑制剂组合，而形成的新型尿素品种，可以减缓尿素水解，控制 $NO_3^-$ 的形成，使氮养分在土壤中保持更长时间，提高有效性。抑制剂作为稳定性肥料的核心，主要包括硝化抑制剂和脲酶抑制剂。

稳定性尿素的特点：一是肥效期长，达 100～120 天，为普通尿素的两倍；二是养分利用率高，氮利用率由 30%～34%增至 42%～45%；三是增产节肥，平均增产 8%～18%，减少施肥量 20%且不减产；四是省时省工，实现了大田作物一次性施肥免追肥；五是环境友好，有效降低因施肥造成的环境污染；六是单位成本低，价格增加量只有普通尿素的 3.6%～4.0%。

**(4) 聚合氨基酸尿素** 在传统尿素基础上、添加聚合氨基酸增效剂而生产的一类尿素，聚氨酸高分子化合物起到离子泵的作用，能强化氮、磷、钾及微量元素的吸收作用。目前主要有两类：聚氨酸尿素和多肽尿素。

聚氨酸尿素是指添加用生物合成的聚谷氨酸聚合物（相对分子质量为 80 万～130 万）而构成的尿素。其特点是，能起到离子泵作用，提升离子养分与根系的亲和力，提高养分吸收和运转速率；可使作物产量增加 7%～30%；能有效提高肥料养分利用率（氮提高 24%～32%）；可降低肥料投入（减少氮投入 15%～20%）；产品对人、畜、植物无毒害，符合绿色农业生产的要求。至于多肽尿素，目前国内对该品种的研究还比较少。

**(5) 含微量元素尿素** 单元微量元素尿素含微量元素锌、铜、铁、锰和硼等。多元微量元素尿素是硼、铜、锌等微量元素与尿素共熔融可制备成多元微肥尿素络合肥。腐植酸尿素是将腐植酸和尿素融合到一起。

含微量元素尿素的特点：①含多种养分元素；②减少施肥次数，微肥随追肥施入；③用量受到微量元素的限制，用量多会造成微肥过剩；④加入过程对尿素生产系统可能有一定风险。

## 四、新型尿素的施用方法

据中国农资网了解，尿素可以作基肥和追肥施用，一般不直接做种肥。因为掌握不好，高浓度的尿素会影响种子发芽和幼根生长。如果必须做种肥施用，要与种子分开，而且尿素的用量也不宜多。

**(1) 基肥** 尿素作基肥施用时，其施用量要精打细算，因为尿素的含氮量高，是高浓度氮肥，施用量一定要适当，否则会造成营养失调，降低氮素利用率。用尿素作基肥一定要施入土层的一定深度，尤其是在微碱性的石灰性土壤上，如果表施尿素，氨的挥发损失量比碳酸氢铵还要严重，可达 30%～60%。

**(2) 追肥** 粮食作物在分蘖期或拔节期施用，可采用沟施或穴施，施肥后覆土盖严，防止水解后氨的挥发。尿素在土施作追肥时，施肥时期要比硫酸铵、碳酸氢铵等其他速效氮肥品种提前几天施用，因为尿素只有转化成铵态氮后才可大量被作物吸收。到底提前多少天，要看季节和温度，早春天气（低温 10℃）要提前 6～7 天，春末夏初（16～20℃）提前 3～4 天，夏季提前 1～2 天即可。在砂土地上漏水漏肥较严重，每次肥量不宜过多。

**(3) 科学施用尿素应注意以下事项** ①尿素作追肥用时，既可以土施于作物根尖部，也适宜于作叶面喷施。②尿素适用于各种作物的叶面喷施，合适的浓度一般为 0.2%～2.0%之间，因作物种类和生育期而有所不同。尿素叶面喷施时，一定要注意副成分缩二脲的含量要低于 0.5%。③尿素不适合作种肥，主要是因为含氮量高，与种子同时使用容易造成出苗不齐和烧苗。有的尿素质量不好，含有一定量的缩二脲对种子发芽和幼苗有毒害作用。

## 五、目前我国尿素应用中存在的主要问题

尿素是首要的植物营养肥料，从 1922 年德国化学合成以来，使人类从传统农业走上了石油农业发展的道路。经过几十年的应用，尿素在我国已成为农业生产中不可或缺的肥料，而且在生物制药、建筑材料、油漆化工等领域也得到广泛应用。然而，从目前我国的尿素应用来讲，还存在着许多亟待解决的问题。

① 我国是世界上尿素第一使用大国，根据国家有关部门统计，我国年产尿素在 6000 万吨以上，但还远远不能满足市场的需要。尿素不仅是农业、水产、畜牧及养殖业必需的氮源，更是塑料、医药、化工、建材等工业领域不可替代的生产原料。在我国，农业与工业争原料的矛盾日益突出。虽然我国出台了很多保护农用尿素的补贴和优惠政策，但在农用尿素供应上仍然存在很大的缺口。

② 从我国低级氮素碳铵的生产到规模化尿素的生产发展趋势来看，一方面出现使用量和费用逐年增加的现象。据调查数据显示，我国每亩（1 亩＝667$m^2$）地已经从每季农作物使用尿素 10～20kg，增加到 30～50kg，导致尿素供应严重不足；另一方面出现了尿素的利用率在逐年降低，尿素的氮吸收率已从 30%以上降低到 20%以下，造成尿素资源的大量浪费。业内调查统计显示，从尿素的使用效果看，已经从开始时的使用每千克尿素可提高粮食产量 6kg 降低到 1.5～2.5kg。也就是说，虽然尿素用量多了，但粮食的产量并没有提高。

③ 农民每向土地上撒 1kg 尿素，相当于消耗了 2kg 的煤和 1kW·h 电，而仅仅换来了 1.5～2.5kg 粮食增产。这种高成本、低效益的恶性循环，已成为广大农民的无奈。还由于土壤缺少有机质，肥效难以被农作物利用，造成了农业病虫害越来越严重。无奈之下，农民为了治疗植物的病虫害，开始大量使用农药，又产生了农产品污染，造成了农作物品质的降低，为食品安全带来了严重危害。由于尿素在养殖及水产方面也被大量应用，喂鸡加尿素、喂鱼撒尿素、喂牛饲料

中拌尿素，甚至牛奶中也混入尿素，这种无序的应用、滥用，其后果是十分可怕的。

可喜的是，专家和研究人员，经过多年的研究、实验、应用，发明了一种以木酢液为载体的生物活性有机营养物质，在尿素生产中进行有效的添加，改变了尿素在传统生产中的特性，达到尿素小分子化、生物能量化、应用有机化、高效低碳化的优秀功能，为我国农业带来了一场前所未有的尿素革命。

## 六、发展尿素改性类肥料的意义

随着我国农村联产承包责任制的全面实施，农民获得了经营土地的自由，但与此同时，农药、化肥等大量石油化工类产品也开始投入到农业生产中，而且在数量和品种上呈现出快速增加的趋势。据统计，我国农村化肥的使用量在30多年的时间里已经翻了近20倍，农药翻了6倍以上。由此可以看出，以农药化肥为代表的石油农业是以资源的高投入、高能耗为代价的，是以化肥农药使用量大幅攀升和土地日益板结、生态环境不断恶化为代价的，已严重影响到我国生态环境和食品安全，给广大人民群众的身体健康带来了严重的威胁。

### 1. 目前化肥在我国农业领域的使用现状

在我国农业生产中，人们为了实现农作物的增产，不惜将大量化肥（无机化肥）向农田中倾撒，氮肥、尿素和氮、磷、钾组成的复合肥使用量越来越多，浓度越来越高。这样做虽然保持了一定的增产效果，但年复一年，引起的后果是极其严重的，主要表现如下：第一，土壤板结、结实，导致土壤多孔性差，有机质含量日益减少，使众多的生物群体在土壤中失去了生存的空间，最终使土壤肥力降低。第二，由于土壤板结，土壤的蓄水能力日益下降，加之地下水缺乏，严重影响了农业生产。第三，由于土壤板结，生物群体减少，而农民朋友又力求土地增产，使得化肥用量及浓度不断提高，导致氮、磷、钾的利用率日益降低，仅达到30％～40％，以目前全国的用量计算，损失将达300亿～400亿元。第四，浪费损失之余，大量残存于土壤中的化肥，不断渗透到地下深处，形成大量硝酸盐等化合物，造成地下水受到严重污染，另一方面又以氮氧化物释放到大气中，使臭氧层变薄，致使紫外光影响到人类健康和农作物的生长，生态环境受到严重影响。第五，大量化肥的使用，使各种农作物品质、营养价值下降。以微量元素为例，半个世纪以来，一些农作物的微量元素含量下降了20％左右，农作物商品率下降，严重影响到种植农户和消费者的利益，影响到农作物的出口。

总之，农业生产不能以牺牲资源和环境为代价，必须将高产与优质，低耗与生态安全相结合，走农业生产可持续性发展的道路。否则如此长期下去，自然生态将严重失衡，受到损害的将是人类自己，后果是非常严重的。

### 2. 我国是目前世界上化肥使用量和碳排放量最多的国家

农业部调查数据显示，我国的耕地只占世界的7%，化肥使用量却超过世界总量的40%。目前，我国平均每公顷施化肥400kg（折合26.7kg/亩）以上，高出发达国家认定的225kg/hm$^2$（15kg/亩）的安全上限。我国的水资源污染主要来自于农村施肥、城市生活污水排放、工业污染和养殖场污染4种途径。目前，养殖场和工业污染都有有效措施进行控制，城市生活污水污染也可通过近几年推广使用的无磷洗衣粉将生活污水中磷含量降低一半，而对农业因使用化肥带来的污染却束手无策。现在，我国水资源面临的严重问题是农村过量施用化肥所造成的环境污染。

国际能源机构指出，中国已经成为世界主要碳排放国，每年的碳排放量超过60亿吨，这将迫使中国在减少污染、改善环境质量方面投入巨资。

### 3. 农业面源污染是水污染的主要根源

目前，我国化肥产业发展存在着十分突出的瓶颈性问题，首先是化肥利用率低，不仅浪费了资源，增加了农民投入，而且也造成环境污染；磷石膏、高磷废水和高含氟气体的排放，也给环境带来了很大压力。其次是资源压力，生产化肥的资源如磷矿、钾盐、煤炭和天然气等都是不可再生资源，如何实现既节约资源又满足日益增长的化肥需求，对我国化肥产业来说是个很大的挑战。再次是农民收入增长的压力。化肥作为资源型产品，存在资源的稀缺和有限性，这与农民作为化肥消费者追求少支出多收入，是一对矛盾。此外，农业生产多样化趋势也给化肥生产企业提出了更高要求，必须向低碳环保方向发展。

我国传统氮肥主要包括尿素（占氮肥总产量的65%左右）、硫酸铵、氯化铵、碳酸氢铵及硝酸铵等类型。由于氮肥活性高，损失途径多，并且未被作物利用的氮肥又不容易在土壤中残留被后续利用，加之我国氮肥用量大（单位面积用量约为世界平均的3倍），因此，我国农田氮肥的利用效率一直处在较低水平，全国大田作物氮肥当季利用率平均只有30%左右，远低于发达国家50%～60%的水平。2012年，我国氮肥产量4313万吨，占世界产量的40%左右；农业消费氮肥3337万吨，占氮肥产量的77%。我国每年农业施用的氮肥通过挥发、淋洗和径流等途径损失超过1000万吨，相当于2000多万吨尿素，直接经济损失400多亿元，不仅造成能源与资源的巨大浪费，而且对环境造成极大威胁。第一次全国污染源普查公报，农业源总氮排放量为270.46万吨，占排放总量（含农业、工业和生活源）的57.2%。因此，对传统氮肥进行增效改性，减少损失、提高利用率，对保护资源与环境、提高经济效益等，均具有重要意义。

## 七、我国传统上提高肥料利用率的主要方法

在农业生产中，传统上较为普及的提高肥料利用率的方法可概括如下：

**（1）适宜的氮肥施用量** 在较低的施氮水平时，随氮肥用量的增加，产量逐渐增加，超过一定用量时，产量不再增加反而下降。而且随施氮量的增加，氮肥通过各种途径损失的量也不断增加，氮肥利用率也会下降。因此，氮肥施用量要控制在经济最佳施氮量以内。

**（2）肥水调控技术** 肥水是土壤中氮运转及作物氮吸收过程中的关键因子，生产上把握适宜的施氮量和供水量，并根据不同作物不同生长阶段的需求特点进行综合运筹，有利于提高肥料利用率。在水稻田中“无水层混施法”和“以水带氮法”等基、追肥施用法，均是通过肥水调控技术达到提高肥料利用率的目的。

**（3）氮肥深施及分次施肥** 氮肥深施是各项提高氮肥利用率技术中效果最好且较稳定的一种措施，试验结果表明，碳铵或尿素深施增产效果比表施高2.7%～11.6%，氮肥利用率也可提高7.2%～12.8%。不同时期分次进行施肥较一次性施肥，能够有效减少一次施肥造成的损失，提高氮肥利用率。

**（4）平衡施肥** 平衡施用氮、磷、钾肥和中、微量元素，保证作物生长期间所需的各种营养成分，避免因缺乏某种养分而限制其他养分作用的发挥。平衡施肥技术要点在于，不同营养元素的种类和比例的调节及作物不同生长时期肥料供应的强度与作物需求的平衡。

随着科学技术的进步，一些新技术、新观念、新思想不断发展应用，提高肥料利用率技术已不仅仅局限于这些传统的技术，实时、实地氮肥管理，缓/控释肥料，农田养分精准管理技术及脲酶抑制剂和硝化抑制剂等技术已经或正在逐步应用到农业生产中来，并为减少肥料损失、提高肥料利用率发挥着重要的作用。

## 第二节　尿素改性类肥料

### 一、改性尿素的概念与突出特点

① 改性尿素的理念是改变尿素在应用上的性质，即在不改变氮元素含量的基础上，更充分发挥尿素的作用，达到更好的使用效果，产生更高的经济效益。研究发现，尿素生产过程中，高温400℃以上和高压与木醋液的耐高温、高压相符，保障添加生物有机质的生物活性，保障了添加物的效果，使尿素含量稳定、活性提高、效果增倍。

② 生物小分子提高了尿素吸收转化的速率，使尿素的利用率由原来的20%～30%提高到50%～60%。因而，减少用量50%，而粮食产量可提高10%～15%。使用改性尿素后，农作物叶片肥厚，茎秆粗壮，叶绿素有明显增加，肥效利用快，

氮素利用特点十分明显。

③ 改性尿素中含有多种活性基团，如羧基（—COOH）、氨基（$—NH_2$）等，其化学性质活泼，能激活土壤中的氮、磷、钾及铁、锰、锌、钼等微量元素的活性，使其从低能量级跳跃到高能量级。此外，改性尿素中还含有一些促进生长、促进能量转化的生物酶、催化酶，可促进土壤有益微生物群体的迅速繁殖。上述化合物和有益微生物可增强土壤的活性，使农作物根系发达，吸肥吸水能力加强。据专家介绍，每生产 1t 的粮食要消耗掉 1t 的水源，使用改性尿素可以减少水分蒸发，有效保护水源，达到农作物抗旱高产的效果。改性尿素不含激素，具有缓慢释放和促进脲酶等生物酶及生物菌的作用，从而达到肥效长、作物后期不脱肥而减少用量、增加产量、改善作物品质的效果。

④ 改性尿素由于提高了氮肥利用率，可使尿素用量减少一半，从而减少土壤水源的污染和氨及二氧化碳挥发，达到低碳农业目标。改性尿素由于添加了木醋液活性有机营养物质，使尿素在生产中化合反应及形成颗粒的时间缩短，而降低了尿素缩二脲有害成分的含量，开辟了尿素安全生产和广泛利用的新途径，从而向尿素无害化方向迈出了可喜的一步。

对传统肥料（常规肥料）进行再加工，使其营养功能得到提高或使之具有新的特性和功能，是新型肥料研究的重要内容。对传统化肥进行增效改性的主要技术途径包括：一是缓释法增效改性。通过发展缓释肥料，调控肥料养分在土壤中的释放过程，最大限度地使土壤的供肥性与作物需肥规律相一致，从而提高肥料的利用率。缓释法增效改性的肥料产品通常称作缓释肥料。二是稳定法增效改性。通过添加脲酶抑制剂或/和硝化抑制剂，以降低土壤脲酶和硝化细菌活性，减缓尿素在土壤中的转化速度，从而减少挥发、淋洗等损失，提高氮肥的利用率。稳定法增效改性的肥料产品通常称作稳定性肥料。三是增效剂法增效改性。专指在肥料生产过程中加入海藻酸类、腐植酸类和氨基酸类等天然活性物质所生产的肥料改性增效产品。海藻酸类、腐植酸类和氨基酸类等增效剂都是天然物质或是植物源的，可以提高肥料利用率，且环保安全。通过向肥料中添加生物活性物质类肥料增效剂所生产的改性增效产品，通常称作增值肥料。四是有机物料与化学肥料复合（混）优化化肥养分高效利用，生产的肥料产品多为无机有机复混肥或有机质型（碳基）复混肥料。

世界上许多国家都在通过开发植物源的肥料增效剂，用于对尿素产品进行改性增效。日本的丸红公司、美国第二大农化服务公司 HELENA 等都拥有自己独立技术的肥料增效剂多达上百种；欧洲于 2011 年成立了生物刺激素产业联盟，促进了肥料增效剂在农业中的应用。

近几年，像海藻酸尿素、锌腐酸尿素、SOD 尿素、聚能网尿素等增值尿素产品发展速度很快，年产量超过 300 万吨，累计推广面积达 1.5 亿亩，增产粮食 45 亿千克，减少尿素损失超过 60 万吨。增值尿素前景非常光明。

## 二、尿素改性类肥料的增效原理及其效益

### 1. 增效原理

据程网英介绍，改性尿素添加剂的功效和原理可以从以下5个方面来阐述：

① 改性尿素添加剂是采用反渗透萃取营养技术，从多种天然绿色植物中提取到的一种可溶性的功能性小分子活性物质，它含有丰富的有机质、有机态氮等多种营养物质。

② 改性尿素添加剂结合尿素施入土壤后，为微生物提供了有效的培养基，使微生物大量繁殖，并分泌出多种活性酶，其中的脲酶可有效促使尿素分解，供农作物吸收，从而提高尿素的利用率。

③ 从改性尿素添加剂分子结构上看，它含有多种活性基团，如羧基（—COOH），氨基（$—NH_2$）等等，化学性质均很活泼，能结合土壤中多种微量元素使其溶解，供农作物有效吸收、生长。

④ 改性尿素添加剂分子结构上的活性基团，能使土壤中的酸碱性稳定，使pH值维持在6～7，促使氮、磷、钾及多种微量元素更容易被农作物吸收，使微生物在一个良好的空间中繁殖生长。

⑤ 由于微量元素易被农作物吸收，故农作物中的多种活性酶更易激活，从而提高活性，加速了养分的运转吸收，使农作物茁壮生长。

全国各地示范试验证明，改性尿素和生物小分子有机质具有广阔的应用推广前景，其社会效益和经济效益十分明显。在社会效益上，使用1t生物小分子有机质，可减少使用100t尿素，减少30t二氧化碳排放；而减少了尿素使用量，可大幅度降低叶菜类硝酸盐和亚硝酸盐含量，大幅降低农药残留，还使农作物所含的微量元素结构显著改善，从而可使农作物更有营养。在经济效益上，可减少尿素使用量的40%～50%，减少农民运输、撒施、人工等费用；一般可增产10%以上；产品卖相好，提高了商品销售率。

### 2. 施用尿素改性类肥料带来的效益

南京正美实农化有限公司科研人员开发和推出的改性尿素，为我国低碳农业的发展开了一个好头。经该公司6年在全国27个省区市所做的水稻、小麦、玉米、棉花、蔬果、茶叶等59种农作物实验数据表明，这种改性尿素突出的特点是用量少、见效快、肥效长、增产明显，而且可使农作物的品质得到明显的改善，对我国农业发展有着不可估量的推动作用。

① 有利于保障国家粮食安全。目前我国现有可耕地18亿亩，现有人口13.4亿，国民平均占有可耕地仅为1.4亩。在召开的中央农村工作会议上，国家首次把提高粮食单产作为反复强调的重要话题。虽然我国已连续7年获得粮食丰收，但粮食产量也仅仅实现了0.55万亿千克。怎样才能提高粮食单产呢？只有迅速

提高我国农业的科技水平，因为科学技术是第一生产力。据专家估算，在目前我国粮食总产量0.55万亿千克的基础上，如果通过普遍使用改性尿素，按每亩农田增加产量15%计算，可年增加粮食产量800亿千克，可供4亿人口吃上一年，这对保障我国粮食安全具有十分重大的意义。

② 有利于节能减排。众所周知，节能减排、低碳环保已成为近年来国际社会的头等大事。我国作为全球第一的碳排放大国，承受着国内国际双重压力。温家宝总理在“两会”前，在中国政府网和新华网与网友交流过程中，重点强调节能减排、低碳环保的重要性。据了解，我国目前的尿素总产量为6000万吨，农业年用量为4000万吨，占全世界尿素使用量的1/4。目前我国生产尿素主要是以煤炭为原料，每生产1t尿素要用掉1.5～1.8t煤炭，消耗电能约900kW·h。如果减少尿素一半用量，每年可为国家节省煤炭资源5000万吨以上，节省电力300亿kW·h，可减少碳排放500多万吨。

③ 有利于减少农业污染。大家都知道尿素含有46%的氮元素，但我们不知道下列可怕的事实。尿素中46%的氮元素只有1/3被农作物吸收了，还有1/3直接进入了土壤和水源当中，直接污染了土地和地下水，另外的1/3变成氨和二氧化碳挥发到大气当中，成为大气中的头号污染源。过去我们一直认为，我国的工业污染才是最大的污染源，如今我们才知道，原来我国农业的污染已经超过了工业的污染。如果不迅速改变我国农业使用传统尿素的现状，其后果是不堪设想的。因此，我们大力推广改性尿素不但将给我国的农业发展带来一场深刻的革命，而且将为全国乃至世界的节能减排和环保事业作出巨大的贡献。

④ 有利于农民增收。党中央、国务院历来十分关注民生，但最关注的还是农民的增收问题。改性尿素将大幅增加农民的收入。一是改性尿素的使用量只是普通尿素的一半，这首先为农民朋友节省了买尿素的投入，减少了农民种田的支出。二是改性尿素给粮食作物和经济作物带来了明显的增产，这又为农民朋友增加了收益。三是改性尿素大大改善了农作物的品质，为我国的食品安全作出了贡献。

## 三、尿素改性类肥料的主要类型

尿素的改性增效途径主要包括缓释法改性增效、稳定法改性增效和增效剂法改性增效。其中缓释法改性增效包括包膜缓释和合成微溶态缓释，包膜缓释主要有硫包衣和树脂包衣，合成微溶态缓释主要指脲甲醛类型。稳定法改性增效包括添加脲酶抑制剂、硝化抑制剂等，这类增效肥通常称之为稳定性肥料。增效剂法改性增效包括添加生物活性物质类氮肥增效剂，如海藻酸、腐植酸、氨基酸等，通过增效剂改性的尿素通常叫增值尿素。

据了解，近几年，像海藻酸尿素、锌腐酸尿素、SOD尿素、聚能网尿素等增值尿素产品发展速度很快，年产量超过300万吨，累计推广面积达1.5亿亩，增产粮食45亿千克，减少尿素损失超过60万吨。中科院沈阳应用生态研究所研究员卢宗云也认为，新型高效氮肥的要求就是生产工艺上简单可行，成本上农民易于接受，生态环境上环保无污染。因此，在尿素生产过程中，经过一定工艺加入脲酶抑制剂和（或）硝化抑制剂、大分子聚合氨基酸而成的稳定性尿素和聚氨酸增效尿素迎合了新型高效氮肥的发展要求。

据卢宗云介绍，2012年，稳定性尿素年销售量约32万吨，聚氨酸肥料销量23万吨，当前锦西天然气化工有限公司、鲁西化工集团有限公司、江苏华昌化工集团有限公司、重庆江北化肥厂、河北藁城化肥总厂都在积极推进这些新型增效氮肥产品的产业化进程。稳定性尿素和增值尿素氮素利用率较高，稳定剂或增效剂添加容易，装置改造及生产费用相对较低，产品适用于大田作物，是尿素改性的有效措施。推广稳定性尿素和增值尿素，积极发展缓/控释肥、水溶肥、各类功能性化肥，氮肥企业应该积极参与并力求成为主力军。

涂层尿素是一种改性尿素。为什么要对尿素作改性？有两方面的原因：其一，尿素是至今含氮量最高的氮肥品种（N≥46%）。在我国化肥中，目前尿素的工业生产量和农业消费量都排在第一位，同时，我国尿素的生产量和消费量也位居世界第一。近年来施肥实际效果的调查表明，尿素是利用率低的肥料品种。由于总用量大，加上利用率低，尿素所造成的氮素损失以及对大气和水环境的负面影响也较大。其二，农业利用率低的原因是尿素农化性质的弱点所决定的。尿素入土后的农化性状与碳酸氢铵相似，在氨化之前不能被土壤吸收保存，而氨化过程又伴随着微区土壤的碱化，而导致氨（$NH_3$）挥发的加剧。早在20多年前，大量试验已经证明，在华北石灰性潮土表面撒施尿素、碳酸氢铵和硫铵三种不同氮肥，6天后测定累积挥发损失率分别为12%、15%和9%；可见三者以硫铵的损失率最少，尿素的损失率比较高，仅次于碳铵。而且尿素的含氮量高于碳铵，所以实际上总挥发量超过了碳铵。又如，在东北黑土种植谷子，施用尿素和碳铵的比较效果试验表明，无论作物吸收率还是表观损失率都是碳酸氢铵好于尿素。

针对尿素入土后的农化性质的弱点，早在20世纪80年代末就有化肥企业和科研单位致力于尿素的改性试验，希望通过改性开发新品种以提高尿素的利用率。

**1. 尿素涂层液的材料组分与加工技术**

涂层溶液是由有机和无机物质组成的胶状物，除腐植酸等有机物外，还加入了少许盐类形态的钾（K）、镁（Mg）、锰（Mn）、锌（Zn）、铁（Fe）、硼（B）等营养元素后生成的胶态物。涂层溶液呈黄绿色，相对密度1.17～1.18，pH值在3～4。

涂覆工艺是利用涂层溶液与尿素颗粒表面有一定的亲和力，将少量溶液均匀地喷涂于尿素表面，并有极少量渗入尿素颗粒内，每吨尿素所用涂层溶液量仅为6～10kg；借助造粒塔内尿素的热量干燥固化而成膜，涂层溶液干固氧化后能在尿素颗粒表面形成一层极薄的涂膜，可以一次加工成型。

随着我国尿素消费量的快速增加，1987年以广州氮肥厂为代表企业率先研制成涂层尿素，并有中国科学院石家庄农业现代化研究所，河北省、广东省、浙江省等农科院土肥所等单位的多年试验，对涂层尿素的农化性质与肥效有进一步了解。

**2. 涂层尿素的农化性状评价与属性**

涂层尿素在组成成分上与普通尿素的差异：胶状涂层的涂膜很薄，重量只占0.2%～0.3%；涂层尿素的含氮量改变小，含有少许微量元素。涂层尿素因其外层包膜的阻隔作用，在物理上有所改进，即使久放结成的块体也较易打碎，打碎后颗粒能保持原状，所以涂层尿素比普通尿素有较好的储存性能。在释放速率上，以国际通用的水中溶解速度为指标来比较，1g普通尿素在100mL水中完全溶解所需的时间为9min，而1g涂层尿素完全溶解要延至13～20min。说明其在水中的溶解度比普通尿素稍缓慢。同样涂层尿素在水中的扩散速度也比普通尿素慢。另外，涂层尿素在土壤中的扩散速度也有少许的下降和滞后。

涂层尿素的施用，经过多省区的田间肥效试验，施用涂层尿素比等氮量普通尿素有增产趋势，除个别结果异常外，一般增产率在2%～10%。

涂层尿素问世至今已有20多年的历史，在农业部门的推动下，累积推广面积早已超过了数百万公顷。但目前并未成为主流产品。分析原因，可能在性能改善程度、涂层质量、价位与肥效稳定性等方面，尚未被更多的用户普遍认可。

## 四、改性尿素在不同作物上的应用效果

水稻是需氮较多的作物之一，我国一般亩用量为18～20kg，氮肥利用率在35%左右。近年来，氮肥过量施用造成农业面源污染，如何减少水稻氮肥施用量，已成为当前水稻生产普遍关注的问题。南京正美实农化有限公司对改性尿素进行了试验，探讨在常规氮肥施用量减半的情况下水稻等作物的生产状况。该肥料是主要含有天然有机质活性小分子，由生物能源、植物营养源以及生长传递因子的前体等匹配组合而成的新型尿素。

应用效果表明，改性尿素在减半施用的情况下，氮肥用量减少40%，水稻产量和经济效益均有明显增加，可以在水稻生产上加以推广应用；施用改性尿素节约了氮肥施用量，大大节约能耗，可达到低碳消费的目的，同时少施氮肥也减

少了农业污染源；施用改性尿素，也可以减少运输成本，降低劳动强度和节省田间作业时间。

水稻种植上试用小分子有机质复合肥，水稻全生长期每亩用量40～50kg，分别在基肥、分蘖肥、穗肥期各有针对性使用，平均增产粮食36kg/667$m^2$，比照老套路、老品种用肥实现增产、增效55元/667$m^2$。试验水稻田地块应用改性尿素，省工、节本、增收的效果也相当明显，品质得到了提升。

在水稻上每亩减少50%使用量，表现为见效快（快3天）、肥效高、肥效长。水稻表现为叶片又宽又厚，根茎发达粗壮，相比使用普通尿素，每亩增产10%，并减少了农民施肥时间，节约了运输成本。

在棉花上使用可以保铃，减少脱蕾，延长了花期和吐絮期，增加丝长和丝白，大幅度提高了棉花的产量和品级，相比使用普通尿素每亩增产在10%～25%，而且农户使用改性尿素的棉田，都卖出了好价钱。

在大豆上使用能延长花期和结荚期，大幅度提高了结荚数，并且籽粒饱满，相比使用普通尿素每亩增产15%～30%。

改性尿素在瓜果蔬菜上使用提高了品质，改善了口感，相比使用普通尿素每亩增产了20%～40%。

## 五、我国尿素改性技术开展的研究

自1992年开始，北京市农林科学院徐秋明等在借鉴日本技术的基础上，率先在国内系统开展了树脂包膜尿素研究，他们研制生产出的养分控释30d，50d，80d，120d，160d，200d及其以上的系列包衣尿素产品于2002年获得国家重点新产品证书。该系列产品在东北、北京、山东和广东等地的水稻、玉米等作物上进行了大面积试验，收到了良好的效果。

中国科学院沈阳生态研究所首次在国际上明确抑制剂氢醌（HQ）和硝化抑制剂双氰胺（DCD）的尿素氮缓释协同作用，并将其应用于缓释肥料的生产。该所先后研制、开发出长效尿素（专利号：85109580.1），氮肥增效剂（专利号：90106467.x），长效碳铵（专利号：95110211.7）和长效复合肥（专利号：96119508.8；98113795.4）等，实现了理论和技术创新，具有很高的理论意义和推广价值。

中国科学院山西煤炭科学研究所研制开发的腐植酸包裹尿素（UHA），是将廉价的天然风化煤腐植酸经活化后混入少量黏结剂和微量元素，再将其包裹在尿素颗粒上，包裹层占产品总量的15%～25%。这样不仅发挥了腐植酸本身的增进肥效、促进抗逆、改良土壤、抑制土壤脲酶及硝化细菌活性的化学生物效应，而且有效地控制了尿素的释放和分解速度，还为农作物生长提供了必需的微量营养元素。

# 第三节　脲醛类肥料

## 一、脲醛类肥料的概念

脲醛类肥料是由尿素和醛类在一定条件下反应制得的有机微溶性氮缓释肥料。在国外制造应用较早，也是世界上使用量最大的缓释肥料，我国在20世纪70年代开始研究，但发展缓慢，至今没有大规模的生产，追究原因主要是我国缺乏统一的行业标准，造成了标准的混乱，使之一直游离于缓释肥料标准之外，处于缓步不前难以迅速发展的尴尬局面。

我国工业和信息化部发布了首部脲醛肥料标准，对脲醛肥料的各成分标准和检测作了详细规定，要求：总氮（IN）≥36.0%，尿素氮（UN）≤5.0%，冷水不溶性氮（CWIN）≥14.0%，热水不溶性氮（HWIN）≤16.0%，缓释有效氮≥8.0%，活性指数（AI）≥40%，水分≤3.0%。

脲醛肥料包含脲甲醛和脲乙醛两种肥料。脲甲醛肥料的反应原理是，尿素与甲醛在高温下反应生成一亚甲基二尿素和二亚甲基尿素两种胶体，再与磷酸一铵以及钾肥合成造粒，形成复合肥料。脲醛缓/控释原理是脲醛复合肥施入土地后，快速溶化为胶体被土壤紧密吸附融合，从而保证养分长期保存不流失。尿素短期内在微生物分解下即可转化为作物直接吸收的无机氮，快速地释放养分，形成脲醛肥料中的速效成分（10～40天）；一亚甲基二尿素必须在微生物的作用下分解一段时间，转化为作物可直接吸收的无机氮，因此形成了脲醛肥料中的中效成分（40～80天）；二亚甲基三尿素必须经过微生物的长期、多次分解才能转化为作物可吸收的无机氮，于是就形成了脲醛肥料中的长效成分（80～120天）。因此可以看出脲醛肥料是一种集缓释和控释于一体的高效长效肥料。据研究表明，脲醛肥料的利用率高达51%（普通肥料最高只能达到30%）。同时脲醛肥料是现在唯一一种可以用于滴灌的复合肥料。

目前，脲醛类缓释肥在国内生产的主要厂家有上海大洋、武汉绿茵、青岛住商等，生产规模较小，产品多用于出口。

脲甲醛肥料、亚异丁基二脲、亚丁烯基二脲是将肥料直接或间接地通过共价或离子键连接到预先形成的聚合物上，构成一种新型组合物。其所含养分的释放速度取决于聚合物键的性质、立体化学结构、疏水性、降解难易度和交联程度等。分为三种类型：难溶性有机化合物，包括脲甲醛、亚丁烯基二脲和草酰胺等；水溶性难降解化合物，如亚异丁基二脲等；低溶解性无机盐，如磷酸镁铵等。

这三类肥料主要应用于专业性的草皮、苗圃、温室、草坪以及庭院和景观花卉，脲甲醛类肥料应用最广，被广泛应用于较温暖的气候区（欧洲地中海地区、美国南部和西南部地区），由于受到生产成本过高的限制，应用不那么广泛。在日本和欧洲，亚丁烯基二脲主要应用于草皮和特色农业中，典型应用是配入氮、磷、钾颗粒肥料中。

## 二、生产脲醛类肥料的主要原料

脲甲醛（urea-forma，UF）为合成有机微溶性缓释氮肥，由尿素和甲醛在一定条件下反应缩合而成，包含亚甲基二脲、二亚甲三脲、三亚甲基四脲、四亚甲基五脲、五亚甲基六脲等缩合物，靠土壤微生物分解释放氮素。其肥效时间长短取决于组分分子链长短，分子链长的缩合物氮的肥效期长，肥效期可通过控制反应条件人为调控。

美国、欧洲、日本及前苏联等国商品化脲醛肥料生产较早。脲甲醛肥料是世界上最早商品化的缓释肥料，也是最主要的缓释肥料品种，占缓释肥料总量的一半以上。

脲醛肥料，1955 年最先由 BASF 生产，是第一个商品化生产的缓释氮肥。它由尿素与甲醛缩合而成，为白色，无味粉末或颗粒状。根据尿素与甲醛的摩尔比不同，可以制成不同缩合度（释放期）的脲醛肥料。

脲甲醛不是单一化合物，而是由链长与分子量所不同的甲基尿素混合而成的，其全氮（N）含量大约为 38%。它是在一种与碳相连接的聚合体中提供缓释氮的，具有较低的盐分指数，氮会在 12～16 周内被水缓慢溶解。脲甲醛类缓释氮可作为营养与能量被土壤微生物所消耗。很小比例的氮可通过水的溶解性立即提供给植物，剩下的氮则通过微生物吸收分解来逐渐释放。

由于脲甲醛复合肥是尿素与甲醛在高温下发生化学反应生成脲甲醛聚合物，通过合理工艺控制冷水不溶氮、热水不溶氮、水溶氮比例和胶体黏性，再与磷酸一铵以及钾肥通过加压计量后喷入造粒机进行造粒合成造粒，形成的复合肥料。因此，脲甲醛聚合物微溶于水，需要在微生物作用下逐步降解释放养分，从而兼有速效和长效的功能。主要在玉米、蔬菜等经济作物上应用。

内置脲甲醛复合肥就是将粉状脲醛树脂加入到生产复合肥的原料中，生产出的复合肥也可以起到缓/控释作用。脲甲醛树脂包衣复合肥，就是将复合肥外面包一层脲醛树脂，而起到缓/控释作用。

## 三、脲醛类肥料的优点与缺点

脲甲醛缓释氮肥的基本优点是，在土壤中释放慢，可减少氮的挥发、淋失和固定；在集约化农业生产中，可以一次大量施用而不致引起烧苗，即使在砂质土壤和多雨地区也不会造成氮素损失，保持后效。

脲醛类肥料的特性如下：

① 可控。根据作物的需肥规律，通过调节添加剂多少的方式可以任意设计并生产不同释放期的缓释肥料。

② 高效。养分可以根据作物的需求释放，需求多少释放多少，大大减少养分的损失，提高肥料利用率。

③ 环保。养分向环境散失少，同时包壳可完全生物降解，对环境友好。

④ 安全。较低盐分指数，不会烧苗、伤根。

⑤ 经济。可一次施用，整个生育期均发挥肥效，同时较常规施肥可减少用量，节肥、节约劳动力。

脲甲醛复合肥施入土壤后，能快速溶化，便于随水施肥，但是冷水不溶氮可被土壤牢固吸附，从而保证养分不流失。脲醛中少量的尿素在微生物分解下可迅速转化为作物可直接吸收的氮，是脲醛肥料中的速效氮素；脲醛中的羟基尿素和亚甲基二脲和二亚甲基三脲等必须在微生物一段时间的分解下，转化为作物可直接吸收的无机氮，因此构成了脲醛肥料中的缓效氮素养分；脲醛中聚合度更高的亚甲基脲，如三甲基四脲、四甲基五脲则必须经过微生物的长期、多次分解才能转化为作物可吸收的无机氮，于是就形成了脲醛肥料中的长效氮素。

脲甲醛复合肥是直接使用脲醛粉体作为中间原料加工而成的，避免发生因脲醛液体无长效氮，造成肥料氮素不长效，造成了尿素甲醛溶液含水量高，颗粒硬度小，又有甲醛排放等问题。而脲醛粉体则是采用自动化工艺制造的缓释氮肥，使用脲醛粉剂后，可使产品的脲甲醛缓释氮能达到前所未有的4个以上。同时合成脲醛复合肥的过程还能增加亚甲基脲的反应链条，脲甲醛中的亚甲基脲具有吸附作用，可促使肥料与土壤微粒结合形成胶状螯合物，从而减少养分流失，让作物充分吸收，提高肥料利用率。

与普通的复混（合）肥相比，脲甲醛缓释复合肥料还具有水分低、颗粒强度高、结块轻等优点。将现有的转鼓蒸汽造粒或圆盘造粒复混肥生产装置改造并开发生产脲甲醛缓释复合肥料项目简单易行，且具有流程简单、投资省、施工周期短、配置方便、生产成本低于缓释长效或包膜控释肥料等优点。脲甲醛肥料兼具速效、缓效和长效功能，完全能满足农民对肥料缓释功能的需求，更被业内看好。

脲甲醛施入土壤后，有一部分化学分解作用，但主要是依靠微生物分解释放，不易淋溶损失。可分解为甲醛和尿素，尿素再水解为二氧化碳和氨供植物吸收利用，而甲醛则留在土壤中，在它未挥发或分解之前，对作物和微生物均有副作用。

脲甲醛肥只是缓释肥中的一个分支，虽然相比其他缓释肥具有速效的优势，但它同时也存在一个问题，就是养分释放比较均匀，而作物在不同生长时期需要的养分并不一样。

从理论上讲，脲甲醛肥确实很好，既有高塔肥的速效，又有长效功能，但价格太贵是它的软肋。目前尿素和甲醇合成脲甲醛的生产成本约 4000 元/吨，反映到市场至少需 5000 元/吨以上，制成复合肥后成本自然也要增加很多。

樊小林认为："真正的脲甲醛是 100%聚合而成的缓释氮肥"。脲甲醛是尿素与甲醛反应得到的聚合物，又称为脲醛缓释氮肥。而脲甲醛复合肥则是以脲甲醛缓释氮肥为部分氮源，与磷铵以及钾肥复合制造的颗粒复合肥料，它集速效、缓释和长效于一体，属于高端肥料产品。某些企业甚至用脲甲醛胶做原料，脲甲醛胶中甲醛的物质的量远远大于尿素的物质的量，由于甲醛含量高，往往会给作物带来危害。"真正脲甲醛肥中尿素的摩尔数是远远大于甲醛的物质的量，把握好两种物质的准确配比，是脲醛肥实现长效的重要因素"。另外，传统的脲甲醛肥合成速效氮和缓释氮的参数不易控制，缓释氮不能达标。

## 四、脲醛类肥料的选择和施用方法

脲甲醛缓释氮肥只适合作基肥施用，除了草坪和园林外，如果在水稻、小麦和棉花等大田作物施用时，应该适当配有速效水溶性氮肥，肥效才好。如不配速效氮肥，往往在作物前期会出现供氮不足的现象，而难以达到高产目标，还白白增加了施肥成本。在有些情况下要酌情追施硫酸铵、尿素。当然，任何情况下基肥也不能忽视磷、钾肥的匹配，如单质过磷酸钙和氯化钾等。

由于脲甲醛中含冷水溶性氮较少，施在一年生作物上时，必须配合施用一些速效氮肥，以免作物前期因氮素供应不足而生长不良。

常见脲甲醛肥料的品种有脲甲醛缓释氮肥、脲甲醛缓释复混肥料、部分脲醛缓释掺混肥料等，既有颗粒状也有粉块状，还可配制液体肥供施用。

国外脲甲醛肥料的生产和施用历史已久，并不是新型肥料。主要用于高尔夫草坪、蔬菜和园林等，在日本脲甲醛肥料主要用于水稻田。

## 五、脲醛缓释肥的主要特点

脲醛缓释肥是以脲醛树脂为核心原料的新型复混肥产品。脲醛树脂（MU、UF）是一种高氮缓释肥，其养分释放缓慢、肥效期长、氮利用率可达 80%以上，肥效可持续作用 80 天以上，最长可达两年；而且其淋湿率很低，一般的尿素、铵态氮系列复合肥，其肥效在两周内淋湿率达到了 70%以上，而脲醛肥料只有 30%，其释放速度与植物生长速度吻合；并根据作物的吸肥特性，将肥料中速效与缓释两种养分科学配比而成，使养分释放速度与作物的需肥曲线吻合，从而达到一次施肥，满足作物整个生长周期对养分的需求。而且还能减少对土壤、地下水、河流湖泊以及大气等环境因子的污染危害；同时可降低因过量施肥给土壤造成的危害。国外已经广泛使用，国内的高尔夫球场也都在大规模使用，因为该肥料是有机缓释肥料，因此，不会造成土壤板结，也不会有烧草现象；使用该肥料对节约能源、节省劳力，缓解运输等均具有重大经济效益、社会效益和良好的生态环境效益。

其有机质能为土壤提供一定量的氮肥，同时有机质分解有机酸，亦能活化土壤、增加有益菌数量、改善土壤板结问题。例如，UF40-0-0是完全有机形式的氮，其1t相当于6～10t豆粕、鱼粉、骨粉等有机质的肥效，将天然有机质经特殊工艺螯合，再加入稀土和黄腐酸配方，对于多年生耕种的贫瘠土地和需要大量肥力的植物是一种高效、经济的肥料。该产品目前已经在美国、日本、欧盟等发达国家和地区有了很广泛的应用，以高端的高尔夫球场肥料为主。

合理施用化肥，提高化肥利用率，减少化肥对环境包括大气、土壤、水体农产品的污染，开发适宜于不同土壤、不同作物的有机无机专用复合肥及多种缓控释专用肥，是我国农业结构调整的迫切需要，也是我国化肥工业今后发展的重要方向和新的经济增长点。

世界各国科学家都认为：今后化肥要向高效、复合、专用、多功能、缓释、控释方向发展，集以上多种优势于一体的新型高效缓/控释肥料，为21世纪肥料工业的发展方向。

## 六、生产脲甲醛复合肥料的方法

脲甲醛缓释复合肥料是尿素和甲醛在一定条件下经两步反应制得的。第一步采用过量的尿素与甲醛在碱性介质中加热使其发生加成反应，生成羟甲基脲；第二步羟甲基脲溶液又在酸性条件下继续发生缩合反应，形成部分或大部分不溶于水的甲基脲和聚甲基脲溶液；这些不同分子量的溶液混合在一起总称为脲甲醛溶液。

脲甲醛溶液的分子量以及受其影响的溶解度和氮素释放速率等性质均取决于尿素与甲醛相互作用时的许多条件，如尿素和甲醛的摩尔比、pH值、温度和反应时间等。尿素和甲醛的摩尔比是决定脲甲醛缓释复合肥溶解度和氮素释放速率最重要的条件之一。当尿素和甲醛的摩尔比大于2时，得到的是全水溶性产品亚甲基二脲和二亚甲基三脲；当尿素和甲醛的摩尔比小于1时，得到的是不溶于水的高分子树脂或黏合剂等一类的物质；当尿素和甲醛的摩尔比为1.3～1.4时，得到的大部分是不溶解的脲甲醛缓释复合肥。尿素和甲醛的反应速率和产物除与其摩尔比有关外，还与反应物介质溶液的pH值和温度有关。在不同的摩尔比、pH值、温度和时间条件下，可生成不同链长的聚甲基脲混合物。因此，脲甲醛缓释复合肥料生产技术和生产过程的关键是对尿素和甲醛反应条件的控制及对其关键过程工艺指标的调节，生产出既能满足该肥固体物料黏结造粒的要求，又能使该肥达到缓/控释目的的脲甲醛溶液。

在脲甲醛反应槽中加入尿素和水，并进行搅拌使尿素溶解，再加入氢氧化钠溶液，调节 pH 值至 7.5，加热至 60℃，然后再将定量的甲醛加入到反应槽中，恒温 60℃。在一定的时间内尿素和甲醛溶液经过反应大部分生成羟甲基脲溶液后，再加入工业硫酸或磷酸，调节 pH 值至 3.5 左右，保持温度 50℃，并充分反应一定时间生成脲甲醛溶液。然后调节阀门，溶液进入缓冲槽，然后再经泵、电磁流量计、造粒喷头喷淋到转鼓造粒机内的固体料床上，再加入配料岗位输送来的尿素、磷酸一铵、氯化钾等粉状固体物料，并使其在转鼓或圆盘造粒机中滚动团聚黏结成粒。从造粒机出来的物料以及排放尾气的处理同一般复混肥生产。

## 七、脲甲醛复合肥在生产上的施用效果

利用多聚脲甲醛缓/控释复合肥在不同温度下分解速度的不同，满足作物不同生长时期的养分需求，使养分供应与作物需肥基本吻合，养分利用在实际生产中最低达到 50%以上，即使在砂质土壤和多雨地区也不会造成养分大量损失，肥效是同含量普通复合肥的 1.6 倍以上，作物的品质和产量均有明显提高。

该肥无外包膜、无残留，养分释放完全，减轻了养分的流失和对土壤水源的污染。肥效高不脱肥，无需叶面喷施尿素和根部追肥，降低施肥用量。养分随作物的需要量供应，释放周期长达 90～150 天，一次施足肥料，无需另施其他氮肥。可以一次大量施用不致引起烧苗，水稻田施用养分不会漂浮。该肥可沟施、穴施、撒施、冲施，适用于各种土质，受气候和土壤条件影响小，且肥效持久，水田旱田皆可。形态好，养分全，每一种脲甲醛都含有氮、磷、钾元素，且内含多种中微量元素（硫、钙、镁、锌、硼等），作物前期不缺肥，中后期可直接参与植物酶的合成。增产效果明显，与同等含量普通肥料相比增产 20%～30%。

该肥料中包含了尚未形成脲甲醛的酰胺态氮，可被土壤中的微生物快速转化后提供速效氮养分。该肥料中的脲甲醛（一亚甲基二脲、二亚甲基三脲和聚甲基脲）可经土壤微生物分解提供中效和长效氮养分，做到一次施足底肥，不需追肥。该肥与同等养分含量的其他复肥相比，可做到减少 30%的肥料用量而不减产，其氮素利用率可达 50%。该肥的使用将降低农业生产成本，提高农业效益。该肥料还适用于各种土壤的水田、旱田，其养分被土壤吸附后不易流失，释放完全，无残留。因此，该肥料具有较好的推广应用价值。

综上所述，多聚脲甲醛缓/控释肥，不同于以往任何一种肥料，施用后作物前期不徒长，中期不缺肥，后期不脱肥，植株生长健壮，根系发达，增强了抗旱抗倒伏能力，明显改善作物品质，提高产量。增加收入效果明显，环保节能、省时、省工、省力。

# 第四节　稳定性尿素

## 一、稳定性尿素的概念

缓/控释肥料的发展有两个方向。以包膜尿素为主的包膜型缓释肥料，这类肥料有硫包衣和树脂包衣两种。目前我国包膜尿素的生产量为 100 万～200 万吨。化肥抑制型的缓释类肥料，是在现有氮肥中添加脲酶抑制剂、硝化抑制剂等抑制氮素在土壤中的转化而达到缓释目的，统称为“稳定性肥料”。

缓释尿素生产引用中国科学院沈阳应用生态研究所的发明专利技术，在尿素生产过程中加入脲酶抑制剂和硝化抑制剂，可抑制土壤中脲酶和硝化细菌的活性，延缓尿素施入土壤后的水解反应和铵态氮的硝化反应，以及减少反硝化反应的发生，从而减少氮养分的流失；加入氨稳定剂，可使尿素因水解而产生的氨，经氨稳定剂的吸附，并缓慢释放给作物吸收利用，可减少 60%氮素流失造成的环境面源污染，从而进一步提高了氮的利用率，即提高了尿素的肥效；加入的抑制剂当年降解率为 75%～99%，土壤中无累积残留。在保持尿素氮含量不降低的情况下，在农业施用中能够将氮养分缓慢释放，满足作物生长发育对氮素的需求，是一个长效增效氮肥品种。随着免耕及简化种植过程等新技术的推广应用，缓释尿素也提供了一种免追肥的肥料品种，适应节省劳动力的需求。

## 二、尿素中添加脲酶抑制剂的作用

**1. 影响尿素在水中稳定性的因素有温度、溶液的浓度和溶液的 pH 值等**

尿素溶于水之后其液体是呈碱性的，同时会有许多的铵根离子、铵盐。铵盐一般都是不稳定的，遇到热就很容易分解，所以温度是一个因素。同样它的浓度如果很大也会加快挥发，所以浓度是第二个因素。铵根阴离子在水中会水解，所以水中的 pH 值也比较重要，如果是呈酸性，就会加速铵根离子的水解，产生氨气挥发，所以 pH 值是第三个因素。

普通尿素在施入土壤后虽然可以迅速溶解于溶液中，但被作物根系直接吸收的数量很少。尿素只有在土壤脲酶的作用下，水解成铵态氮后才可被大量吸收。一般农田土壤都有一些脲酶存在，尤其是那些含有机质多的高肥力土壤更是不缺少脲酶。所以普通尿素施入土壤后会较快转化成铵态氮供作物吸收利用。当然，温度高低和不同季节对土壤中尿素转化的速度影响是很大的。尿素一经水解成铵态氮后，如果作物尚处于苗期吸收氮很少，这时大量游离氨的存在有可能会造成氮素损失和降低利用率。因此，通过添加脲酶抑制剂来推迟尿素水解的时间，以延长其肥效。由此可见，添加脲酶抑制剂的尿素施入土壤后，由于脲酶活动受到抑制，使水解作用受阻，它在土壤中的存在时间会长于普通尿素。

**2. 常见的脲酶抑制剂**

脲酶又名尿素水解酶，是由众多土壤微生物分泌出的一类含镍（Ni）金属酶。其主要作用是促进尿素的分解，在水参与下，将尿素分解为碳酸铵，进而解离为氨（$NH_3$）和碳酸。铵可以被土壤吸附保持而不易流失，又可以被作物根系吸收利用。但是，在大量施用尿素而作物不能及时吸收利用或超出了土壤保持容量的情况下，会出现游离氨过多从而导致挥发等损失。而且，氨在土壤中还要进一步硝化转变成硝态氮，硝态氮的特点是既不能被土壤保存而遭到淋洗损失，又可能在嫌气条件下发生反硝化作用而构成气态损失。所以，当用单一尿素或尿基复合肥作表施或大量施用时，为了延长肥效期，避免大量积累游离氨所产生的损失，可以采取在尿素中加入脲酶抑制剂的方法。

常见的脲酶抑制剂有氢醌（HQ）、苯基汞化醋酸盐、硫酸铜、邻-苯基磷酰二胺、儿茶酚、硫代磷酰三胺等。

追肥是指在作物生长旺盛时期的施肥。一般是在基肥的基础上供应速效化肥，以满足作物快速生长期对养分的大量需求。大多数作物是在开花结籽期间施用追肥，要求尿素施入后及时转化成铵态氮，以便尽快被作物吸收利用发挥出肥效。因此不需要加脲酶抑制剂。在生产中，人们更希望用铵态氮作追肥，因为尿素比铵态氮的肥效本来就稍慢一些。

## 三、主要原料及抑制机理

**1. 稳定性肥料主要产品**

包括含硝化抑制剂和脲酶抑制剂的缓释产品，如添加双氰胺（DCD）、3,4-二甲基吡唑磷酸盐（DMPP）、正丁基硫代磷酰三胺（NBPT）、氢醌（HQ）等抑制剂的稳定性肥料。这类产品的作用机理是，在一定的条件下和时间范围内，硝化抑制剂或脲酶抑制剂能够抑制氮素在土壤中的硝化过程或水解过程，延缓氮素转化为硝态氮的时间，从而达到缓释的目的，这类肥料又叫稳定性肥料。

目前在国内外市场上看到的脲酶抑制剂种类繁多，主要可分为以下几类：①磷胺类，如环乙基磷酸三酰胺（CNPT）、硫代磷酰三胺（TPT）、磷酰三胺（PT）、*N*-丁基硫代磷酰三胺（NBPT）、*N*-丁基磷酰三胺（NBPTO）等，其主要官能团为 P═O 或 S═$PNH_2$。②酚醌类，对苯醌、氢醌、醌氢醌、蒽醌、菲醌、1,4-对苯二酚、邻苯二酚、间苯二酚、苯酚、甲苯酚、苯三酚、茶多酚等，其主要官能团为酚羟基醌基。③杂环类：六酰氨基环三磷腈（HACTP）、硫代吡啶类、硫代吡唑-*N*-氧化物、*N*-卤-2-咪唑艾杜烯、*N*,*N*-二卤-2-咪唑艾杜烯，主要特征是均有含—N═基及含—O—基团。

此外，还有楝树胶、腐植酸、硼酸、汞盐、银盐、木质素、硫酸铜、石灰氮、硫代硫酸盐、硫脲、菜籽饼、烟叶、茶叶、蓖麻叶等也可作为脲酶抑制剂使用。

硝化抑制剂的原料有：含硫的氨基酸如蛋氨酸和甲硫氨酸，其他的含硫化合物如二甲基二硫醚、二硫化碳、烷基硫醇、乙硫醇、硫代乙酰胺、硫代硫酸、硫代氨基甲酸盐等对土壤硝化作用也均具有一定的抑制效应。乙硫醇、硫脲、烯丙基硫脲、烯丙基硫醚等对土壤硝化作用也均具有显著的抑制效应。双氰胺(DCD)、吡唑及其衍生物的硝化抑制效果显著。

众所周知，硝态氮肥和铵态氮肥是植物吸收氮素的两种主要形式。目前，世界上施用的全部氮肥品种中，铵态氮肥和酰胺态氮肥数量占到90%以上。酰胺态氮由微生物转化为铵态氮方可被作物吸收。但是施入土壤中的铵态氮只有30%～50%被植物吸收，其余部分因种种原因而损失。其中最主要的原因是在硝化细菌的作用下转化为硝态氮。北方旱作土壤中施入的铵态氮和酰胺态氮肥在土壤中1～2周后就会转化为硝态氮，由于作物不可能全部吸收，若被雨水漫灌，则会被淋洗到深层土壤和地下水中，进而造成地下水污染。因此，研究如何控制土壤中铵态氮的硝化作用对减少土壤过量硝态氮残留所造成的污染具有重要意义。

基于越来越多的硝酸盐污染问题，以及硝化作用的机理，许多科学工作者都将硝化抑制剂和脲酶抑制剂加入肥料施入土壤，以提高氮肥利用率。

**2. 抑制剂的作用机理**

**(1) 脲酶抑制剂作用机理** 脲酶是在土壤中水解尿素的一种酶。当尿素施入土壤后，脲酶将其水解为铵态氮才能被作物吸收。脲酶抑制剂可以抑制尿素的水解速度，减少铵态氮的挥发和硝化。其作用机理有：①脲酶抑制剂堵塞了土壤脲酶对尿素水解的活性位置，使脲酶活性降低。②脲酶抑制剂本身还是还原剂，可以改变土壤中微生态环境的氧化还原条件，降低土壤脲酶的活性。③疏水性物质作为脲酶抑制剂，可以降低尿素的水溶性，减慢尿素的水解速率。④抗代谢物质类脲酶抑制剂打乱了能产生脲酶的微生物的代谢途径，使合成脲酶的途径受阻，降低了脲酶在土壤中分布的密度，从而使尿素的分解速度降低。⑤脲酶抑制剂本身是一些与尿素物理性质相似的化合物。在土壤中与尿素分子一起同步移动，保护尿素分子，使尿素分子免遭脲酶催化分解。在使用尿素的同时施加一定量的脲酶抑制剂，使脲酶的活性受到一定的限制，尿素分解的速度变慢，从而减少尿素的无效降解。

**(2) 硝化抑制剂的作用机理** 硝化抑制剂可以抑制土壤铵态氮向硝态氮的转化，减少硝态氮在土壤中的积累，从而减少铵态氮硝化所造成的各种污染问题。在硝化作用的两个阶段中，有些硝化抑制剂对铵氧化细菌产生毒性，导致$NH_4^+$

氧化为 $NO_3^-$ 的过程被抑制；有些硝化抑制剂可抑制硝化杆菌属细菌的活动，即抑制硝化反应过程中 $NO_2$ 氧化为 $NO_3^-$。这一步，有些还可以抑制反硝化作用。

综上所述，脲酶抑制剂和硝化抑制剂的配合使用在作物的整个生长季起到很大的作用。脲酶抑制剂不仅能延缓尿素的水解，还能在一定程度上抑制尿素水解后的硝化过程。二者配合使用调节了尿素氮的转化过程，能延缓土壤中尿素的水解，并使水解后释出的氨在土壤中得以更多和更长时间的保持，还能减少土壤中硝酸盐的积累，提高氮肥利用率以获得作物高产。同时减少肥料水溶流失对环境造成的危害，真正实现环境友好型。

理想的脲酶抑制剂或硝化抑制剂，不仅要有效地抑制 $NH_3$ 的挥发和 $NO_3^-$-N 的淋溶损失，还应对作物的生长发育无不良影响，才能保证作物充分吸收养分并获得最大的增产效应，这也应是筛选脲酶抑制剂或硝化抑制剂的重要原则。虽然现有的一些抑制剂在农业上的应用取得了一定的效果，但它们的推广应用还不十分普遍，多数国家还处于试验研究阶段。由于它们的施用效果受到抑制剂量、肥料用量、环境温度、pH 值和土壤性质等影响，增产效果不稳定，加之绝大多数抑制剂成本较高，有些对作物还具有一定的毒性，容易造成一定的环境污染，在农业上难以大面积推广使用。因此，筛选高效、稳定、廉价、无毒的新型脲酶抑制剂是农业科技工作者今后努力的方向。

## 四、稳定性尿素的优点与缺点

稳定性肥料其实也是缓释肥的一种，只不过，它采取的是化学抑制的途径，减缓氮素的挥发流失。稳定性肥料一般采用两种抑制剂：脲酶抑制剂和硝化抑制剂。

国内研究发现，添加脲酶抑制剂的肥料，其利用率均在 30%以上，比不加脲酶抑制剂的尿素氮利用率提高了 5.2%左右。而添加硝化抑制剂之后，氮肥能在更长时间内以铵态氮的形式保持在土壤中，铵态氮能被作物直接吸收，因而流失的比率大大降低。

但是，稳定性肥料在增产效果上并非一定“稳定”。据沈兵介绍，由于土壤环境多变，脲酶抑制剂在田间试验中未表现出稳定的增产效果。国外学者在综合了相关数据后得出结论，在那些作物产量潜力大、土壤氮水平低、土壤和环境条件都对氨挥发有利的地区，施用含脲酶抑制剂的肥料将有最大收益。

同样地，硝化抑制剂也存在类似情况。土壤肥力水平不同、作物种类各异、硝化抑制剂品种多样和土壤本身等因素，都会使硝化抑制剂类肥料增产效果不稳定。

更重要的是，稳定性肥料存在潜在的环境风险。2013 年 1 月 25 日，享誉全球的新西兰牛奶被曝含有有毒物质双氰胺。后来经调查得知，新西兰一些牧场喷洒含有双氰胺的化肥来培育牧草，导致牛奶被污染。事实上，双氰胺就是稳定性肥料中的抑制剂种类之一。

可见，在稳定性肥料开发中，研制更具适应性的品种，寻找更安全的抑制剂，这些都理应成为技术攻关的焦点所在。

## 五、稳定性尿素的选择和施用方法

对于一般尿素，由于尿素是酰胺态氮肥，含氮 44%～46%，既是化学中性肥料，又是物理中性肥料，是目前生产上最为常用的优质氮素肥料。

**1. 选择**

根据尿素的特性，可采取以下措施提高其肥效：①尿素宜深施，这样既有利于尿素的转化，又可减少尿素转化成碳酸铵后的挥发损失，但不能离根系太近，以防止造成氨害。尿素深施不宜施于淋失大、有效氮含量低的沙土，也不宜于脲酶含量低或活性低的土壤。②尿素作基肥或追肥时，考虑初期流动性大这一特点，施后不立即灌水，待几天转化为铵态氮时再灌水。③在砂质土壤上切勿一次施用过量尿素，以避免造成流失。④将尿素制成颗粒状、大粒状施用，可延长肥效，减少损失。也可制成包膜长效性肥料。⑤尿素可配合硝化抑制剂施用，以防止铵态氮硝化淋失；也可配合脲酶抑制剂施用，以减缓尿素水解。

**2. 施用**

施用时应注意以下问题：①早施。因为尿素在土壤中，只有少量可被作物根系直接吸收，大部分需经脲酶的作用转化为铵态氮后才能被作物吸收，所以肥效慢、较长，使用时间过晚不利于肥效发挥并可能引起作物贪青晚熟，一般应提前3～5 天施。②深施。因为尿素转化为铵态氮后，容易分解释放出氨，造成氮素损失。③不作种肥施。因为尿素含氮量高，又常常含有缩二脲。缩二脲含量超过2%，就会对种子和幼苗产生毒害作用。④不单独施用。尿素因与有机肥、磷、钾肥及微量元素肥料配合施用，以保持土壤养分平衡，最大限度地发挥肥料的增产作用。⑤不在低温季节施。因为尿素在土壤中的转化速度主要取决于土壤温度，正常情况下，施入土壤中的尿素全部转化为铵态氮，在土壤温度为 10℃需要 7～10 天，在 20℃需要 4～5 天，30℃仅需要 2～3 天。因此在冬春低温季节不宜施用尿素。⑥不要高浓度喷施。尿素分子体积小，容易被叶片吸收，是最适于叶面喷施的化肥。但喷施浓度不宜过高，否则容易烧苗。⑦不能在地表撒施。尿素撒施在地表，常温下要经过 4～5 天的转化才能被作物吸收，大部分氮素在氨化过程中被挥发掉，利用率只有 30%左右。所以，不能在地表撒施。⑧不能与碱性物质混施。尿素施下后须转化成铵态氮才能被作物利用，在碱性条件下，铵态氮中的大部分氮素会变成氨气挥发掉，所以，尿素不能与草木灰、钙镁磷、碳铵等碱性肥料混施或同时施用。

**3. 稳定性尿素产品特性及施用方法**

**(1) 产品特性** ①有效时间长。产品采用了尿素控释技术，可以使氮肥有效期延长到60～90天。②肥利用率高。产品有效抑制氮素的硝化作用，可提高氮肥利用率10%～20%，40kg稳定性控释型尿素相当于50kg普通尿素。

**(2) 使用方法** 产品既可作底肥、基肥，又可作追肥使用，施肥深度7～10cm。种肥隔离7～10cm。作底肥或基肥时，将总施肥量折纯氮的50%用本产品，另50%用普通尿素，再结合适量的磷、钾肥共同使用。

## 六、稳定性肥料田间试验示范

稳定性肥料在全国22个省市进行了大范围的试验示范及推广，效果良好。到目前为止，已建立示范点300个，试验示范面积累计5000亩，平均每亩增产150～160kg，增产率达15%左右，增收180元。现场会召开近400次，培训人员20000人次。

**(1) 黑龙江** 大豆全量稳定性肥料处理比常规施肥处理每亩增产18.78～19.25kg，增产率8.38%～12.23%；玉米，全量稳定性肥料处理的各项生育指标均优于等养分含量的常规施肥处理，显著增产38.13～54.46kg，增产率5.97%～10.63%，减量20%仍比常规施肥处理增产，每亩施40kg稳定性肥料为最优施肥量，比常规施肥亩增收80.15元；水稻，全量稳定性肥料处理和减量20%稳定性肥料处理，均比常规施肥显著增产，从经济效益考虑，每亩施40kg稳定性肥料为最优施肥量，比常规施肥亩增收98.15元。

**(2) 吉林** 水稻与玉米都有一定程度的增产。水稻等养分量比常规施肥增产为2.6%～16.2%，每亩增收99～101元，玉米等养分量比常规施肥增产为0.5%～13.5%，增收75～161元。

**(3) 辽宁** 玉米、水稻均有显著增产，并且推荐了针对辽宁地区玉米专用肥生产的最佳配方及用量。玉米，等养分量比常规施肥株高及叶片数分别增加18.1%、9.6%，每亩增产22.1～48.6kg、增产5.72%～10.18%，增收17.2～60元；水稻最终分蘖数比常规施肥增加11.23%，株高比对照田的高7.73%，常规施肥增产4.22～13.87kg，增产0.55%～1.80%，有一定增产效果，实际增收42元；对于玉米来说每亩施抑制剂1kg，N14P5K5(15)效益最高的处理，增产2.10%，建议针对辽宁地区玉米专用肥的生产中使用N14P5K5(15)的肥料配方及用量。

**(4) 河南** 周口、鹤壁、驻马店3个示范点稳定性肥料等养分处理小麦增产分别达10.4%、18.8%和15.0%，每6亩收入增加54.1～93.3元，稳定性肥料减量20%分别增产8.2%、10.9%和11.7%，亩纯收入增加40.2～71.8元。

小麦：示范点分别为驻马店、周口及商丘，结果显示稳定性肥料等养分处理亩穗数、穗粒数和千粒重分别比对照处理增加 2.0 万～5.6 万、1.7～3.3 个、2.6～4.6kg，增产率达 12.4%、17.0%和 13.5%，稳定性肥料减量施肥处理分别比对照处理增产 7.6%、8.5%和 10.6%，亩纯收入增收分别为 88.0 元、127.6 元和 142.6 元。

**(5) 山东** 玉米等养分量稳定性肥料较习惯施肥增产 12.5%，80%养分量的稳定性肥料较农民习惯施肥处理增产 4.1%；花生等养分量稳定性肥料处理较习惯施肥处理产量增加 25.7%（鲜果重）和 26.4%（风干重），增产效果十分显著；大葱每亩增产 609.2kg，增产率为 23.0%，亩增收可达 1160 余元，减量 20%稳定性肥料处理增产亦有 12.1%。

提出小麦和玉米两个配方，分别为配方肥（14-7-4）＋NAM（0.42kg/亩）和配方肥（17-5-8）＋NAM（0.51kg/亩）。

山东德州夏津县土壤属于典型的盐碱地，具有“碱、凉、板、瘠”等特点，土地综合生产力较低，作物产量较低。沈阳生态所针对盐碱地特性，开发出抗盐碱型稳定性肥料，不仅能够抗盐碱，还能够长效，具有改善土壤结构、土壤通透性、减少对作物的碱害、保水、保肥、保苗，肥料有效期长达 120 天，肥料利用率平均提高 10%，作物增产，农民增收等特点，受到当地农户的普遍欢迎。

据当地农户介绍，与农民常规施肥相比，在同等投入的基础上相比较，抗盐碱型稳定性肥料在冬小麦上的应用，能够使小麦苗期出苗整齐、不死苗、不缺苗断垄，扎根更深入、幼苗叶色更浓绿、分蘖更好，收获期不脱肥、有效穗数、穗长、千粒重等指标均远远大于常规施肥。根据现场的测产，施用抗盐碱型稳定性肥料的处理亩产能达到 500kg，农民收益也将能增加 200 元/667$m^2$。

**(6) 湖北** 玉米：提出增产、增收效果，提出水稻补施穗粒肥，棉花的化肥推荐施用量以及配方的调整、施用技术。与习惯施肥相比（除棉花外），其他作物产量提高了 15%～20%，与同养分量的单质肥料相比，产量提高了 5%～10%；增加经济效益，与空白对照相比，提高纯收入在 20%以上，与习惯施肥相比（除棉花外），其他作物增加纯收入在 10%～15%，与等养分量的单质肥料相比，提高纯收入 5%以上；提高氮肥利用率，与习惯施肥相比，氮肥农学利用率可提高 5.0kg/kg 左右，氮肥偏生产力可提高 2.0～10.0kg/kg，与同养分量的单质肥料相比，氮肥农学利用率与氮肥偏生产力均可提高 2.0kg/kg 左右。

水稻：稳定性肥料机施处理比推荐施肥增产 9.5%；从经济效益来看，减量稳定性肥料机施处理净收入最高，每亩达到 1223 元，从效益来看，减量稳定性肥料机施处理的氮肥农学利用率（AE）最高，达到了 16.88kg/kg。

棉花：湖北省江汉平原地区棉花上施用稳定性肥料效果很好，推荐施用的配方为（20-8-14）、（24-10-14）以及（16-10-8），亩施用量为 100kg，作为一次施用的肥料，最好使用（20-8-14），如果使用二次施肥的配方，选用（16-10-18）作为底肥施用，并在花铃期施 4kg 氮作为追肥。

油菜：从油菜籽粒产量结果来看，与习惯施肥相比，稳定性肥料提高产量14%，与推荐施肥的产量相当，稳定性肥料减量施用，产量也超过了习惯施肥处理；从肥料成本来看，虽然稳定性肥料成本高于推荐施肥，但由于稳定性肥料为一次施肥，而推荐施肥为三次施肥，因而施肥人工成本每亩高出80元，最终的施肥成本以推荐施肥最高，其次为稳定性肥料，而习惯施肥的成本最低，但从净收入来看，稳定性肥料最高，其次是稳定性肥料减量施用处理。

## 七、稳定性尿素在生产上的施用效果

稳定性肥料肥效期长达100～120天，氮素利用率提高8%～10%，等氮量施肥平均增产8%～18%，减少施肥量20%可以不减产，土壤有效磷提高29%～49%，肥料磷有效率提高28%，生育期120天以内的作物可以一次性施肥免追。环境友好，减少硝酸盐淋失48.2%～63%，$N_2O$减少排放46%～74%，可有效降低因氮素流失造成的环境污染。这些特点也经过了多年的验证，可以充分说明稳定性肥料对于作物增产、农民增收、资源节约、环境保护有突出贡献，是一项利国利民的好技术。

稳定性肥料已在山东省多种经济作物上应用多年，作物增产，农民增收，效果显著。西瓜施用稳定性肥料后个头更大，瓜型更好，让农民增产18%～20.3%。若按2014年市场价1.0元/kg，肥料节省投入增加24元/亩，农民纯收入增加430～574元/亩。而稳定性肥料在花生上应用后可提高出米率。农民常规施肥花生米产量为250kg/亩，而稳定性肥料处理花生米产量为315kg/亩，增产幅度达到26%。若按2014年市场价花生米9元/kg计，扣除肥料多投入60元/亩，农民纯收入可增加525元/亩。

在辽宁省灯塔和铁岭水稻生产区施用等氮量的稳定尿素与普通尿素相比，其氮素利用率提高4.8%～6.0%；每亩施用稳定性尿素14kg的水稻产量水平为595kg，而施用普通尿素18kg，才能达到同等产量。从水稻产量相等的角度比较，每亩可节省尿素4kg；此外，施用稳定尿素，可以使氮的损失量降低，减少对环境的污染。

稳定性肥料在河北夏玉米上的应用面积较大，而盐碱地区如沧州，应用稳定性肥料后，由于该地区严重干旱，玉米在前期长势并没有明显优势，但收获统计调查显示，玉米穗更长，籽粒更饱满，增产率达到了7.9%。当地农户已逐步对稳定性肥料有了认识，2014年的销量明显上升。稳定性肥料在麻山药上效果显示，与农民常规施肥相比，氮的投入量基本相当，$P_2O_5$和$K_2O$的养分每亩投入量分别下降19.3kg和11.2kg，每亩化肥投入下降100元情况下，仍有一定增产，而每亩地的毛收入和净收入分别比农户常规管理田提高848元和950元；磷钾养分的效率分别提高122.4%和43.6%。

稳定性肥料在河南夏玉米的示范推广已经表现非常稳定，农民较为认可。豫中南地区施用施可丰稳定性肥料（26-11-11）50kg/亩与常规复合肥对比，结果显示，施用稳定性肥料的玉米株高平均增加 10.6cm，穗长增加 1.2cm，穗粒数增加 58 个，百粒重增加 1.9g，平均增产 10.2%，每亩增收 89.53 元。另外，由于中原地区人多地少，传统的底肥加追肥的施肥模式已经过时，不能适应现代化农业的发展，而稳定性肥料“一次性免追”与农机具“免耕翻”相结合所形成的夏玉米“两免”种植技术，将会逐步代替落后的施肥模式。

稳定性肥料的市场潜力巨大，不仅能够减少施肥次数，节约成本，还具有长效稳定的特点。安徽寿县、五河县、巢湖、怀远四个地区的水稻在一次性施入 40kg/亩的施可丰稳定性肥料（24-10-14）后，与农民习惯用肥作比较，结果显示，稳定性肥料处理的水稻产量和利润都最好，且减量 20%施用稳定性肥料后不减产。这说明稳定性肥料在安徽水稻上能够一次性施用，降低人力成本，减轻多次施肥对环境的影响。在水稻产量和经济效益上，稳定性肥料优于农民习惯施肥，能以较少的肥料投入获得最大的收益回报。在示范推广中，农民较为认可该稳定性肥料，增产效果明显。

稳定性肥料在陕西地区的苹果上作了多年研究。施可丰长效缓释肥（16-8-18）和农民习惯施肥（25-12-5）作对比，根据不同施肥时间（采果后 1/3、幼果期 2/3，萌芽前一次施入）进行比较，结果显示：同样在采果后 1/3、幼果期 2/3 时期施入肥料，含有长效缓释肥的试验组能够增加果实的产量，单果重增多，果实硬度增强。另外，苹果施入钾肥的最佳时机是 50%花后和 50% 膨大前，与长效缓释肥相结合，建议两次施肥即可。这样可减少劳动力的投入，降低成本、节约时间。

湖南省双季稻在施用稳定性肥料后，同常规施肥相比，可使早稻平均亩增产 41.4kg，增收 94.8 元；晚稻平均增产 35.0～72.7kg，增产幅度为 6.9%～13.5%，增收 37.2～135.3 元。施可丰长效肥的优势在于添加抑制剂的生产工艺技术较简单，成本增加少，价格能够被农户接受。但对于早稻而言，气温低、作物需氮较多，长效肥对早稻前期促苗不够，建议在早稻肥料配方上增加铵态氮，补充苗期养分需求。而对于晚稻配方建议提高 $K_2O$ 比例，降低 $P_2O_5$ 比例。

黑龙江省春玉米一次性施入稳定性肥料，与常规施肥（氮肥底施、追施各 50%）对比，每亩增产 82.3kg，增产率为 14.46%，减量 20%稳定性肥料增产 38.1kg，增产率为 6.87%。这说明应用稳定性肥料能够提高氮肥利用率，促进玉米干物质积累，提高玉米产量，增加经济效益，减少 20%氮肥施用量的情况下，玉米不仅不减产还有一定的增产。

## 八、含抑制剂新型复合肥料带来的效益

① 由于脲酶和硝化抑制剂对肥料有固氮作用，改变了传统的施肥。长效缓/

控释新型肥利用脲酶和硝化抑制剂，根据农作物的生长周期，抑制土壤微生物的分解、硝化功能各种配方，分别有控制天数的功能，根据农作物返青、催苗、分蘖、成熟的天数。其 NAM 添加剂的配方中也有时间梯度与作物的各生长周期相适应，呈线性关系，即作物生长一阶段，抑制剂也消亡一部分，使氮素释放；过一阶段，又有一部分抑制剂失效，氮素又释放一阶段，到分蘖、成熟阶段，所有抑制剂失效，所剩的氮素全部释放完，分别保证了农作物从生长、发育全阶段的用肥需要。从而做到一季播种、一次施肥，减轻了农民在施常规复合肥时，一定时段还要施追肥的劳动投入。因此，农民将长效复合肥形象地比喻为“懒汉”肥。

② 减少了肥料流失对环境水土带来的损害。肥料施到田中，不管农作物处于何种阶段，需肥多少，土壤中的微生物均将肥料进行转化和硝化，一场大雨或一次浇灌会将作物吸收不了的肥料带入江河湖海，造成水系富营养化、水质变坏、环境受到污染。而肥料中的抑制剂可抑制土壤微生物活动，减缓肥料的水解和硝化作用，从而减少了肥料的流失和环境的污染。

③ 一次施肥，终季收益，不再施用追肥便可获得高产。另外，减少追肥，减少了投入，减少了资源的浪费。众所周知，我国的氮肥合成氨生产均为煤和石油这类化石能源，而这类能源均不能再生。假定所有肥料由于未实现长效控释，农作物生长中，后期还要施用追肥，造成肥料用量增加，而作物产量仍是一个定数，这显然不符合资源节约型生产方式的要求。

④ 可减少水体富营养化。江河水系一旦造成富营养化，还要动用大量的人力、物力、财力去综合治理，可谓“亡羊补牢”。无锡太湖污染治理的现状便是一个最好的例证。从建设环境友好型社会的要求看，生产和使用长效缓释复合肥，是时代的需要，是历史的必然。

⑤ 根据中科院沈阳应用生态研究所在田间的对比试验显示，使用长效缓释复合肥与施用常规复合肥进行对比，在施用肥料养分和质量相同的前提下，作物亩产量可提高 10%～18%，即同等投入可获得增产增收。

综上所述，“长效缓释复合肥”这个新产品的成功开发，可谓功在当代、利在千秋。既为企业创新走出了一条新路，又为企业的增收树立了一个增长点，有利于建设“资源节约型、环境友好型”的社会。

## 九、稳定性肥料及其特点

**(1) 稳定性肥料到底是指什么** 稳定性肥料通常是指生产供应过程当中加入了硝化抑制剂或者脲酶抑制剂，其中包括这两种同时加入的肥料。这类肥料能够调解土壤微生物活性，减少尿素的水解过程，延迟铵态氮向硝态氮的转化，从而达到尿素缓解释放的作用，它的核心作用就是稳定肥料的添加剂，也就是抑制剂。

目前这种肥料在农业生产中应用的主要有这么几个大的类型：第一类是稳定性的复合氮肥，第二类是稳定性的尿素，第三类是稳定性复合肥，包括目前推向市场的长效二铵，第四类是稳定性掺混肥。

**(2) 总体上讲，这些肥料有如下功能** ①肥效期长。养分有效期可达120天，基本实现大田作物一次施肥。②养分利用率高。氮利用率提高8.7%，磷提高4%。③平稳供给养分，增产效果明显。作物平均增产幅度10%以上，减少20%用肥量而不减产。④提升施肥技术水平。东北春玉米及中原夏玉米“免追”施肥技术；小麦、水稻“减氮少追”施肥技术；马铃薯、辣椒“高产”施肥技术都可以在稳定性肥料的帮助下实现。⑤环境友好，降低面源污染。减少氮淋失48.2%，降排$N_2O$ 64.7%；本产品对环境安全，无残留（在土壤中降解率达到99%以上）。⑥成本低。这种肥料每吨仅比普通肥贵200～300元。

为了保证粮食安全生产，需要优质肥料的配套，什么样的是优质肥料呢？利用率高，对环境安全的这种肥料，所以说需要稳定性肥料。我们需要一些高效的肥料逐步解决肥料利用率低的问题。另外，我国目前土地在向集中机械化管理的过渡当中，这也需要新型肥料与其配套。最近几年，我国在推行秸秆还田、免耕这些技术中，都需要一次性施肥，才能应用现代化的农业技术。另外，农村的劳动力大量向城市集中，城市化以后，农村的经营大部分都由老年人和妇女来承担，这样的话，急需要简化我们的耕播管理过程，一个重要方面就是施肥的简化。

**(3) 稳定性肥料的效果已经得到验证** 第一，在120天以内的作物基本上都可以实现一次性施肥，比如东北的玉米、水稻以及中原的夏玉米。第二，减追增效。对一些生长期比较长的作物，比如中原的冬小麦和以江苏为核心的水稻，生长期比较长，这些可以减少追肥次数，提高它的效率。第三，可以增产高效。这种产品在农业产品中增产幅度比较大，在贵州、甘肃、内蒙古等马铃薯产区表现得尤其突出，平均增产率在25%以上。第四就是环境安全。环境安全体现在减少流失，减少挥发，减少化学反应，降低$N_2O$的排放等方面。

未来肥料的发展方向，我们应该怎么走？针对目前的农业生产情况和肥料的需求，有几点需要做到：第一，在利用率方面要高效化，这个是环境保护、降低农业生产成本和节省能源的需求。第二，肥效的长效化。主要是要节省劳力，简化耕作，实现农业现代化的需要。第三个就是在功能上要多元化。总体上讲，目前稳定性肥料还是适合于我们国家农业生产的肥料。

## 十、我国稳定性肥料主要生产厂家及行业标准

### 1.《稳定性肥料》行业标准出台

由中国科学院沈阳应用生态研究所牵头，上海化工研究院、郑州大学、施可

丰化工股份有限公司、黑龙江爱农复合肥料有限公司、锦西天然气化工有限责任公司、石家庄市中嘉化肥有限公司共同参与制定的《稳定性肥料》（标准编号：HG/T 4135—2010）国家行业标准正式通过工信部公示［工科（2010）第126号］，并于2011年3月1日正式实施。

目前，稳定性肥料在我国已经步入了一个快速发展的阶段，对于推动新型肥料的普及起到了重要的作用。随着市场的日益扩大和发展的需要，几个企业标准已经不能满足需要，迫切需要一个统一、规范的标准。作为国际上首个稳定性肥料国家级标准，《稳定性肥料》行业标准的出台规范了相关定义术语，统一了检验方法，规范了稳定性肥料市场，标志着稳定性肥料产业的发展步入了一个新的阶段。

参与标准制定的单位有科研单位、大学、企业、肥料质量检验单位等，在标准的制定过程中，整合了相关资源，扩大了稳定性肥料的影响。国内稳定性肥料主要生产厂家及产销情况见表2-1。

**表2-1　国内稳定性肥料主要生产厂家及产销情况**

| 主要厂家 | 肥料类型 | 产能 |
|---|---|---|
| 黑龙江倍丰集团爱农复合肥有限公司 | 稳定性缓释复合肥料 | 30万吨 |
| 山东施可丰化工股份有限公司 | 稳定性缓释复合肥料 | 100万吨 |
| 河北石家庄市中嘉化肥有限公司 | 稳定性缓释复合肥料 | 50万吨 |
| 吉林邦农商社 | 稳定性掺混肥料 | 10万吨 |
| 吉林扶余化工有限公司 | 稳定性缓释复合肥料 | 10万吨 |
| 甘肃金昌化工有限公司 | 稳定性缓释复合肥料 | 10万吨 |
| 新疆惠尔复合肥有限公司 | 稳定性缓释复合肥料 | 10万吨 |
| 安徽四方磷复肥化工有限公司 | 稳定性缓释复合肥料 | 10万吨 |
| 深圳芭田化肥有限公司 | 稳定性缓释高塔复合肥 | 10万吨 |
| 辽宁锦天化集团辽通化工有限公司 | 稳定性缓释尿素 | 30万吨 |
| 河北省藁城化肥总厂 | 稳定性缓释尿素 | 10万吨 |
| 山东鲁西化工集团 | 稳定性缓释尿素 | 30万吨 |
| 山西阳煤丰喜化工有限公司 | 稳定性尿素 | 20万吨 |
| 合计 | 330万吨 | |

注：目前，我国的稳定性长效缓释肥料的生产产能已经达到了300多万吨，其中稳定性缓释复合肥料年产能约200万吨，年销售约80万吨；稳定性缓释尿素年产能超过100万吨，年销售约30万吨。技术来源基本上都是中国科学院沈阳应用生态研究所。

## 2. 我国通过《稳定性肥料》

2015年1月20～24日，全国肥料和土壤调理剂标准化技术委员会及其肥料分技术委员会2014年度年会暨标准审查会在云南大理召开，各标准化主管部门、各委员单位和标准起草单位代表参加了此次会议。

会议中，由中国科学院沈阳应用生态研究所、施可丰化工股份有限公司、国家化肥质量监督检验中心（上海）等单位联合制定的《稳定性肥料》国家标准顺利通过了国家标准委员会的评审。此项标准从肥料的功能性检测入手，检测指标能够较为准确地反映出该类肥料的特性。该标准的建立标志着我国稳定性肥料行业发展更上一层楼，为规范市场和生产将发挥重要的作用。

**3.《稳定性肥料》**（HG/T 4135—2010）

《中华人民共和国化工行业标准：稳定性肥料》依据 GB/T 1.1《标准化工作导则第 1 部分：标准的结构和编写》起草。《稳定性肥料》的附录 a 为资料性附录，给出了菌液及培养基的制备方法供参考。《稳定性肥料》由中国石油和化学工业协会提出。《稳定性肥料》由全国肥料和调理剂标准化技术委员会（SAC/TC 105）归口。《稳定性肥料》负责起草单位为中国科学院沈阳应用生态研究所、国家化肥质量监督检验中心（上海）、鲁西化工集团股份有限公司。《稳定性肥料》参加起草单位：山东施可丰化工股份有限公司、黑龙江爱农复合肥料有限公司、郑州大学、锦西天然气化工有限责任公司、石家庄市中嘉化肥有限公司。《稳定性肥料》主要起草人：石元亮、商照聪、武志杰、孙彩虹、解永军、陈卫东、王旭、侯翠红、魏占波、李崇明、常国锋、费建民、王玲莉。《稳定性肥料》为首次发布。

《稳定性肥料》是由化学工业出版社出版的。

## 十一、稳定性肥料在使用过程中需注意的问题

**1. 稳定性肥料使用注意事项**

① 稳定性肥料的特点就是速效性慢，持久性好，为了达到肥效的快速吸收，与普通肥料相比，需要提前几天时间施用。

② 理论是稳定性肥料管的久，肥效达到 90～120 天，常见蔬菜、大田作物一季施用一次就可以了，注意配合使用有机肥，效果理想。

③ 如果是作物生长前期，以长势为主的话，需要补充氮肥，见效快，不如尿素。

④ 稳定性肥料溶解比较慢，适合作底肥。

⑤ 各地的土壤墒情、气候、水分、土质、质地不一样，需要根据作物生长状况进行肥料补充。

⑥ 稳定性肥料是在普通肥料的基础上添加的一种肥料增效剂，主要是达到肥效缓释的作用。

**2. 肥料储存过程中需要注意的事项**

**(1) 防返潮变质** 如碳酸氢铵易吸湿，造成氮挥发损失；硝酸铵吸湿性很强，易结块、潮解；石灰氮和过磷酸钙吸湿后易结块，影响施用效果。因此，这些化肥应存放在干燥、阴凉处，尤其碳酸氢铵储存时包装要密封牢固，避免与空气接触。

**（2）防火避日晒** 氮素化肥经日晒或遇高湿后，氮的挥发损失会加快；硝酸铵遇高温会分解氧，遇易燃物会燃烧，已结块的切勿用铁锤重击，以防爆炸。氮素化肥储存时应避免日晒、严禁烟火，不要与柴油、煤油、柴草等物品堆放在一起。

**（3）防挥发损失** 氨水、碳酸氢铵极易挥发损失，储存时要密封。氮素化肥、过磷酸钙严禁与碱性物质（石灰、草木灰等）混合堆放，以防氮素化肥挥发损失和降低磷肥的肥效。

**（4）防腐蚀毒害** 过磷酸钙具有腐蚀性，防止与皮肤、金属器具接触；氨水对铜、铁有强烈腐蚀性，宜储存于陶瓷、塑料、木制容器中。此外，化肥不能与种子堆放在一起，也不要用化肥袋装种子，以免影响种子发芽。

## 十二、稳定性肥料产业及技术发展趋势与自律合作

### 1. 稳定性肥料

稳定性肥料是指通过添加脲酶抑制剂和硝化抑制剂等，调节土壤酶或微生物的活性，减缓尿素的水解和对铵态氮的硝化-反硝化作用，从而达到肥料氮素缓慢转化和减少损失的目的。1935 年，Rotini 首先发现土壤中存在脲酶；20 世纪 40 年代，Conrad 等发现向土壤中加入某些抑制脲酶活性的物质可以延缓尿素的水解；60 年代，人们开始重视筛选土壤脲酶抑制剂的工作。HQ（氢醌）、NBPT（*N*-丁基硫代磷酰三胺）、PPD（邻苯基磷酰二胺）、TPTA（硫代磷酰三胺）、CHPT（*N*-磷酸三环己胺）等是筛选研究的重要土壤脲酶抑制剂。国外自 20 世纪 50 年代开始研制硝化抑制剂，研究的主要产品有吡啶、嘧啶、硫脲、噻唑、汞等的衍生物，以及叠氮化钾、氯苯异硫氰酸盐、六氯乙烷、五氯酚钠等。双氰胺（DCD）是应用较为广泛的用于提高氮肥利用率的硝化抑制剂。

我国从 20 世纪 60 年代开始重视研究稳定性肥料，中科院南京土壤研究所率先开始了硝化抑制剂的研究。之后，中科院沈阳应用生态研究所在 20 世纪 70 年代开始研究氢醌作为脲酶抑制剂如何提高氮肥利用率，在盘锦化肥厂、大庆化肥厂等通过添加脲酶抑制剂生产缓释尿素，并且应用到大田作物上。特别是进入 2000 年以来，中科院沈阳应用生态研究所开发出一批新型脲酶抑制剂和硝化抑制剂，应用在尿素、复合（混）肥中，生产稳定性肥料，大面积实现了产业化，并且牵头制定了《稳定性肥料》（HG/T 4135—2010）行业标准，2011 年 3 月 1 日正式实施，规范了相关定义术语，统一了检验方法，从而规范了稳定性肥料市场，标志着稳定性肥料产业的发展步入了一个新的阶段。目前全国已有 50 余家化肥企业从事稳定性肥料生产和推广，年产量超过 80 万吨。

稳定性肥料未来技术趋势，一是筛选更加廉价、高效、环保的脲酶抑制剂和硝化抑制剂，应用到稳定性肥料生产中；二是提高稳定性肥料在不同土壤、气候条件下的效果稳定性；三是研究稳定性肥料产品走向作物专用化。

### 2. 稳定性肥料产业的自律与合作

《北方农资》报道，2014 年 8 月 12 日，由稳定性肥料产业技术创新战略联盟、中国科学院沈阳应用生态研究所共同主办，石家庄市中嘉化肥有限公司承办的“稳定性肥料产业技术创新战略联盟二届一次理事会”在河北石家庄召开。中科院沈阳应用生态研究所书记姬兰柱，稳定性肥料产业技术创新战略联盟常务副主席、施可丰化工股份有限公司董事长解永军，中科院沈阳应用生态研究所研究员石元亮，石家庄市中嘉化肥有限公司董事长常国锋等出席会议并讲话，来自全国 30 余家联盟单位成员近百人参会。会上，与会代表就联盟工作情况、稳定性肥料发展现状及未来规划等问题发表看法，针对联盟成员如何实现自律、稳定性肥料国家标准出台及完善、如何实现联盟成员密切合作等问题提出建设性意见和建议。

目前，稳定性肥料有 48 家企业投产，累计生产稳定性肥料 500 万吨，我国推广应用面积 3.7 亿亩，创造直接效益 150.1 亿元，减少化肥投入 29.6 亿元，累计增收粮食 92.5 亿千克。今年，在天气气候、自然灾害、经济形势及行业情况等诸多因素影响下，肥料行业陷入“低谷”，整体销售欠佳。然而，稳定性肥料依靠其自身技术优势逆势发力，销售形势不降反升，部分企业依托稳定性肥料实现产品升级，出现一批稳定性肥料知名品牌。除稳定性复合肥外，缓释尿素、长效二铵、伴侣肥料等稳定性肥料新品种相继研发与应用，受到农民好评和喜爱。

联盟成立以来，得到各成员单位、院所大力支持，获得国家高度重视。希望联盟能够聚众家之力，共同研发、推广、宣传，使稳定性肥料技术不断提升，影响力不断扩大，企业市场竞争实力得以增强。联盟各成员单位要秉承自律、合作、创新的理念，进一步加强产品宣传力度、减少恶性竞争、杜绝假冒伪劣产品，促进稳定性肥料产业健康有序发展。

联盟自 2010 年成立至今，成员从当初十几家企业发展到近四十家企业和科研单位，为交流稳定性肥料技术、应用及经营理念搭建平台，并建立和完善稳定性肥料行业标准，今年行业标准将升级为国家标准，现已立项，有助于促进整个行业健康发展，提升我国稳定性肥料整体水平。

施可丰化工股份有限公司将加强产品研发能力、创新市场营销模式，争当稳定性肥料先行者。2007 年，施可丰公司和中国科学院沈阳应用生态研究所联合将稳定性肥料推向市场，此后每年投资约 400 万元在全国各大农业院校和科研机构进行研发和试验。2010 年联盟成立，在技术、科研方面加大力度，进行大量试验示范，验证产品效果、促进产品升级。公司不仅在稳定性肥料方面不断升级，而且在螯合技术、微生态技术方面加大研发投入，公司研发新品能够减少土壤污染、缓解土壤板结、提高作物质量。营销创新模式方面，施可丰公司从

2012年提出营销模式走向终端，服务于终端、开发终端市场，要求业务人员帮助经销商搞好策划推广，同时扩建农化团队，直接服务于农民，占领终端市场。

未来肥料企业要掌握化肥进步科技、强化产品研发能力、创新市场模式，稳定性肥料作为有科技含量的优质肥料，加上各企业良好营销服务模式，必将赢得市场。

过去一年，联盟分两个批次对成员企业和非联盟稳定性肥料交流产品进行抽检测定，联盟成员企业产品养分含量高、合格率高，但仍存在个别企业因操作失误、使用剂量控制不严格等原因导致产品抽检不合格现象，稳定性指标合格率45%～80%。希望联盟成员加强行业自律，以保证产品质量为前提。同时，加强市场监管，打击制假售假行为，发现不合格产品坚决制止并告知用户，发现多次不合格产品在联盟内通报，严重的通报质检部门。

积极推进稳定性肥料产品登记工作，为联盟成员登记途径、检测方法、提供材料方面加强支持，推进登记体系进一步完善，为联盟成员企业提供技术支持；在原有行业标准基础上，与联盟企业联手提出新国标草案供委员会讨论，争取明年申报国家相关部门，促成稳定性肥料国家标准制定及正式实施，为监管部门提供法律依据。

我国复合肥产品同质化严重，长效、安全的新型肥料逐渐受欢迎。中嘉化肥与中科院沈阳生态研究所联手开发缓释肥市场，通过添加脲酶抑制剂、硝化抑制剂和磷素活化剂，生产出“嘉化”稳定性长效缓释肥。去年，作为产品技术亮点的聚合氨基酸肥料增效剂“保肥思”推出，通过在稳定性肥料生产中添加“保肥思”，形成聚离子稳定性缓释肥，田间使用效果明显，目前稳定性肥料已成为企业核心项目。去年，中嘉公司稳定性肥料销量达12万吨，其中，东北、内蒙古地区销量达8万吨。

中嘉化肥作为最早生产稳定性肥料的企业之一，同时也是稳定性肥料行业标准起草单位。联盟成员应加强行业自律，与各成员之间加强合作，取长补短。降低成本、提高质量对复合肥企业发展具有重要性，成本决定产品出厂价格，降低成本不仅在原料价格上下工夫，降低采购成本，还要在企业内控成本降低。中嘉公司坚持向管理要效益，降低人员成本，以技术提高效率，以产品质量和服务促进企业发展。在营销方式上不断创新，针对土地流转加速、农民团购量增加等情况，中嘉联合经销商做好农化服务，通过依托产品质量和服务提升企业竞争力。

新疆慧尔农业成立于2005年，利用新疆农业资源丰富、区位优势明显，经过九年多发展，目前已成为新疆地区生产复混（合）肥料支柱企业。公司现有先进生产线4条，年产各种新型肥料20万吨，产品销售网络已覆盖全疆并向区外延伸，特色农化服务“两会一课”服务农民达30000人次/年。

慧尔农业以“让新疆农民用上实惠肥料”为经营宗旨，坚持生产针对市场需求和品种差异推出的专用肥。新疆地区干旱问题突出，缺水地区普遍采用滴灌技术，滴灌肥市场接受度较高。目前，公司产品主要有：慧尔1号玉米专用肥，慧尔2号棉花专用肥，慧尔3号硫基型肥料等。

从2008年开始，慧尔公司在全疆推广稳定性肥料，尤其是加入稳定性肥料联盟后，通过专家技术工艺指导和会员企业支持，公司得到长足发展。通过几年运作，现已在新疆除和田之外所有地州建立示范田。

吉林颂禾农民专业合作社于2008年12月正式组建，引入中科院沈阳应用生态所NAM肥料缓释技术，目前稳定性肥料占比90%以上。契约精神是合作的灵魂，化肥行业发展同样需要契约精神。目前，化肥行业普遍存在问题：不按约定价格或数量进行交易；产品质量问题常态化；延迟发货、到货问题屡见不鲜；包装质量、颗粒颜色、均匀度等细节存在问题；沟通不及时、不透明等。

与合作伙伴维系合作、共同发展需要契约精神。合作之初签订合同，对合作中可能遇到的困难给予全面、保守的评估，遇到新问题随时沟通、补充。坚持总合同约定条款，分合同约定当期数量与价格，设定不同时期回款不同政策和利率。合同过程中及时、透明、充分地交换信息。与生产企业联手解决铁路发运问题，利用银行贷款、代采其他肥料品种等方面深入合作。颂禾合作社2008年在石家庄双联、中盐红四方帮助下，解决因其他企业违约造成产品供应短缺问题，更加证实契约重要性，说明一切合作要以契约为前提和基础。

## 十三、稳定性肥料使肥料产业发展更健康

占全国缓/控释肥市场份额总量的85%以上的稳定性肥料，因其具有延长氮肥肥效、提高肥料利用率、一次性施肥免追肥、减少农业成本、使农民增收等优点而备受市场好评。截至目前，我国稳定性肥料已累计生产500万吨，推广面积1.25亿亩，实现农民增收69.85亿元。稳定性肥料能取得如此迅猛发展，源于该技术的研发单位——中国科学院沈阳应用生态研究所，多年来始终秉承的勤于服务、敢于创新的研发理念。

稳定性肥料采用的是中科院沈阳应用生态研究所NAM长效缓释免追肥专利技术，产品含有脲酶抑制剂、硝化抑制剂、磷素活化剂。脲酶抑制剂和硝化抑制剂主要用来调节土壤微生物的活性，减缓尿素的水解和对铵态氮的硝化-反硝化作用，从而达到肥料氮素缓慢释放和减少损失目的的一类肥料，其中抑制剂是稳定性肥料的核心，该技术于2008年获得了国家科技进步二等奖。稳定性肥料根据土壤酶学原理，利用环境友好的脲酶抑制剂与硝化抑制剂协同增效作用和增铵营养原理，通过控制进入土壤氮的形态比例，提高氮的同化效率，控制氮损失，延长肥效期，提高氮肥利用率，进而使作物增产。采用磷活化技术，活化释放土壤中的磷，使之保持更长的有效期，满足绝大多数作物生长期的需求。

2009年至今，由中科院沈阳应用生态研究所牵头，结合施可丰化工股份有

限公司的市场布局，联合了22个省级农科院校，先后在河南、山东、辽宁、福建、新疆、江苏等22个省区建立稳定性肥料试验示范网络，涉及玉米、水稻、棉花、马铃薯等60多种作物，共设立269个示范点，示范面积累计3904.28亩，研制新的专用肥配方64个，平均增产202.45kg/667m$^2$，增产率达14.7%，比农民常规施肥平均少投入17.14元/667m$^2$，平均增收188.35元/667m$^2$，为推动我国农业施肥方式作出突出贡献。

为使稳定性肥料在不同区域、不同土壤环境、不同作物上有稳定的表现，沈阳应用生态研究所联合合作企业、各地科研院所进行了大量试验示范，研制出科学合理的化肥配方，为企业产品升级换代、开拓市场打下坚实基础。他们针对合作企业的市场特点，仔细分析企业优劣势，结合多年来积累的试验示范数据，通过设立样板田、召开现场会以及各类培训等举措和田间实践历练的实战经验，为企业提供“教练式”的服务，为企业在市场竞争中提供技术支撑。仅在2011～2012年，研究所联合黑龙江、吉林、辽宁三省农科院，根据中化化肥有限公司市场情况，在东北地区建立试验示范点31个，面积达229.6亩，平均增产62.39kg/667m$^2$，增产率达10.54%，增收112.45元/667m$^2$。

“2004年以来，我们在辽宁、吉林、黑龙江三省实施了东北春玉米深施免追肥技术，并得到普遍推广，目前已有50%以上的农民采用此项技术，实现春玉米增产331.9～816.9kg/hm$^2$，增产率为5.72%～13.5%，减少追肥用工0.5个/667m$^2$，增收87.4元/667m$^2$。”中国科学院沈阳应用生态研究所研究员卢宗云说。目前，中科院沈阳应用生态研究所在中原地区推广的夏玉米“两免”施肥播种技术，可实现麦茬免耕翻，长效免追、营养足量均衡、肥料利用率高，不仅省时省力，经济效益也显著提高，平均增产率达到13.39%，增收125.75元/667m$^2$；在安徽、河南、甘肃的水稻、小麦等作物上，应用的节氮技术可在节氮20%情况下不减产，部分地区可实现冬小麦一次施肥，小麦冬前不旺长，冬后返青快，该技术平均增产率达到14.53%，增收达到1820元/公顷。

稳定性肥料技术具有肥效期长（一次施肥，养分有效期可达120天）、养分利用率高[氮利用率提高8.7%，减少氮淋失48.2%，降排$N_2O$（一氧化二氮）64.7%；磷提高4%，土壤磷活化率13%，肥料磷有效率提高28%]、平稳供给养分，增产效果明显（作物后期不缺肥，活秆成熟，作物平均增产幅度10%～18%）；环境友好，降低面源污染（本产品对环境安全，无残留，当年降解率达75%）、成本低（成本增加只有普通复合肥的2%～3%，可以广泛用于粮食作物）。

稳定性肥料已在东北、中原、西南、西北及长江流域等22个省进行了应用，生产的稳定性专用肥有60多个品种，应用作物涉及玉米、水稻、大豆、小麦、棉花等30多种，平均每667m$^2$增产165.25kg，增产率达14.7%，农民每667m$^2$增收188.35元。

经过多年的推广和试验示范，沈阳应用生态研究所的科研人员针对不同地区和不同作物，研制出多种稳定性肥料施肥技术并申报相关专利，为稳定性肥料生产企业的后备技术提供了强大的科技支撑，从而有效地提高企业的核心竞争力，实现了高效环保、省时省工，为改变我国农业生产方式起到助推作用，为我国农业发展做出巨大贡献。

## 十四、“零增长”对稳定性肥料的促进作用

“农业部提出化肥零增长，工信部颁布化肥行业转型意见，为稳定性肥料发展创造了良好的机遇。在化肥利用效率亟待提高，农田面源污染治理迫在眉睫，省工、省时、省力农资产品成为市场新宠的大势下，具有长效、缓释、节能、环保等特点的稳定性肥料将大放异彩”。这是记者在新疆昌吉召开的“稳定性肥料产业技术创新战略联盟二届二次理事会议”上得到的信息。

稳定性肥料产业技术创新战略联盟主席武志杰在致辞中指出，中国粮食生产连续 11 年保持增长，化肥做出了重要贡献。然而，由于传统肥料释放快、易流失以及过量不合理施用等，致使肥料利用率不高，带来了土壤板结、酸化、环境污染和生态平衡破坏等一系列问题，严重威胁着中国农产品质量安全和农业生产环境安全。工信部于近期颁布的《关于推进化肥行业转型发展的指导意见》鼓励大力发展新型肥料，鼓励开发包括稳定性肥料所需的硝化抑制剂和脲酶抑制剂。稳定性肥料行业迎来巨大机遇。

科技部副巡视员、新疆科技厅副厅长高旺盛对稳定性肥料联盟多年来取得的成果给予了充分肯定。他认为稳定性肥料具有绿色、安全、低成本等特点，可替代部分传统肥料，将对中国农业现代化起到重要的引领作用。农业部全国农业技术推广服务中心首席专家高祥照也认为稳定性肥料对中国农业发展意义重大，尤其在当前劳动力大量转移的背景下，稳定性肥料的长效功能使肥料一次性施用成为可能，解决了农村劳动力不足的问题，特别是对干旱地区，稳定性肥料技术是保证作物增产，减少人力投入的保障措施。

来自稳定性肥料联盟的数据显示，自 2004 年以来，稳定性肥料技术在辽宁、吉林、黑龙江三省的春玉米上得到广泛应用，春玉米亩增产在 22.13～54.46kg，每亩减少追肥用工 0.5 个，增收 50.1～65.3 元。近两年来，在稳定性肥料技术支撑下的夏玉米“两免”施肥播种技术在中原地区推广受到了广大农户好评，夏玉米平均增产率达到 13.39％。同样在小麦“节氮”技术中，用了稳定性肥料，在节氮 20％情况下，作物不减产，部分地区实现冬小麦一次施肥。稳定性肥料技术在甘肃、贵州、内蒙古、河北等马铃薯产区也得到广泛应用，效果同样十分显著。

科技日报讯（记者郝晓明，实习生边常及）报道：“在今年整个肥料行业陷

入低谷的情况下，稳定性肥料依靠其自身技术优势，逆势发力，销售形势不降反升，部分企业依托稳定性肥料技术实现产品升级，产品形势看好。”中科院沈阳应用生态研究所书记姬兰柱日前在“稳定性肥料产业技术创新战略联盟二届一次理事会”上表示。

以“自律、合作、创新”为主题的“稳定性肥料产业技术创新战略联盟二届一次理事会”日前在石家庄召开，全国各地的30余家联盟成员单位80余人参加此次会议。会上，联盟成员就稳定性肥料国家标准出台及完善问题，联盟成员间创新、合作、自律和稳定性肥料产业技术发展等问题展开讨论，积极为我国稳定性肥料产业发展建言献策。

成立于2010年的稳定性肥料产业技术创新战略联盟，集众家之力，几年间从10多家单位发展成为拥有40多家企业和科研单位的联盟组织，并成为科技部重点支持的创新联盟。“作为有科技含量的优质肥料，加上各企业良好营销服务模式，稳定性肥料产业必将会赢得更大的市场。”稳定性肥料产业技术创新战略联盟常务副主席、施可丰公司董事长解永军在发言中说，未来的肥料企业不仅要掌握化肥进步科技，更要强化产品研发能力、创新市场模式、加强行业自律。

稳定性肥料产业技术创新战略联盟秘书长、中科院沈阳应用生态研究所石元亮博士指出，联盟旨在搭建企业与科研院所、合作社、电商等新型交流与合作的平台，秉承自律、合作、创新的理念，进一步加强产品宣传力度、减少恶性竞争、杜绝假冒伪劣产品，共同研发、推广、宣传稳定性肥料产业，使稳定性肥料技术不断提升，企业市场竞争实力不断提升。他肯定了中原夏玉米“两免”施肥技术及聚合氨基酸技术取得的效果，并指出联盟成员企业中存在的问题和今后的发展方向。

河北中嘉化肥有限公司董事长常国锋在发言中说，近年来中嘉公司不断提升科技研发能力，持续研发节能降耗产品，并对整个生产流程、工艺设备进行技改升级，不仅注重产品的内在质量，更努力提高产品的外观，使产品的颗粒更为均匀，在今年行业非常严峻的形势下，中嘉稳定性肥料销量仍保持了20%的增长。

稳定性肥料作为一个新兴产业，在科研单位和生产企业的不断努力下，推广使用面积达3.7亿亩，创造直接效益150亿元，受到广大农民与用户的好评。目前，我国已有48家稳定性肥料企业，累计生产稳定性肥料500万吨，减少化肥投入29.6亿元，累计增收粮食92.5亿千克。2014年，稳定性肥料行业标准将升级为国家标准，这将有助于促进整个行业健康发展，提升我国稳定性肥料产业的整体发展水平。

稳定性肥料技术的产品已占全国长效肥市场的85%以上，年总产量已达世界产量的三分之一，居世界第一。市场遍及东北、中原、西南、西北及长江流域等22个省、50余家企业。包括施可丰化工股份有限公司、黑龙江倍丰农资集团有限公司、锦西天然气化工股份有限公司、山东鲁西化工集团、江苏华昌化工集团、云南农家乐复合肥有限公司、河北中嘉复合肥有限公司、内蒙古辽中京化工有限责任公司和广西新胜利农业生产资料有限责任公司等在全国复合肥行业中具有一定影响力的企业。2011年全国稳定性肥料销售量累计生产122.5万吨。中国科学院与全国22家科研、推广机构建立了密切的合作关系，成立了“全国缓/控释肥试验示范协作网”，投入600万元，用于稳定性肥料的全国示范推广，示范协作网覆盖了全国22个省份，涉及试验示范作物包括水稻、玉米、小麦、大豆、棉花、甘薯、花生、油菜、胡萝卜、大葱、大蒜、姜、苹果、菠萝、甘蔗、荔枝、柑橘、橡胶、香蕉、龙眼、茶叶21种，涵盖土壤类型、作物种类众多，深度研究不同作物专用肥配方、施用技术，为稳定性肥料的推广起到了积极的作用。

2010年12月由中国科学院沈阳应用生态研究所牵头，联合全国68家企业和科研院所联合成立了稳定性肥料产业技术联盟，集中多家之力进行稳定性肥料技术的宣传和市场开拓，实现资源共享，规范稳定性肥料经营，集中攻克稳定性肥料中的成本及新材料的问题，为稳定性肥料产业的持续稳定发展奠定基础。

2011年3月1日，世界首部《稳定性肥料》行业标准正式颁布实施，规范了此类产品的生产、销售、使用和质量监督，保证了市场的健康发展。

## 第五节 增值尿素

目前，我国尿素生产与施用过程中出现的主要问题如下：

**(1) 产能过剩** 氮肥产能过剩已经成为行业突出的问题之一。从现有产能和在建项目看，未来3～5年我国氮肥产能过剩是个严峻问题。2011年我国氮肥总产能达到6500万吨，市场需求仅在5200万～5500万吨，2012年氮肥总产能达到7200万吨，扣除需求增长因素外，产能过剩仍将达到千万吨以上。国际市场2011～2014年，尿素产能年增长率为6%；需求方面，市场在2010年已经开始快速回暖，2011～2014年全球尿素需求量平均年增长速率为3.8%。2011～2014年期间尿素整体供应过量，2011年过剩700万吨，2013年过剩900万吨，2014年过剩量达到1900万吨。尽快实现产品结构调整、优化升级，提高产业核心竞争力，主动把过剩产能转移到高端产品上，是氮肥企业必须思考的问题。

**(2) 肥料利用率低** 肥料利用率是指当季作物吸收利用施入土壤中营养元素的数量占施入的营养元素总量的百分数，其因肥料品种、施肥量、施肥方法、土壤类型、地力水平、作物种类等的不同而不同。目前，我国氮肥的利用率只有25%～35%，平均仅为33.3%，比发达国家低10%～15%。肥料利用率普遍较低，不仅造成了直接经济损失和资源浪费，而且通过挥发、淋溶和径流的方式对生态环境造成污染。由于人们环保意识的提高，降低化肥损失、提高肥料利用率、减轻或免除肥料污染已引起了世界各国的重视。

**(3) 环境污染严重** 20世纪90年代以来，尿素用量大幅度增加，作物产量却没有相应增加，尿素利用率持续下降，生态环境污染日益突出。当尿素施入土壤时，须经过溶解、氨化、硝化等环节，其氮素才能被植物所吸收，由于溶解、氨化、硝化三个过程所用时间短，植物反应仅能利用其总氮量的30%左右，而大部分氮素则通过尿素水溶液的流失、气态氮的挥发、硝化态的逸失几个过程而损失。这不仅加重了温室效应，污染了地下水和地表水，还造成了江河湖泊的富营养化、地下水和作物硝态氮含量超标。残存在土壤中的这部分化肥，将导致土壤结构变差、容积质量增加、孔隙度减少，还可能使土壤有机质上升速度减缓甚至下降，这也是农田土壤质地退化的重要原因之一。因此，采用尿素增值技术，提高肥料利用率，可以极大地缓解施肥对环境造成的污染。

## 一、增值尿素的概念

增值尿素（value-added urea）是指在基本不改变尿素生产工艺的基础上，增加简单设备，向尿液中直接添加生物活性类增效剂所生产的尿素增值产品。增效剂是指利用海藻酸、腐植酸和氨基酸等天然物质经改性获得的、可以提高尿素氮肥利用率的物质。增值尿素产品具有产能高、成本低、效果好的特点。增值尿素产品应符合以下原则：①含氮量不低于46%，符合尿素产品含氮量国家标准；②可建立添加增效剂的增值尿素质量标准，具有常规的可检测性；③增效剂微量高效，添加量在0.05%～0.5%之间；④工艺简单，成本低；⑤增效剂为天然物质及其提取物或合成物，对环境、作物和人体无害。增值尿素产品具有产能高、成本低、效果好的特点。

中国农科院新型肥料团队经过近10年的努力，开发出发酵海藻液、锌腐酸、禾谷素等系列尿素增效剂和相应的系列增值尿素新产品。

## 二、尿素增值技术及其迫切性

① 尿素增值技术也叫尿素增效技术，泛指通过改善尿素性能来提高尿素利用率的技术。目前尿素增值改性技术的途径主要包括三个方面：第一是缓释法增效改性。主要是使氮素养分能缓慢或控制释放，如包膜缓释尿素，包括各种有机材料包膜和无机营养材料包裹等形式；将尿素与甲醛等反应，合成微溶态脲醛类肥料，也是尿素缓释增效改性的重要方法。第二是稳定法增效改性。主要是向尿素产品中加入脲酶抑制剂或硝化抑制剂等，使尿素在土壤中的转化过程得到延缓，提高尿素氮肥的稳定性，减少了流失和挥发。第三是增效剂改性增效。主要是通过向尿素中添加生物活性类物质，如各种经过加工改性的海藻素、腐植酸或氨基酸等天然物质，既可提高尿素中氮素的稳定性，又可促进作物根系生长与吸收活性，从而改善尿素增产效果，这一类改性尿素产品通常叫作增值尿素。

② 发展尿素增值技术的迫切性　尿素是我国化学氮肥的主要品种，占氮肥消耗总量的65%。尿素氮肥活性强，损失途径多，利用率低。国内外大量研究证明，未被作物利用的氮肥基本上不能在土壤中直接存留。我国农田氮肥的利用效率一直处在较低的水平，全国大田作物平均的氮肥利用率只有30%左右，明显低于发达国家50%～60%的水平。2011年，我国农业消费的尿素超过5000万吨（尿素商品量），通过挥发、淋洗和径流等途径损失掉的尿素氮肥就达到2000多万吨（尿素商品量），直接经济损失五百多亿元人民币，不仅造成能源与资源的巨大浪费，而且对环境也造成极大威胁。对普通尿素进行增值改性，开发增值尿素新产品，是提高氮肥利用率、减少损失和减低环境风险的重要途径。

## 三、尿素增值的主要技术

自20世纪60年代开始，美国、日本等发达国家就着手研究和改进尿素的制作技术，力求从改变尿素本身的特性来提高尿素的利用率。20世纪80年代以来，尿素增值技术成为化肥领域的研究热点。增值尿素科技含量高，是新型肥料。它改良了性能，提高了氮素利用率；能减轻对环境的污染、节约资源，有利于恢复生态平衡；同时能增加农民的收益。尿素增值技术根据产品生产方式和缓释机理的不同，大致可以分为物理法、生物法和化学法三类。

**(1) 物理法**　物理法就是通过物理过程处理，控制尿素的释放速度，又可分为包膜法和稳定法两类。

① 包膜法：包膜法是在尿素表面涂覆一层相关物质，从而控制尿素的渗透速率，实现缓慢释放的目的。包膜材料分为有机包膜材料和无机包膜材料两类，随着整个科技进步的演变，主要包膜材料大致经历了硫黄、树脂、肥包肥、聚乙烯、乳液和聚氨酯这几个阶段。

迄今为止，在包膜肥料中，硫包衣尿素是最重要的一类。硫包膜尿素是在尿素外面包裹硫黄和密封剂而制成，一般含氮30%～40%，含硫10%～30%。硫黄与密封剂的特性、包裹方法、数量将会决定该产品缓释氮的释放特性。它能够有效地降低肥料的高盐分危害、减少养分损失、提供硫营养、调节养分释放模式，达到提高肥料使用率、减少施肥频率、节省劳动力、对环境友好、提高植物经济品质与经济产量的目的。常见的硫包衣尿素生产工艺有：TVA法、改良TVA法、CIL法、凝结包裹工艺、喷动床工艺和PCSCU法。其技术关键为：将硫黄熔融后，在高压下喷涂在预热处理的尿素表面，然后再在其表面喷涂蜡质或聚合物，密封硫黄包裹产生的孔隙或裂隙。目前，国外的硫包衣尿素规模化生产工艺成熟，熔融状态下单质硫具有很好的涂覆效果，在大的生产装置上能够很好地对速效颗粒肥料进行包裹。而在国内则是刚刚兴起，硫包衣尿素已经成为我国具发展潜力的缓释肥料品种。

肥料包裹技术，主要是利用有机的或无机的黏结剂等将具有巨大表面积的无机矿物（如钙镁磷肥、膨润土、蛭石、腐植酸、凹凸棒等）或炭粉（如竹炭粉）包裹在肥料表面，形成一层包裹层以阻碍肥料的溶解，并吸附溶出的氮素。国内参与该技术研究的机构有：郑州工业大学、华南农业大学和济南乐喜施肥料有限公司。

高分子包膜技术就包膜原理和工艺而言，可分为有机溶剂型、水基成膜型和反应成膜型。有机溶剂型包膜技术就是将合成高分子溶解在溶剂中，喷涂在肥料的表面，该技术易于生产，缺点是有毒、易燃、且污染环境，目前产品市场成本价格大致为 3500～5000 元/吨。水基成膜型包膜技术就是将高分子溶解或分散在水中，喷涂在肥料表面成膜，该技术环保、安全、价廉，缺点是包膜过程中肥料容易溶解，目前产品市场成本价格大致为 3200～3800 元/吨。反应成膜型包膜技术是将小分子单体直接在肥料表面发生聚合反应成膜，该技术环保、安全、价廉，但包膜反应对环境敏感，目前产品市场成本价格大致为 3000～3500 元/吨。

包膜尿素价格低，应用范围广，适用于生长期长的作物，如牧草、草坪、甘蔗、菠萝、水稻、园艺花卉等，肥效显著。

② 稳定法：稳定法是在尿素中加入相关物质以达到减少氮素损失、提高肥料利用率的目的。常见的添加物质有腐植酸、纳米碳和保水剂等。

腐植酸尿素作为一种现代新型绿色环保生态肥和长效缓释氮肥，不仅具有腐植酸本身的增进肥效、促进抗逆、改良土壤的功能，而且能有效地控制尿素的释放和分解速度，可为农作物提供必需的微量营养元素，是种植绿色、无公害蔬菜及其他农作物的首选肥料产品。国内外生产腐植酸尿素的工艺大致有溶剂法、热融法、包裹法 3 种方法，最常用的方法是包裹法。试验表明，腐植酸增值尿素产品的氮肥利用率可达到 45%以上。

纳米碳进入土壤后能溶于水，使土壤的 EC 值（电导率）增加 30%，可直接形成 $HCO_3^-$，以质流的形式进入植物根系，进而随着水分的快速吸收，携带大量的 N、P、K 等养分进入植物体合成叶绿体和线粒体，并快速转化为生物能淀粉粒，因此纳米碳可起到生物泵的作用，增加植物根系吸收养分和水分的潜能。每吨纳米增效尿素成本增加 200～300 元，在高产的条件下可节肥 30%左右，每亩综合成本可下降 20%～25%。

保水剂是利用强吸附性树脂制成的一种具有超高吸水保水能力的高分子聚合物。保水剂尿素可以使脲酶的活性长期维持在一个较高的状态，使尿素向铵态氮的转化更高效、更持久，有利于植物的吸收。对于土壤中氮素的保持效果是显著的，氮素淋出量远低于未添加保水剂的尿素，在保肥固氮的过程中，大量的尿素及其他形式的氮素被保水剂所吸附，固定在土壤中，延长尿素肥料的施用周期，提高了肥料的利用率。保水剂尿素尤其适用于缺水地区。

**（2）生物法** 生物法是在尿素中加入活性物质，如加入海藻酸和氨基酸等。

海藻增效剂是从海带、马尾藻、巨藻、泡叶藻等海藻类植物中，经提取加工制成的海藻增效液，该产品主要用作肥料增效剂，也可作为冲施肥、叶面肥的原料，不同原料、提取方法制取的海藻酸性能差异很大。海藻酸尿素是在尿素的生产过程中，经过一定工艺向尿素中添加海藻液，使尿素含有一定数量的海藻酸。发酵法制取的海藻酸尿素可以抑制脲酶的分解，能使尿素的利用率和肥效期得到延长，且极大程度保留了植物生长素、赤霉素、细胞分裂素、多酚化合物及抗生素类等天然生物活性成分，可促进农作物协调地生长发育，提高其生命活力和对病虫、旱涝、低温等的抗逆性，对人畜无害，对环境无污染，是天然、高效、新型的绿色有机肥。

氨基酸类尿素分为天门冬氨酸类（多肽）和谷氨酸类（聚谷氨酸）两类。多肽增值尿素是在尿液中加入金属蛋白酶，经蒸发器浓缩造粒而成的。酶是生物生长发育不可缺少的催化剂，因为生物体进行新陈代谢的所有化学反应，几乎都是在生物催化剂酶的作用下完成的。多肽是涉及生物体内各种细胞功能的生物活性物质。肽键是氨基酸在蛋白质分子中的主要连接方式，肽键金属离子化合而成的金属蛋白酶具有很强的生物活性，酶鲜明地体现了生物的识别、催化、调节等功能，可激化化肥，促进化肥分子活跃。金属蛋白酶可以被植物直接吸收，因此可节省植物在转化微量元素中所需要的“体能”，大大促进植物生长发育。经试验，施用多肽尿素，植物一般可提前5～15天成熟（玉米提前5天左右，棉花提前7～10天），且可以提高化肥利用率和农作物品质等。

**(3) 化学法**

① 抑制法：抑制法是在尿素中添加脲酶抑制剂、硝化抑制剂或同时添加两种抑制剂，或者加入微量元素，以使尿素缓释。添加脲酶抑制剂或硝化抑制剂的肥料通常被称为稳定性肥料。其机理是：脲酶抑制剂降低了脲酶的活性，延缓尿素的水解，减慢氨化过程；硝化抑制剂是抑制硝化菌、亚硝化菌、脱氮菌的活性来减缓铵离子转变为硝酸根离子、亚硝酸根离子、氧化亚氮、氧化氮、氮气的过程的进行，减少因脱硝、淋溶造成氮素损失，从而提高氮的利用率，延长有效期。就添加抑制剂的方法而言，有熔融态尿素掺入法和尿素颗粒包涂法。在雨水比较少，淋失损失少和无大水漫灌的条件下能更好地发挥效果。

微肥增效尿素是在熔融的尿素中增加2%硼砂和1%硫酸铜的大颗粒增效尿素。试验表明，含有硼、铜微量元素的尿素可以减少尿素中的氮损失，既能使尿素增效，又可以使农作物得到硼、铜微量元素而提高产量。硼砂和硫酸铜能使尿素增效的机理，主要是它们有抑制脲酶的作用及抑制硝化和反硝化细菌的作用，从而提高尿素中氮的利用率。

② 合成法：合成法缓释尿素是由尿素与其他物质经化学反应制成的具有一定含氮量，且释放有效氮速度较慢的有机化合物，最常见的是尿素与醛类发生缩合反应产物，如脲甲醛、亚异丁基二脲、亚丁烯基二脲、脲乙醛、脲醛氮肥和尿

素缩醛等。它们的肥效都能持续数月之久，其中脲甲醛和亚异丁基二脲生产应用较多，但通常其生产过程较复杂，成本较高，氮含量较低，多用于园林、草坪等特殊场合。

脲甲醛是最早商品化的缓释氮肥。由于脲甲醛不溶于水，所以在土壤中不易淋失，而被贮备在土壤中，当土壤微生物活性增强和有利于植物生长时，脲甲醛即可进入微生物分解和氮素释放过程。由于脲甲醛的分解需要微生物，所以影响微生物活动的环境因素，如温度、土壤 pH 值、湿度都影响脲甲醛中氮的释放。高温、中性土质、足够的湿度和氧气均能提高氮的释放速率。相反，低温、缺乏营养及酸性土壤会抑制脲甲醛中氮的释放。

## 四、生产增值尿素的主要原料

赵秉强研究认为，目前每年损失掉的尿素氮肥达到 1000 万吨，折合尿素 2100 多万吨，直接经济损失 450 亿元，不仅造成能源与资源的巨大浪费，而且对环境造成极大威胁。2011 年，我国氮肥（折纯量，下同）的产量达 4179 万吨，其中，尿素的产量为 2656.7 万吨，占氮肥总产量的 63.6%。开发产能高、成本低、利用率高、损失少、增产效果好、环境友好的增效尿素新产品，无论在节约资源、实现农业生产与生态协调发展、节本增效和节能减排等方面，均具有重要的意义。

海藻酸增效剂是以海藻为主要原料，利用微生物发酵的方法制备小分子的发酵海藻液增效剂。利用常规尿素工艺生产海藻酸尿素产品，增效剂添加量为每吨尿素 10～30kg。发酵海藻增效剂中含有的海藻酸、吲哚乙酸、赤霉素、萘乙酸等有机物质和生理活性物质可促进作物根系生长，提高根系活力，增强作物吸收养分的能力；可抑制土壤脲酶活性，降低尿素的氨挥发损失；发酵海藻增效液中的物质与尿素发生反应，通过氢键等作用力延缓尿素在土壤中的释放和转化过程。另外，海藻酸尿素还可以起到抗旱、抗盐碱渗透、耐寒、杀菌和提高农产品品质的作用。海藻酸尿素的颜色为浅黄色至浅棕色，含氮量≥46%，海藻酸含量≥0.03%，尿素残留差异率≥10%，氨挥发抑制率≥10%。

锌腐酸增效剂是以风化煤、褐煤为主要原料，通过微生物发酵技术，提取高分子活性腐植酸，通过螯合技术制备的尿素增效剂。添加量为每吨尿素 10～50kg，利用常规尿素工艺生产锌腐酸尿素产品。高活性腐植酸中含有大量羧基、酚羟基、羰基等活性基团和微量元素锌，可促进作物生长，增强光合作用，对土壤脲酶活性有很好的抑制效果；尿素发生反应产生锌腐脲，减缓尿素在土壤中的分解和释放速度。此外，锌腐酸尿素还能起到改良土壤、培肥地力、补充和活化土壤微量元素等作用。锌腐酸尿素的颜色为棕色至黑色，含氮量≥46%，腐植酸含量≥0.15%，腐植酸沉淀率≤40%。

禾谷素增效剂是以天然谷氨酸为主要原料经聚合反应而成的，通过螯合技术生产的尿素增效剂。添加量为每吨尿素10～30kg，利用常规尿素工艺生产禾谷素尿素产品。禾谷素中的谷氨酸是植物体内含量最高的氨基酸，同时，谷氨酸是植物体内多种氨基酸合成的前体，在植物的生长发育过程中起着至关重要的作用。谷氨酸可以在植物体内形成谷氨酰胺，储存氮素并能消除因氨浓度过高产生的毒害作用。因而，该增值尿素产品可促进作物生长，改善氮素在作物植株体内的储存形态，降低氨对作物的危害，提高养分利用率，并可补充土壤的微量元素。禾谷素尿素产品的颜色为白色至浅黄色，含氮量≥46%，谷氨酸含量≥0.08%，氨挥发抑制率≥10%。

## 五、增值尿素的增效机理及其特点

**(1) 含海藻酸尿素、含腐植酸尿素和含氨基酸尿素的增产增效机理** 概括起来主要包括三个方面：一是通过促进根系生长和调节根系的吸收活性，来提高氮素的吸收利用；二是增效剂通过抑制土壤脲酶活性，可降低氨挥发和硝态氮淋失损失，提高氮肥利用率；三是增效剂与尿素发生反应，通过改变尿素的结构性，使尿素在土壤中的转化、释放和运移模式发生改变，提高氮肥的利用率。由于增值尿素具有多方面的综合增效作用，作物的增产幅度比较大，氮肥利用率的提高幅度较高。有学者在夏玉米上运用$^{15}N$核素示踪技术，研究了增值尿素的氮肥利用率，结果表明，含腐植酸尿素的氮肥利用率比普通尿素提高了5.2%～13.2%。对于增值尿素未来的发展方向，主要有以下几种开发方向：增值水溶性肥料；增值复合肥料；增值磷铵；增值脲铵氮肥和增值生物肥料。

**(2) 增值尿素的优点与缺点** 中国植物营养与肥料学会新型肥料委员会主任沈兵，在新型肥料应用与推广联盟高峰论坛上报告了《尿素增值技术研究进展》。报告认为，“尿素产能过剩，竞争惨烈，这是尿素需要改性增效的一个背景。”沈兵主任说：“而尿素改性增效的技术中就有增值尿素这一种方法。它是增效肥料的一种，专指在尿素生产过程中加入海藻酸、腐植酸和氨基酸等天然活性物质所生产的尿素改性产品”。

增值尿素主要有以下一些特点，即：含氮量不低于46%，符合尿素含氮量国家标准（GB 2440—2001）；增效明显，添加的增效剂具有常规的可检测性；增效剂为植物源天然物质及其提取物，对环境、作物和人体无害；增效剂微量高效，添加量在0.03%～0.3%；工艺简单，成本低。其不足之处是易燃。

增值尿素与其他尿素肥料相比，还有很好的优势，如：不存在二次加工；工艺简单；成本较低；使用技术要求不高；不腐蚀设备和增效剂环保、安全等，见表2-2。

世界上许多国家都在通过开发植物源的肥料增效剂，用于对尿素产品进行改性增效。日本的丸红公司、美国第二大农化服务公司 HELENA 公司等都拥有自己独立技术的肥料增效剂多达上百种；欧洲于 2011 年成立了生物刺激素产业联盟，促进了肥料增效剂在农业中的应用。

表 2-2 增值尿素的优势

| 包膜尿素 | 稳定性尿素 | 脲醛类肥料 | 增值尿素 |
| --- | --- | --- | --- |
| 二次加工<br>特殊设备 | 基本不存在二次加工 | 二次加工 | 不存在二次加工 |
| 工艺复杂 | 工艺简单 | 工艺较复杂 | 工艺简单 |
| 成本高 | 成本较高 | 成本高 | 成本较低 |
| 使用技术要求高 | 使用技术要求不高 | 使用技术要求不高 | 使用技术要求不高 |
| 膜残留 | 腐蚀设备<br>不适于豆科植物 | 环境问题：产生甲醛 | 不腐蚀设备<br>增效剂环保安全 |

## 六、增值尿素主要类型与施用问题

目前农村劳动力向城市转移，许多施肥技术，如多次追肥、化肥深施等都难以在大田作物上实现。这也使我国氮肥利用率很低，只有 25%～35%，平均仅为 33.3%，比发达国家低 10%～15%，因此我国亟待发展尿素增值技术，提高肥料利用率。

### 1. 增值尿素主要类型

**（1）木质素包膜尿素** 木质素是一种含许多负电基团的多环高分子有机物，对土壤中的高价金属离子有较强的亲和力。木质素比表面积大，质轻。作为载体与 N、P、K 和微量元素混合，养分利用率可达 80%以上，肥效可以持续 20 周之久；无毒，能降解，能微生物降解生成腐植酸，可改善土壤理化性质，提高土壤通透性，防止板结；在改善肥料的水溶性、降低土壤中脲酶活性以及减少有效成分被土壤组分的固持、提高磷的活性等方面具有明显的效果。

**（2）腐植酸增值尿素** 腐植酸在农业上的主要作用为增进肥效、改良土壤、改善品质、调节作物生长和增强作物的抗逆性等。

腐植酸与尿素氮肥通过科学工艺进行有效复合，可以使尿素氮肥养分具有缓释性，并可通过改变尿素在土壤中的转化过程和减少氮素的损失，改善养分的供应，从而提高肥料利用率。试验表明，腐植酸增值尿素产品的氮肥利用率可达到 45%以上。

**（3）纳米增值尿素** 纳米碳进入土壤后能溶于水，使土壤的 EC 值（电导率）增加 30%，可直接形成 $HCO_3^-$，以质流的形式进入植物根系，进而随着水分的快速吸收，携带大量的 N、P、K 等养分进入植物体合成叶绿体和线粒体，并快速转化为生物能淀粉粒，因此纳米碳可起到生物泵的作用，增加植物根系吸收养分和水分的潜能。每吨纳米增效尿素成本增加 200～300 元，在高产的条件下可节肥30%左右，每亩综合成本可下降20%～25%。

**(4) 海藻酸增值尿素** 海藻酸尿素是在尿素的生产过程中，经过一定工艺向尿素中添加海藻液，使尿素含有一定数量的海藻酸，并且可以抑制脲酶的分解，使尿素的利用率和肥效期得到延长的一类尿素增效产品。

**(5) 多肽增值尿素** 在尿液中加入金属蛋白酶，经蒸发器浓缩造粒而成。酶是生物发育成长不可缺少的催化剂。多肽是涉及生物体内各种细胞功能的生物活性物质。肽键是氨基酸在蛋白质分子中的主要连接方式。肽键金属离子化合而成的金属蛋白酶具有很强的生物活性，酶鲜明地体现了生物的识别、催化、调节等功能，可促进化肥分子活跃。金属蛋白酶可以被植物直接吸收，因此可节省植物在转化微量元素中所需要的“体能”，大大促进植物生长发育。经试验，施用多肽尿素，植物一般可提前5～15天成熟（玉米提前5天左右，棉花提前7～10天，西红柿提前10～15天），且可以提高化肥利用率和农作物品质等。

**(6) 化学法增值尿素** 微肥增效尿素是在熔融的尿素中添加2%的硼砂和1%硫酸铜的大颗粒增效尿素。试验表明，含有硼、铜微量元素的尿素可以减少尿素中的氮损失，既能使尿素增效，又可以使农作物得到硼、铜微量元素而提高产量。

硼砂和硫酸铜能使尿素增效的机理是，主要是它们有抑制脲酶的作用及抑制硝化和反硝化细菌的作用，从而提高尿素中氮的利用率。

化学型缓释尿素是由尿素与其他物质经化学反应制成的，如脲甲醛（UF）、亚异丁基二脲（IBDU）、脲乙醛（CDU）、脲醛弥散氮肥、尿素缩醛等。它们的肥效都能持续数月之久，其中脲甲醛和亚异丁基二脲生产、应用较多，但通常其生产过程较复杂，成本较高，氮含量较低，多用于园林、草坪等特殊场合。

脲甲醛是最早商品化的缓释氮肥，其生产方法有浓溶液法和稀溶液法。稀溶液法是甲醛和尿素在适当的条件下，在酸催化剂中反应，形成一种悬浮产物，然后进行过滤、造粒，未反应的甲醛和尿素溶液再循环使用。

目前国内的增值尿素产品容易受到环境条件的影响，增产、增效的效果不稳定；增值肥料产品的田间试验缺乏，科研单位在我国各区域系统的试验研究结果，未能形成较为完整的田间试验数据系统；对增值尿素的增效机理研究处于探索阶段，还不能有效指导肥料增效剂筛选及有效成分分离和提纯的研究；对增值尿素技术缺乏相应的标准研究，增值尿素产品品牌多、乱、杂，有待统一和规范。

**2. 施用增值尿素应注意的问题**

增值尿素的使用方法与普通尿素没有区别，凡是用普通尿素的地方，都可用增值尿素来替代。在相同用量条件下，增值尿素比普通尿素增产效果显著；由于增值尿素比普通尿素的氮肥利用率高，因此，增值尿素的用量可比普通尿素减少

20%～30%，仍能保证作物产量。

但是，增值尿素是新型肥料，与普通尿素在施用技术方面具有一定的差别，只有合理施用才可以提高利用率，不然，结果可能是相反的。理论上，增值尿素可以和普通尿素一样，应用在所有适合施用尿素的大田作物和经济作物上，但是，不同的增值尿素其施用时期、数量、方法等是不一样的，施用时需注意以下事项。

① 施肥时期。与普通尿素差别大的主要是物理法中的包膜尿素和化学法中的合成法增值尿素。这两种增值尿素的施用不能和普通尿素一样，它只适合于做基肥施用，不适合做追肥，适合大田作物一次性施肥，特别是东北的玉米及水稻、甘蔗，用包膜尿素配制掺混肥料或者化学合成的脲醛尿素做复合肥，是一种比较理想的施肥方式。

② 氮肥利用率提高 10%～20%，意味着可以减少尿素的施肥数量 10%～20%。氮素，不同的作物、不同的增值尿素是有区别的，作为追肥使用的增值尿素，可以适当减少施肥数量，作为基肥一次性施用的，则需要慎重，必须根据作物需氮总量合理考虑。

③ 施肥方法。增值尿素不能和普通尿素一样表面撒施，不论哪种模式的增值尿素，施用在土壤表面都是不合适的，只会增加氮素的流失或者挥发。增值尿素应当配合有机肥、普通尿素、磷钾及中微量元素肥料施用，增值尿素也不适合做叶面肥施用，不适合做水冲肥或者喷灌、滴灌施用。

## 七、增值尿素增产效果与发展现状

增值尿素具有“产能高、成本低、利用率高、损失少、效果好、环境友好”的特点，是农民朋友在大田作物上能用得起的新型肥料产品。与普通尿素相同用量情况下，增值尿素比普通尿素每亩投入增加不超过 10 元，但每亩作物增产 30～50kg 以上，比普通尿素增加收益达 50～100 元/667$m^2$。

中国农业科学院新型肥料课题组，在国家 863 计划、国家科技支撑计划等项目的支持下，经过近十年的努力，研发出改性腐植酸、发酵海藻液和聚合氨基酸等系列尿素氮肥增效剂，开发了含腐植酸尿素、含海藻酸尿素和含氨基酸尿素等增值尿素新产品，并制定了相应的产品企业标准，申请了多项发明专利，与山东瑞星集团合作，实现了增值尿素产业化，并在全国建立了增值尿素新产品试验、示范网络，在黑龙江、吉林、新疆、陕西、山东、河南、湖南、浙江、湖北、江西、重庆、广东等地的春玉米、棉花、冬小麦、夏玉米、花生、水稻、油菜等大田作物上进行了广泛的田间效果验证试验。结果表明，增值尿素与普通尿素在用量相同的情况下，作物平均增产 9.6%，氮肥利用率平均提高 7.9%。

增值尿素技术经过 5～10 年的推广，在我国可形成年生产能力 1000 万吨，年产量500万吨，每年应用面积可达2.5亿亩，企业增收5亿元以上，作物综合增产80亿千克，农民增收150亿元，减少尿素损失100万吨，具有良好的社会、生态和经济效益，推动我国尿素产品技术升级。

增值尿素技术具有工艺简单、产能高、成本低、效果好、环保安全等特点，深受农民朋友的欢迎。

增效尿素通过促进根系生长、抑制土壤脲酶活性、降低氨挥发和硝态氮流失的损失、改变尿素的转化运移模式、改变尿素化学价键特性等多方面的综合作用，实现了作物平均增产9.6%，氮肥利用率平均提高7.9%。

成立尿素增值技术创新联盟，试验示范和推广增值尿素新产品，逐步实现1000万吨增值尿素生产能力，推动我国尿素产业技术升级。试验结果显示，利用我国现有尿素生产工艺发展增值尿素生产，是推动尿素产业技术升级的有效途径。我国发展增值尿素可分为两个阶段梯次推进。

第一阶段为增值尿素试验示范阶段。由氮肥行业协会组织，中国农业科学院作为技术依托，在全国选择10～15家产能大的尿素骨干企业，成立“尿素增值技术创新联盟”，开展增值尿素生产和示范推广工作。主要内容包括：①增值尿素产业化试验示范。对现有尿素生产设备技术改造，摸清增值尿素产业化技术参数，生产出增值尿素合格产品，实现增值尿素产业化生产。②增值尿素产品大面积试验示范。在全国不同土壤、气候和作物上开展大面积增值尿素示范推广研究。③尿素氮肥增效剂研发与产业化。选择2～3家尿素增效剂企业，进行发酵海藻液、锌腐酸、禾谷素等天然尿素氮肥增效剂的研制、开发与生产工艺技术研究，实现工业化生产，为增值尿素产品的产业化提供配套服务。④研究制定系列增值尿素行业标准和国家标准。⑤积极向国家和有关部门争取发展增值尿素的倾斜政策支持，争取国家或部门项目立项。通过第一阶段（2～3年）的实施，推广生产增值尿素100万吨，企业增收1亿元；示范推广5000万亩，作物综合增产15亿千克，增加效益30亿元，为尿素产业技术提升提供科技支撑。

第二阶段为增值尿素技术推广阶段。在第一阶段增值尿素示范推广取得经验的基础上，扩大“尿素增值技术创新联盟”，增值尿素技术向全国50家尿素企业推广（每个省吸纳1～2家尿素企业参加），产能达到1000万吨，3年内实现产量1000万吨，推广面积5亿亩，企业增收10亿元，作物综合增产150亿千克，增加农民收入280亿元以上，减少尿素损失200万吨，具有良好的社会、生态和经济效益，推动我国尿素产业技术升级。

## 八、发展增值尿素需进一步做好的工作

“10年内增值尿素年产量达到2000万吨、增值复合肥2000万吨、增值磷铵1000万吨，使30%以上普通化肥实现增值化改性，且每年推广面积10亿亩，增

产粮食200亿千克。”近日，在北京召开的肥料增值改性降成本座谈研讨会上发出此信息。会议认为，通过增值改性技术提高肥料利用率，是农业科技创新的需要。

农科院区划所所长王道龙表示，肥料增值、改性、减量等技术可大幅度提高肥料利用率，并实现养分利用率的最大化，为保障粮食安全与保护环境、实施化肥“质量替代数量”战略提供了重要途径。中国氮肥工业协会名誉理事长刘淑兰表示，锌腐酸尿素作为增值肥料的代表产品，进入市场以来以肥效和利用率赢得了农民的认可，推广面积不断扩大，证明进行肥料的增值改性和施肥技术的创新是一条可行的途径。中国磷肥工业协会名誉理事长武希彦认为，利用增值改性技术生产出的锌腐酸磷铵和二铵，有效地防止了磷的固化，提高了产品利用率，值得在复混肥、专用肥等产品中大力推广。

中国植物营养与肥料学会秘书长赵秉强博士表示，与国外相比，中国增值改性的肥料产品性能还不够好，整体施肥技术和装备的现代化水平较低，这影响到肥料增值改性的发展。中国农业科学院新型肥料创新团队将联合相关单位和部门，加快对化肥增值改性工作的推进。目标是未来5年发展1000万吨增值尿素，10年内2000万吨；未来5年发展1000万吨增值复合肥，10年内2000万吨；未来5年发展500万吨增值二铵，10年内1000万吨。也就是到“十三五”末，中国传统化肥增值改性从量上将达到很高的水平。

未来肥料研究的重点应当是如何提高肥料利用率。所以，更新观念、打破传统，力争在未来20年，我国肥料产业实施质量替代数量发展战略，化肥供应量力争控制在5000万吨以内，在不增加或少量增加化肥用量的前提下，通过提高肥料利用率，保证我国的粮食安全。

目前，我国从事尿素增值技术研究和产品生产的单位很多，尿素增值技术也有了长足的发展，但也遇到了一些困难。需进一步做好以下工作：

**(1) 加强尿素增值技术的基础研究** 目前，对增值尿素的增效机理研究处于探索阶段，还不能有效指导肥料增效剂筛选及有效成分分离和提纯的研究，且生产工艺也还有待进一步优化，生产成本相对较高，导致价格一直居高不下。当前，应加强与国外同行的学术交流、技能合作和商业往来，借鉴发达国家经验，全面提升我国增值尿素的技术水平，开发出工艺简单、成本低、效果好的生产工艺技术和产品，确保农民增产增收。

**(2) 增大市场推广应用力度** 目前，增值尿素在国内肥料市场的占有率还相对较低。肥料经销商及广大消费者对增值尿素的分类、功效、使用等方面的知识不足；增值尿素产品容易受到环境条件及施用技术的影响，增产、增效的效果不稳定；增值肥料产品的田间试验缺乏，科研单位在我国各区域系统的试验研究结果，未能形成较为完整的田间试验数据系统。

由于增值尿素是一种新型肥料，消费者的认知、市场的接受都有一个过程，建议加强农化服务，加大增值尿素宣传和测土配肥，对消费者加强增值尿素知识培训；同时，建议政府出台相关支持政策，对科研单位、生产企业以及消费者给予政策性补贴，推动田间试验系统全面的研究。

**(3) 制定相应行业标准规范市场** 增值尿素作为一种新型肥料，目前还缺少相应的标准研究。现有相关的标准仅有三个：《缓释肥料》(GB/T 23348—2009)、《稳定性肥料》(HG/T 4135—2010)、《硫包衣尿素》(HG/T 3997—2008)，其中《缓释肥料》(GB/T 23348—2009) 国标的使用范围较广，不利于真正鉴定各类增值尿素的产品质量。目前，增值尿素产品品牌多、乱、杂，存在名称多样、标准缺失、检测性差、登记困难等问题，严重影响了消费者对增值尿素的信赖。因此，建议进一步分类细化增值尿素生产技术和产品的相应行业标准，统一和规范市场，为消费者提供合格、优质的产品。

## 九、聚合氨基酸增效肥料的类型与发展状况

聚合氨基酸增效肥料的类型可划分如下，按照材料分为聚天门冬氨酸增效肥料、聚谷氨酸增效肥料；按肥料种类可以划分为很多种，例如，聚氨酸尿素、聚氨酸复合肥、聚氨酸磷肥、聚氨酸钾肥等。聚合氨基酸材料来源分为生物合成与化学合成两种，生物合成的高分子聚合氨基酸官能团有一定的变化、对根皮的互溶性较好，化学合成的高分子聚合氨基酸结构一致、官能团较为统一。

聚天门冬氨酸在农业上的主要应用是农药载体及肥料增效剂。前一段时间比较流行的多肽尿素便是应用这一技术，很多尿素企业都有这种生产能力。多肽肥料技术虽经多年的推广、应用，但也面临几个问题，首先是缺乏基础研究，农业应用机理不清；其次，缺少田间验证、增产效果不明，田间增产效果究竟如何，尚未见到正式系统的研究报告；再次，在肥料应用技术中，比较盲目，因为没有系统的研究，在肥料中究竟用多少不是很确定，这样就给肥料生产过程中带来了风险。另外，国内市场混乱、市场竞争无序使企业受到损害，因此该类肥料在市场上是处于一个下降的状态。此外，还面临标准缺失、缺乏统一的评价体系的局面。

目前，中科院沈阳应用生态研究所已经针对聚谷氨酸展开深入研究。在机理方面，重点研究了聚谷氨酸对土壤养分的影响及对作物养分吸收与运转的影响，提出聚谷氨酸增效作用机理；在应用技术上，已经完成了聚谷氨酸工业化生产的生物发酵工艺研究，建立起工业化生产线，及肥料中添加聚谷氨酸的生产工艺研究；在标准上，完成了聚谷氨酸肥料检测方法研究，建立聚谷氨酸肥料的企业标准；在产业化推广上，已形成商品肥料增效剂“保肥思”“肥保姆”进行推广、应用。

聚谷氨酸技术在肥料领域应用广泛，在保水型肥料中，可以利用其保水性能

提高抗旱能力；在灌溉肥料中，能够提高磷的溶性，促进下移；在中、微量元素肥料中，能够络合中、微量元素，促进吸收；同时也是双功能肥料添加剂，既具备长效功能，又具备速效功能，换言之，这种肥料前期养分供应不低，后期还具备一定的后劲。

技术优势推动产业化提速。目前，中科院沈阳应用生态研究所研究的聚氨酸肥料增效技术在我国已实现产业化，复合肥企业包括山东三方化工集团有限公司、玉溪云海工贸有限公司、湖北祥云化工集团有限公司等，尿素企业则有鲁西化工集团有限公司、河北藁城化肥厂，在水溶肥方面已经与新疆慧尔农业科技有限公司进行合作。

在规范市场方面，中科院沈阳应用生态研究所联合企业做了很多工作，已经制订了企业标准，包括添加剂的标准以及相应的肥料标准。随着在生产中推广应用量的增大，将逐步转化为行业标准，为肥料推广提供政策方面的保障。

聚氨酸类肥料能够防止养分损失和固定，促进作物对养分的吸收，并提高养分吸收和运转速率，起到离子泵作用，提升离子养分与作物根系的亲和力，可使作物产量增加7%～30%。能有效提高肥料养分利用率（氮利用率提高24%～32%，磷利用率提高25%～30%，钾利用率提高30%～35%），可降低肥料投入（减少肥料投入15%～20%），减轻农民负担。产品无残留，对人、畜、植物无毒害，符合绿色农业生产的要求，具有广谱性，适用于各种土壤及农作物。

聚氨酸类肥料产地主要集中在山东、河北。其中，山东2011年聚氨酸尿素总产量超过70万吨，华北地区占据一半以上产量。2008～2011年，中科院沈阳应用生态研究所、辽宁中科生物工程有限公司利用生物工程技术合成的一种含氨基酸的聚合物，经过精致提纯后获得具有活性的有机高分子聚合物，是一种新型、环保的生物合成的有机型化肥增效剂，目前生产聚氨酸肥料的厂家有山东三方化工股份有限公司、玉溪云海工贸有限公司、广西新方向化学工业有限公司、辽宁元亨生物科技有限公司、河北藁城化肥总厂、湖北祥云（集团）化工股份有限公司、吉林颂禾合作社等。

## 十、肥料增效剂的作用与增值肥料的发展

**(1) 肥料增效剂的作用** 肥料增效剂可改善产品品质，由于营养成分完全，能有效解决“瓜果不甜、面不筋、茶不香、菜不嫩、烟不黄”等问题，同时延长保质期。化肥增效剂还可促使种子、茶树早萌发，产品早上市，可使衰老或受伤根系恢复生根，提高移栽成活率，特别对根腐病、重茬有相当好的抑制和改善作用。

肥料增效剂含有丰富且高价值活性菌，具有固氮、解磷、释钾功能。肥料增效剂是肥料行业的新生事物，跟高塔造粒、缓/控释肥等新型肥料一样，也是为

了顺应国家提高肥料利用率、发展现代农业的要求应运而生的。

目前市面上标注“肥料增效剂”或有“增效”功能的产品生产企业有几十家，但采用的技术标准却大相径庭，让基层肥料经销商和农民无所适从。因此，正规的肥料增效剂生产企业呼吁国家尽快出台肥料增效剂行业标准，以此规范行业发展。

据中国农资网了解，肥料增效剂是以农作物必需的中、微量元素为主，配合脲酶抑制剂、氨稳定剂，再辅以生物菌剂、杀虫剂、植物生产促进剂配制而成的。微生物有机肥料增效剂与各种有机肥、农家肥等配施，显著提高肥料的利用率，满足作物各生育期养分的需求，从根本上改善土壤环境，是最佳的肥料增效产品。

此外，肥料增效剂还可促进有益微生物繁殖，产生丰富代谢产物等活性物质，强力促生根；形成保护膜，保水保肥，增强植物根系吸收能力，茎粗、苗壮，从根本上提高产量。微生物有机肥料增效剂通过微量元素、脲酶抑制剂、生物菌剂等的协同作用能全面提高氮、磷、钾肥利用率20%左右，延长氮肥肥效90～120天。

肥料增效剂能均衡提供农作物生长所需的多种营养，大幅提高农产品产量。粮食作物一般增产10%～20%以上，花生、油菜等油料作物增产20%～50%以上，同时提高出油率30%以上，瓜果、蔬菜等经济作物一般增产30%～80%以上。

**(2) 增值肥料**（value-added fertilizer） 是增效肥料的一种，专指肥料生产过程中加入海藻酸类、腐植酸类和氨基酸类等天然活性物质所生产的肥料改性增效产品。海藻酸类、腐植酸类和氨基酸类等增效剂都是天然物质或是植物源的，可以提高肥料利用率，且环保安全。增值肥料发展的主要技术特点：增效剂微量高效，添加量多在0.3‰～3‰；肥料养分含量基本不受影响，如增值尿素含氮量不低于46%；增效明显，添加的增效剂具有常规的可检测性；增效剂为植物源天然物质及其提取物，对环境、作物和人体无害；工艺简单，成本低。增值肥料主要通过促进作物根系生长与活力，提高氮肥稳定性和转化及运移模式，减少氨挥发和淋洗损失；减少土壤对磷、钾肥的固定，提高其有效性和供应强度等。从而改善作物对肥料的吸收利用，提高肥料利用率。

中国农科院农业资源与农业区划研究所新型肥料创新团队，在国家863计划、国家科技支撑计划等项目的支持下，经过近10年的努力，研制出发酵海藻液、锌腐酸、禾谷素等系列肥料增效剂；开发了海藻酸尿素、锌腐酸尿素和禾谷素尿素等增值尿素新产品，以及相应的增值复合肥、增值磷铵等新产品；在中国氮肥工业协会的指导下，2012年成立“化肥增值产业技术创新联盟”，推动我国传统化肥增值改性。我国利用氨基酸、腐植酸、海藻酸等改性的增值尿素、复合肥、磷铵等，年产量超过300万吨，推广面积1.5亿亩，增产粮食45亿千克，农民增收 80 多亿元，减少尿素损失超过 60 万吨。增值尿素为农业增产、农民增收、环境保护和促进我国肥料产品性能升级做出了贡献。

增值肥料的关键技术是开发微量高效、环保安全的肥料增效剂。另外，增值肥料检测方法及技术标准研究，也亟待需要加强。

**(3) 氮肥的改性增效将成为重要发展方向** 氮肥因其活性强，损失途径多，加之未被利用的氮肥又不易在土壤中存留而被下一季作物接着利用，所以，氮肥的利用率比较低，我国大田作物的氮肥利用率大约只有 30%左右。因此，氮肥的改性增效将成为我国新型肥料研究的重要方向。在我国的氮肥品种中，尿素是最主要的类型，占到单质氮肥的 90%。因此，尿素改性增效应是氮肥改性增效的重点。

增效尿素是在基本不改变当前尿素生产工艺的基础上，通过添加简单设备，向尿液中直接添加增效剂，生产增效尿素产品。增效剂种类很多，如腐植酸、氨基酸以及其他有机或无机酸、海藻素、多肽等，添加量较低，多在 0.05%～0.5%之间，基本不影响尿素养分含量（含氮 46%）。增效剂为天然物质、提取物或合成物，对环境、作物和人体无害。增效尿素产品具有产能高、成本低、效果好、更适用于大田作物等特点。

我国增效尿素发展的原则包括：①增效尿素含氮量不低于 46%，符合当前尿素产品的含氮量标准。②增效剂微量高效，实现工艺简单，成本低。③明确增产效果，开展全国不同生态区、不同类型土壤和作物上的网络化效果验证试验，以明确其增产效果。④明确增效机理，加强增效尿素的增效机理研究，明确增效剂的增效原理。⑤科学的施用方法，开展区域试验示范，研究增效尿素产品的适宜作物、区域、用量和使用方法等。⑥科学的检测方法和标准，积极开展增效尿素标准研究，逐步从企业标准发展到行业标准或国家标准，规范增效尿素的生产和销售，促进增效尿素产业良性发展。

## 十一、不同种类氮肥的施用方法

在春季麦田管理中，拔节期的追肥是很关键的措施，直接关系到当年小麦的高产高效。农业部颁发的《2012 年全国小麦春季管理技术参考》中指出，春季管理的重点是施好拔节肥，才可达到壮秆促大穗的目的。并针对地区、苗情的不同分别作追肥指导，举例如下：在长江中下游麦区的旱地麦田大面积生产中，对于群体茎蘖数适宜的麦田，一般可施用尿素 7～10kg/667m$^2$；对西北丘陵旱地小麦要求开沟追肥，建议亩用量为尿素 5～10kg 或用纯氮量与之相近的碳铵或硫铵等速效氮肥；对北方高产麦田在拔节期施肥浇水，每亩施尿素 10～15kg 等。由此可见，小麦的追肥主要是追施速效氮肥。《2012 年全国小麦春季管理技术参考》中将尿素作为速效氮肥的代表，反映出我国当前尿素已成为当家氮肥品种。

其实，这两种氮肥的突出特点和差异有两方面：一是尿素的肥劲比碳铵大；二是碳铵的肥效要比尿素快一些。不同氮肥作麦田春季追肥时，还可能表现出哪些差异？如何选择？用法上怎样调整才能满足小麦高产高效的需求呢？对此，专家就几种常见氮肥作了如下比较：

不同氮肥肥效快慢的比较，尿素施入土壤后，肥效比碳铵、硫铵、氯化铵都慢。原因是：尿素是酰胺态氮肥，不同于无机态、铵态氮肥是属分子态的氮肥，虽然都具水溶性特点，但施入土壤后以溶解的分子态存在，作物根系不能大量吸收，要等到土壤的脲酶将它水解转化成为碳酸铵后，作物才可以大量吸收其中的铵态氮，所以同样作追肥，尿素的肥效要慢于铵态氮肥中的碳酸铵、硫酸铵、氯化铵和氨水等。

春季麦田追施尿素肥效比硫酸铵、碳铵慢几天？这要看土温条件，当土温在10℃时，尿素全部转化需要8～10天；20℃时，需4～5天；如果土温达28℃时，只需2～3天就可全部转化，所以在用尿素作小麦拔节期追肥时，为了更好地发挥肥效，一般要提前4～6天施，才可及时完成转化以供吸收利用。如果选用碳铵、硫铵、氯化铵或氨水就不用提前了。

不同氮肥施用量的差异，在速效氮肥中，碳铵的含氮量最低，如果以尿素施用量每亩10kg作为参比，那碳铵的施用量应在每亩（667$m^2$）25～28kg为宜。硫酸铵作小麦拔节期追肥，适宜用量为每亩（667$m^2$）15～20kg；如果用氯化铵作麦田拔节期追肥，每亩用量一般在10～16kg，氯化铵作追肥要掌握一次用量不要过多的原则，也不能用于排水不良的盐碱地小麦。

总之，无论选用何种氮肥，追施氮量都不要过多，一旦过多容易产生肥害，地上部的表现是氨气熏烧，导致麦苗叶片出现褐色斑点或烧死叶肉组织。地下根部的表现是，在根层土壤高盐浓度下，根系难以吸水，发生细胞“脱水”，植株叶片发蔫，继而枯黄，甚至死亡，这就是严重的“烧苗”。

## 十二、新型肥料的发展方向

近年来，随着中国农业的快速发展，由农业污染而引发的环境问题日益明显，农业发展方式由资源消耗型，转变为资源节约型、环境友好型已经成为新型农业发展的一种趋势。作为转变农业发展方式的关键之一，发展新型、高效、环保氮肥在促进粮食增产、持续维持肥效、保护环境等方面有重要作用。

推广新型氮肥，首先，是发展高产、高效、优质、生态、安全现代农业的客观要求；其次，我国氮肥的当季利用率只有30%左右，中国农业发展方式要由资源消耗型，转变为资源节约型、环境友好型，就必须要发展新型农资，这就为新型氮肥的发展提供了广阔的空间。新方向增效氮肥的社会效益十分显著，关键是施用起来省工、省力、省心，尤其是在水稻、玉米、甘蔗上，新方向增效氮肥以缓/控释技术延长肥效，减少了追肥，适应了当前农村劳动力紧缺的需要。另外，在生态效益方面，新方向增效氮肥的含氮量只有传统尿素的一半，但是肥料利用率却相当于传统尿素的两倍，但试验证明新方向增效氮肥肥效比尿素要好很多，氮的流失量减少了，对环境的污染也就下来了，节能减排的效益也就上去了。

毫无疑问，新型氮肥已经成为肥料行业发展的主力军，是未来肥料发展的一大方向。而目前，农业部、科技部等国家有关部门也都出台了相关扶持政策。从2008年开始，全国农技中心协同部分新型肥料企业，在多个省份共进行数十项示范，涉及水稻、玉米、花生等多种作物，直接示范面积数千亩。我们有理由相信，将来是以新型氮肥为代表的长效、高效、安全、节能、环保的农资产品大发展的时期。

新型肥料的发展方向和途径主要考虑以下三个方面。一是好上加好。新型肥料能使粮食作物高产高效、经济园艺作物优质高效，因此肥料的发展方向是利用率高，提高劳动生产效率、保护生态环境；二是让坏变好。新型肥料能改善农作物生长环境，能解决一定区域的生产实际问题，如食品安全问题、土壤退化和生态失衡的问题；三是可持续。新型肥料能使农业再生产得以持续发展，如替代常规肥料，成为循环、经济、安全产品。

新型肥料的发展趋势与农业发展趋势密切相关，随着人口的增长，人类对粮食和农产品需求量增多，只有加快新型肥料的发展速度，才能保证农业生产沿着高产、优质、低耗和高效的方向发展。

**（1）高效化**　随着农业生产的进一步发展，对新型肥料的养分含量提出了更高的要求，不仅有效地满足作物需要，而且还可省时、省工，提高工作效率。

**（2）复合化**　农业生产要求新型肥料要具有多种功效，来满足作物生长的需要。目前，含有微量元素的复合肥料，以及含有农药、激素、除草剂等新型肥料在市场上日趋增多。

**（3）长效化**　随着现代农业的发展，对肥料的效能和有效时期都提出了更高的要求，肥料要根据作物的不同需求来满足作物的需要。稳定性肥料具有肥效期长，一次性施肥免追肥等特点，可节约用肥量15%～20%，养分平均利用率提高8.7%。养分淋失率降低48.2%，$N_2O$（一氧化二氮）排放减少46%～74%，肥料利用率达到45%～54%；土壤磷平均活化率为13%，肥料磷有效率提高28%。等产量节肥15%～20%；同肥量可增产10%～15%；一次性施肥，使氮肥肥效期达120～130天。稳定性肥料符合我国农业的特点，是今后肥料的发展方向。

## 十三、提高肥料利用率需要进一步做好的工作

20世纪下半叶，中国以占世界7%的耕地养活了占世界22%的人口，取得

了举世瞩目的成就，化肥对粮食生产做出了巨大的贡献。21 世纪，中国面临着人口不断增长、耕地日益减少和粮食需求不断增加的严峻现实，尽快开发既能获得高产，又能最大限度地提高肥料利用率，并减轻对环境的压力的肥料利用新技术，对于保障粮食安全、保护生态环境具有极其重要的意义。

为此，需要加强以下几方面工作：

① 加快新型肥料研制及常规肥料升级，研制低成本、高性能包膜肥料和高效缓控释作物专用肥料，制定缓控释肥料环境评价和质量标准；开展有机肥高温、快速发酵与除臭复合菌群筛选和组合研究；进行高效造粒黏结剂工艺研发，进行有机和有机、无机复合肥生产关键技术研究；加快新型液体肥料生产关键技术研究。

② 研究作物养分高效利用的生态和生理学机理，研发作物高产、高效施肥新技术，集成和提升作物高产、高效、优质和环保的养分资源管理技术体系。

③ 研究作物基因型营养元素效率差异的生理和遗传机制，应用生物技术改良作物营养遗传性状，筛选和培育具有养分高效利用基因型的农作物优良新品种，实现植物营养性状改良，从而提高作物养分利用效率。

④ 应用信息技术和网络技术，构建全国和不同地区养分资源高效利用信息化管理系统和监测平台，实时掌握全国和各主要农区主要作物对各种肥料的效应和土壤养分状况；建立不同地区、不同作物科学施肥决策系统和环境评估预警系统，实现肥料资源在全国和区域范围内的合理配置与高效利用。

# 第三章

# 水溶性肥料

# 第一节　水溶性肥料概述

## 一、水溶性肥料定义

### 1. 水溶性肥料

我们知道目前肥料的种类很多，来源、成分、性质和施用方法等各不相同。传统上根据肥料的作用，将肥料分为直接肥料和间接肥料两大类。其中能够为作物提供必需的营养成分，对作物具有直接的营养作用的肥料叫做直接肥料。而那些用于调解土壤的酸碱度、改良土壤结构、改善土壤的理化性质、生物化学性质和协调作物生长发育为主要功能的肥料叫做间接肥料。直接肥料又按肥料的性质分为无机肥料和有机肥料。而无机肥料分为单质肥料、复混肥料和缓释肥料。这样看来，在传统的肥料分类方法中没有单独提到水溶性肥料。水溶性肥料是伴随着新型肥料的大量涌现，根据其溶于水的特性而被广泛接纳的一类新型肥料。

水溶性肥料简称水溶肥，顾名思义，即指能够溶解于水的肥料。根据中华人民共和国农业行业标准（NY 1107—2010）术语和定义，水溶性肥料（water-soluble fertilizers，WSF）是指经水溶解或稀释，用于灌溉施肥、叶面施肥、无土栽培、浸种蘸根等用途的液体或固体肥料。

因为传统肥料种类中有很多也是水溶性的，并非新型肥料，因此，水溶性肥料有广义和狭义之分。广义上的水溶肥包括传统的大量元素单质水溶肥（如尿素、氯化钾等）、水溶性复合肥料（磷酸一铵、磷酸二铵、硝酸钾、磷酸二氢钾等）、农业部行业标准规定的水溶性复混肥（大量元素水溶肥、中量元素水溶肥、微量元素水溶肥、氨基酸水溶肥、腐植酸水溶肥）和有机水溶肥等。狭义上的水溶肥是农业部行业标准规定的水溶性肥料产品，为区分起见简称“农标水溶肥”。

值得注意的是要区分水溶性肥料与冲施肥，这两者是完全不同的概念，不要混淆。冲施肥又叫水冲肥，它是一种追肥的方式，而不属于任何肥料种类，它是将能溶于水的肥料溶解于水中，作为追肥随灌水施入农田。特别是灌水模式粗放的大水漫灌的施肥方式，突出了一个“冲”字，也许因此得名水冲肥或冲施肥。当然进行冲施肥时多数情况下是采用水溶性肥料，但也有例外，如人粪尿或沼气水肥都可以随灌水冲施。在肥料登记上不存在冲施肥这个类别。所以，不管什么肥，只要你用水稀释成液体后施用，都可以叫冲施肥。

### 2. 水溶性肥料养分状况

水溶性肥料可以含有作物生长所需要的全部营养元素，如氮、磷、钾大量元素，钙、镁、硫中量元素以及铁、锰、铜、锌等微量营养元素。有些水溶性肥料中还添加溶于水的有机物质，如腐植酸、氨基酸、植物生长调节剂以及微生物和益生菌等。

此外，水溶性肥料根据土壤的养分含量多少以及作物的需肥特性，对养分的种类、数量和比例进行灵活调整，配方多种多样。

水溶性肥料类型多种多样，包括一些传统的单质肥料和部分含两种养分的水溶性化学肥料。如单质肥料中的尿素、铵态氮肥、硝态氮肥、硫酸钾、氯化钾，复混肥中的磷酸铵、磷酸钾，具有国家标准的单一微量元素肥料，以及其他配方水溶性肥料产品和改变剂型单质微量元素水溶性肥料等。单质肥料直接标注养分含量即可，对于复合型水溶性肥料，为了识别其不同组成成分，养分标注与传统的复混肥一致，一般用 N-$P_2O_5$-$K_2O$＋TE 或 N-$P_2O_5$-$K_2O$＋ME 来表示水溶性肥料中的不同配比，其中 N 为氮素、$P_2O_5$ 为五氧化二磷、$K_2O$ 为氧化钾、TE（trace element）或 ME（micronutrient element）表示肥料中含有微量营养元素。如 20-20-20＋TE 表示这个水溶性肥料配方中含总氮量为 20%、五氧化二磷 20%、氧化钾 20%，并含有微量营养元素，或者用具体的中、微量元素符号和含量来表示含有某种中、微量营养元素及其含量。由于中、微量营养元素肥料溶解性低而且易与其他养分形成沉淀，一般采用螯合态，既可以提高中、微量营养元素的浓度或含量，利于作物对中、微量营养元素的吸收利用，而且还可以提高水溶性肥料的混配性，避免与其他养分混配时出现沉淀反应。

**3. 水溶性肥料的特点**

水溶性肥料既然归为新型肥料，与传统肥料相比有哪些特点、“新”在何处呢？新型肥料是相对于传统肥料而言，是在农业生产的生态化、可持续发展的新形势下对传统肥料的提升。目前新开发的新型肥料主要有：缓/控释肥料、含脲酶抑制剂和硝化抑制剂的稳定性肥料、用于灌溉施肥和叶面喷施的水溶性肥料、含有附加功能的功能性肥料，商品化有机肥、含生物菌剂的生物有机肥、含养分增效剂的增效肥料，以及有机无机复混肥等，其“新”在于高效化、复合化及长效化等，特别是因其安全环保，具有较好的环境效益和社会效益。水溶性肥料的“新”在于适应了现代农业的发展，符合设施农业如可与先进的灌水设施或先进的机械化施肥相结合实现水肥一体化，以及纯度和剂型等。

水溶肥的最大特点就是完全溶解于水，是一种速效性肥料，所以易被作物根系和叶面吸收，肥效快，肥料利用率高，充分体现了其高效化；此外，结合现代先进的灌水设施进行灌溉施肥（fertigation），实现了水肥一体化，省水、省肥、省工，农产品高产优质。农标水溶肥都含有多种营养元素，体现了其复合化，特别是含腐植酸和氨基酸的水溶肥。

**4. 水溶性肥料的应用**

不同种类水溶性肥料施用方法有所不同，大量、微量元素水溶肥料主要作基肥和追肥，也可用于叶面喷施、冲施、浸种、拌种等。施用时将水溶肥适当稀释后与其他肥料混拌或浇施等，要特别注意施用量、稀释浓度和施用方法。含腐植酸水溶肥料主要是拌肥后作基肥，每亩施 0.02%～0.05%水溶液 300～400kg 与农家肥混拌、用 0.01%～0.05%水溶液浇根系附近作追肥、浸种和蘸根，例如用 0.01%～0.05%水溶液浸泡菜籽 5～10h 等。氨基酸水溶性肥料在应用上主要作叶面肥，也可以用于浸种、拌种和蘸根。浸种一般在稀释液中浸泡 6～8h，捞出晾干后播种；拌种是将稀释液均匀喷洒在种子表面，放置 6h 后播种。在实际生产中，要严格按产品说明书要求去操作。

**(1) 灌溉施肥或土壤浇灌** 通过土壤浇水或者灌溉的时候，先将水溶性肥料混合在灌溉水中，这样可以让植物根部全面接触到肥料，通过根的呼吸作用把化学营养元素运输到植株的各个组织中。

利用水溶性肥料与节水灌溉（如滴灌、喷灌等）相结合进行施肥，即灌溉施肥或水肥一体化，水肥同施，以水带肥让植物根系同时全面接触水肥，水肥耦合，既节约了水，又节约了肥料，而且还节约了劳动力。水肥一体化与传统施肥相比实现了由浇地向给庄稼供水的转变、由向土壤施肥向作物施肥转变、水肥分开向水肥耦合转变。灌溉施肥是发展现代农业的重大技术，成为推进农业现代化的重要措施，因此，近年来水溶性肥料的发展异常迅速成为化肥生产、供应和消费中的一个重要肥料种类。

灌溉施肥适合用于一些极度缺水的地区、规模化种植的大农场，以及用在高品质、高附加值经济作物上。

**(2) 叶面施肥** 作物除了通过根系吸收养分外，叶片也能吸收养分，叶面施肥又称根外追肥或叶面喷肥，这种施肥是生产上经常采用的一种施肥方法。利用水溶性肥料进行叶面施肥，可使营养物质通过叶片吸收直接进入作物体内，较根系吸收缩短了养分在植物体内的运输距离，直接参与植物体内各种代谢活动，比土壤施肥更加迅速有效。叶面施肥的突出优点是用量少、吸收快、效果明显，不受土壤环境因素影响，养分利用率高，成本低，增产效果显著，尤其在土壤环境不良，水分过多或干旱，土壤过酸过碱造成根系吸收作用受阻和作物缺素急需营养以及作物生长后期根系活力衰退时，采用叶面追肥可以弥补根系吸肥的不足，可取得较好的增产效果。

**(3) 无土栽培** 无土栽培是指不用天然土壤，而是用营养液或固体基质加营养液种植植物的栽培技术，属于一种设施栽培。又名营养液栽培、水培、溶液栽培。使用基质或不使用基质，用营养液灌溉植物根系或用其他方式来种植植物的方法。

无土栽培的主要类型有基质栽培和无基质栽培：①基质栽培又分为无机基质栽培和有机基质栽培。无机基质有砾石、砂、矿棉岩棉、珍珠岩和蛭石等；有机基质有泥炭、锯木屑、砻康灰、稻壳、秸秆、椰壳、甘蔗渣、苔藓等。②无基质栽培有水培，包括营养液膜技术、深液流技术、浮板毛管技术等，及雾培和喷雾水培法。无土栽培的特点是人工为作物创造植物根系环境、营养和水分条件，以取代土壤环境。它不仅能满足作物对矿物质营养、水分和空气条件的需要，而且可以应用现代科学技术、通过人工或自动化控制调节这些条件，以促进作物的生长和发育，使其发挥最大的生产力。与土壤栽培相比，无土栽培技术能够避免水分大量渗透和流失，克服土壤连作障碍，对节约用水、缓解耕地紧张等问题优势突出，且具有机械化高、自动化高等特点，能使农民免去耕地、除草、翻地等大量重体力劳动，减轻了农民负担，符合现代人追求高品质、高产值的现实需要。这项新技术已经广泛应用于无土育苗、蔬菜无土栽培等方面。经过大量研究总结，适用无土栽培的主要是蔬菜作物，在蔬菜作物中以瓜果类较适应，其中番茄、黄瓜、哈密瓜、甜瓜种植较多，还有苦瓜、丝瓜、辣椒、生菜、芹菜、莴苣等。无土栽培还常用于花卉植物、果树育苗、草莓等水果培育以及牧草的种植。

水溶性肥料具有完全溶于水和配方灵活的特点，在无土栽培中不但可以提供最适量的植物生长所需的全部营养，包括大量营养元素和中、微量营养元素，而且更易实现养分的精确控制和施肥的均匀性。因此，水溶性肥料可用于无土栽培生产种苗或穴盘苗的生产以及温室蔬菜和花卉的栽培。

无土栽培的优点有：①高产优质，商品率高。由于无土栽培可以通过人工调控来尽量满足作物的生长需要，使其单产高于土壤栽培。同时，无土栽培可以周年生产，年产量高。应用无土栽培比一般大田栽培可提高产量1～2倍，产品品质好，生产出的番茄性状端正、颜色鲜艳、味道好，营养价值高，维生素C含量比土壤种植增加30%，矿物质含量也增多。②提高土地和空间利用率。无土栽培可以使不宜耕种农作物的地方，如盐碱地、荒山、废弃地、岛屿等土地得到充分利用，尤其可以解决温室、大棚多年连作病虫害的增加；土壤次生盐碱化加重等问题，同时，利用温室的立体空间优势，增加单位产量，增加农民收入。③无土栽培病虫害少，避免土壤连作障碍，生产过程实现无公害化。无土栽培在相对封闭的环境条件下进行，避免了外界环境和土壤病原菌及害虫的侵袭，病虫害发生轻微，而且无土栽培不存在土壤种植中因施用有机肥而带来的寄生虫卵的污染。④省时、省工、省力，能源利用率高。无土栽培技术在一次性投入后，可免去中耕、施肥、除草等繁重劳动，产量产值高，劳动生产率高。

**(4) 浸种蘸根** 常用于浸种蘸根的水溶性肥料主要有微量元素水溶肥、含氨基酸的水溶肥和含腐植酸的水溶肥。为了提高种子发芽率、提早出苗、增强幼苗发根能力，各种种子都可以用相应适当的水溶肥浸种或拌种。播种前用微量元素水溶肥浸种或拌种，可大大节省用肥量。拌种是用少量温水将微肥溶解，配成高浓度溶液，喷洒在种子上，边喷边搅拌，阴干后播种。浸种是用含有微肥的水溶液浸泡种子，微肥的浓度为0.01%～0.1%，时间为12～24h，浸泡后及时播种，以免种子发霉变质。

含腐植酸的水溶肥一般采用0.01%～0.05%的浓度浸种，某些蔬菜作物种子浸种浓度要低一些，具体浓度应根据所用含腐植酸水溶肥的生理活性或产品说明而定。浸种时间根据种皮厚薄而定，一般蔬菜、小麦等种子浸5～10h，水稻、玉米、棉花等浸24h以上。浸种温度最好保持在20℃左右。浸种后取出稍加阴干即可播种。拌种是将腐植酸肥料调成略浓溶液喷洒在种子表面，混拌均匀，稍加阴干即可播种。

水稻、甘薯、蔬菜等移植作物或果树插条可以用腐植酸溶液浸泡，或在移栽前将腐植酸溶液与土壤调制成糊状，将移栽作物根系或插条在里边蘸一下，立即移栽。浸根、浸条、蘸根可以促进根系发育，增加次生根数量，缩短缓秧期，提高成活率。浸根浓度为0.05%～0.1%，蘸根的浓度可适当高些。浸泡时间一般为11～24h，提高温度可缩短时间。浸根、浸条、蘸根只需浸泡秧苗或插条的根部、基部，切勿将叶部一起浸泡，以免影响生长。

**5. 合理施用水溶肥料的要求**

第一，遵循少量多次的原则。该原则符合植物根系不间断吸收养分的特点，减少一次性大量施肥造成的淋溶损失。少量多次施用是水溶肥料利用率高的最重要原因。每次水溶肥料用量在2～6kg/667m$^2$。

第二，遵循养分平衡的原则。特别在滴灌施肥条件下，根系生长密集、量大，这时对土壤的养分供应依赖性减小，更多依赖于通过滴灌提供的养分。对养分的合理比例和浓度有更高要求。如果配方不平衡，会影响作物生长。尤其在砂质土壤上会产生严重后果。

第三，防止肥料烧伤叶片和根系。特别是喷灌和微喷灌施肥，容易出现烧叶现象。大棚或温室长期用滴灌施肥，会造成地表盐分累积，影响根系生长。可采用膜下滴灌抑制盐分向表层迁移。

第四，避免过量灌溉。一般使土层深度20～40cm保持湿润即可。过量灌溉不但浪费水，严重的是养分淋失到根层以下，浪费肥料，作物减产。特别是水溶肥料中的尿素、硝态氮肥（如硝酸钾、水溶性复合肥）极容易随水流失。同时，要了解灌溉水的硬度和酸碱度，避免产生沉淀，降低肥效。特别是对于盐碱土壤及石灰岩地区，磷酸钙盐沉淀非常普遍，是肥效降低的重要原因。因此，建议施肥之前先做小试验，主要是确定稀释倍数和溶液的酸碱度。

第五，完全水溶肥料通常只做追肥。强调基肥与追肥结合，有机与无机结合，水溶肥与常规肥结合。不要强调水溶肥代替其他肥，要配合使用，降低成本，发挥各种肥料优势。

## 二、水溶性肥料的特征

**1. 养分含量高，营养全面，杂质少**

比如农标大量元素水溶肥无论是中量元素型还是微量元素型，至少含有两种以上大量元素和一种以上中量或微量元素，所以肥料整体上至少含有三种植物必需的营养元素，多的可达四种以上，如养分组成上含有氮、磷、钾三要素及一种以上的中量或微量元素；且大量元素含量大于等于50%，与传统复混肥料养分含量相比属于高品位，即养分含量高；农标大量元素水溶肥要求水不溶物含量小于等于5.0%，杂质少，在利用现代灌水设施如喷灌、滴灌时，由于杂质少，减少了灌水设施的堵塞现象。

水溶性肥料具有复合化的特点，通常兼含中量或微量元素，在农业生产中可以通过施用水溶肥来满足作物对中、微量元素的需求。

**2. 养分吸收快，针对性强，肥效高**

水溶性肥料完全溶解于水中，以离子态存在，属于速效养分。无论是根部施用（水肥一体化）还是液面喷施均易于被作物所吸收，养分直接进入植物体内参与各种新陈代谢合成有机物质，促进植物的生长发育。灌溉施肥和叶面施肥可以减少养分在土壤中的吸附固定以及淋溶损失，提高了肥料的利用效率。一般常规土壤施肥当季肥料利用率平均为30%～40%，而灌溉施肥肥料利用率可达到60%～70%，叶面喷施肥料利用率可高达80%～90%，因此水溶肥的肥料养分利用率差不多是常规复合肥料的2～3倍。

针对性强，是由于水溶肥配方灵活，能够满足现代施肥技术“四适”的要求，即适土壤、适作物、适时、适量。根据土壤的肥力水平、养分含量的多寡，根据作物不同生长时期需肥特性，及时补充作物缺少的养分，结合先进的灌水设施可以实现少量多次定量施肥，施肥方便，不受作物生育期的影响。特别是中、微量元素肥料的及时补充，可以减轻或消除作物的缺素症状，给作物提供最佳的营养条件，实现农产品的高产优质。

**3. 与现代灌水设施相结合，实现水肥一体化**

灌溉施肥或水肥一体化（fertigation）是将灌溉（irrigation）与施肥（fertilization）融于一体的农业新技术。就是利用管道滴灌或喷灌灌水系统，将肥料溶于灌溉水中，灌水和施肥同时进行，实现水肥耦合，由过去的浇地变为浇苗，施肥也变成了“汤匙喂养（spoon feeding）”，既减少了灌水量也减少了施肥量，同时还省工省时，节约水肥资源，大大提高了水肥利用效率。

因为水溶性肥料完全溶于水，不会堵塞灌溉设备的过滤器和滴头，可保障灌溉系统的安全运行，是灌溉施肥系统最好的肥料，为灌溉施肥的首选肥料。

**4. 多功能化**

多功能化主要体现在含氨基酸水溶性肥料和含腐植酸水溶性肥料。

含氨基酸水溶性肥料中的氨基酸因为分子小，可以被植物器官直接吸收，参与植物体内的相关代谢和合成作用，可使叶绿素含量增加、叶片的功能期延长，光合作用提高，有利于干物质的形成和积累，使叶片增厚、叶面积加大，茎秆粗壮。因此，含氨基酸水溶性肥料具有促苗、发根、壮秧、抗逆、增产增优的作用。含氨基酸水溶肥在提高农产品品质方面表现在，粮食蛋白质含量增加，棉花纤维长，果蔬口感好，花卉花期长、花色鲜艳等。

含腐植酸水溶性肥料，具有改良土壤、对化肥增效和调节作物生长的作用。含腐植酸水溶肥施入土壤后最直接的作用是提高土壤有机质的含量，从而使土壤理化性质及生物学性质得以改善。如改善土壤的结构和孔隙状况、增加土壤保水能力、提高土壤阳离子交换量、提高土壤缓冲性能，使土壤四大肥力要素水、肥、气、热相互协调，土壤整体肥力全面提升。由于腐植酸的溶解能力、吸附能力以及螯合能力，有利于土壤保肥供肥，减少养分的固定和流失。此外，腐植酸含有生理活性较强的多种活性基团，能刺激植物的生长，提高作物体内的酶活性，调节新陈代谢，提高根系活力，增强植物的抗逆性能。腐植酸叶面喷施后，可使叶面气孔缩小，减少植物叶面的水分蒸腾，提高植物的抗旱能力。

水溶性肥料具有诸多优点。但是，水溶性肥料速效性强，施用量过高控制不好，会造成土壤盐分积累易烧苗或造成养分流失，污染水体。另外，水溶性肥料价格较高，市场上不占优势，不过 2015 年 2 月农业部制定了《到 2020 年化肥使用量零增长行动方案》，因此，水溶性肥料市场前景看好。

## 三、水溶性肥料的类型

### 1. 一般分类（表 3-1）

**表 3-1　我国农资市场主要水溶性肥料类型①**

| 肥料类型 | 肥料品种 |
| --- | --- |
| 传统大量元素 | 磷酸二氢钾、粉状尿素、硝酸钾等 |
| 硼 | 硼酸、硼砂、八硼酸钠、八硼酸钾等 |
| 铁 | 硫酸亚铁、螯合铁(Fe-EDDHA、Fe-EDTA、Fe-Fa、Fe-An 等) |
| 锰 | 硫酸锰、硝酸锰、氯化锰、螯合锰(Mn-EDTA 等) |
| 铜 | 硫酸铜、硝酸铜、螯合铜等 |
| 锌 | 硫酸锌、硝酸锌、氧化锌(悬浮锌)、螯合锌 |
| 钼 | 钼酸铵、钼酸钠、液体钼肥 |
| 钙 | 硝酸钙、氯化钙、螯合钙(柠檬酸、氨基酸、糖醇、EDTA 等) |
| 镁 | 硫酸镁、氯化镁、螯合镁等 |
| 硅 | 硅酸钾、硅酸钠、液体硅 |
| 大量元素水溶肥料 | 含氮、磷、钾两种或两种元素以上 |
| 微量元素水溶肥料 | 含铁、锰、铜、锌、硼、钼两种或两种元素以上 |
| 含氨基酸水溶肥料 | 包括大、中、微量元素 |
| 含腐植酸水溶肥料 | 包括大、中、微量元素 |
| 其他新型产品 | 含海藻类、糖醇螯合类以及各种新型单一元素类叶面肥料等 |

① 引自赵秉强等，《新型肥料》. 北京：科学技术出版社，2014.

水溶性肥料类型多种多样，根据水溶性特点，广义上的水溶肥包括农标水溶肥和部分传统的化学肥料。农标水溶肥，指农业部行业标准规定的水溶性肥料产品。传统的化学肥料具有水溶性特点的有硫铵、尿素、硝铵、磷酸铵、氯化钾、硫酸钾、硝酸钾、氯化铵、碳铵、磷酸二氢钾，还包括可溶性的具有国家标准的单一微量元素肥料，以及其他配方的水溶性肥料产品和改变剂型的单质微量元素水溶肥等。

水溶性肥料按剂型可分为水剂型（清液型、悬浮型）和固体型（粉状、颗粒型）。水剂型，施用方便，与农药等混配性好，但运输贮存不便，对包装要求高。固体型，养分含量较高，贮存运输方便，对包装要求不严。

水溶性肥料按肥料组分可分为养分类（或营养型）、天然物质类（功能型）和混合类。养分类分为大量元素水溶性肥料、中量元素水溶性肥料和微量元素水溶性肥料。天然物质类分为含氨基酸类水溶性肥料、含腐植酸类水溶性肥料、海藻素类等。

**2. 农标水溶性肥料类型**

**（1）大量元素水溶肥 NY 1107—2010**　大量元素水溶肥以氮、磷、钾大量元素为主，按照适合植物生长所需比例，添加以铜、铁、锰、锌、硼、钼微量元素或钙、镁中量元素制成的液体或固体水溶肥料。产品标准为 NY 1107—2010。该标准规定固体产品的大量元素含量、微量元素含量为≥50%；液体产品的大量元素含量≥500g/L。详细内容见表 3-2～表 3-5。

**表 3-2　大量元素水溶肥料（中量元素型）固体产品技术指标**

| 项目 | 指标 |
|---|---|
| 大量元素含量①/% | ≥50.0 |
| 中量元素含量②/% | ≥1.0 |
| 水不溶物含量/% | ≤5.0 |
| pH 值(1∶250 倍稀释) | 3.0～9.0 |
| 水分($H_2O$)/% | ≤3.0 |

① 大量元素含量指总 N、$P_2O_5$、$K_2O$ 含量之和。产品应至少包含两种大量元素，单一大量元素含量不低于 4.0%。

② 中量元素含量指钙、镁元素之和。产品应至少包含一种中量元素。含量不低于 0.1%的单一中量元素均应计入中量元素含量中。

**表 3-3　大量元素水溶肥料（中量元素型）液体产品技术指标**

| 项目 | 指标 |
|---|---|
| 大量元素含量①/(g/L) | ≥500 |
| 中量元素含量②/(g/L) | ≥10 |
| 水不溶物含量/(g/L) | ≤50 |
| pH 值(1∶250 倍稀释) | 3.0～9.0 |

① 大量元素含量指总 N、$P_2O_5$、$K_2O$ 含量之和。产品应至少包含两种大量元素，单一大量元素含量不低于 40g/L。

② 中量元素含量指钙、镁元素之和。产品应至少包含一种中量元素。含量不低于 1g/L 的单一中量元素均应计入中量元素含量中。

大量元素水溶肥料是一种将多种元素融入一起的水溶性肥料，营养全面，可以为作物提供所需的营养元素，可用作基肥、追肥、冲施肥、叶面施肥、浸种蘸根以及灌溉施肥。叶面施肥，把肥料先按要求的倍数稀释溶解在水中，进行叶面喷施，也可以和非碱性农药一起施用；灌溉施肥，包括喷灌、滴灌、冲施等，直接冲施易造成施肥不均匀，出现烧苗伤根、苗小苗弱的现象。生产中一般采取二次稀释法，保证冲肥均匀，提高肥料利用率。在施肥过程中，严格掌握用量，大量元素水溶肥养分含量高速效性强，严格按照肥料使用说明方法和用量进行使用，避免造成肥害。

**表 3-4　大量元素水溶肥料（微量元素型）固体产品技术指标**

| 项目 | 指标 |
| --- | --- |
| 大量元素含量①/% | ≥50.0 |
| 微量元素含量②/% | 0.2～3.0 |
| 水不溶物含量/% | ≤5.0 |
| pH 值(1∶250 倍稀释) | 3.0～9.0 |
| 水分($H_2O$)/% | ≤3.0 |

① 大量元素含量指总 N、$P_2O_5$、$K_2O$ 含量之和。产品应至少包含两种大量元素，单一大量元素含量不低于 4.0%。

② 微量元素含量指铜、铁、锰、锌、硼、钼元素之和。产品应至少包含一种微量元素。含量不低于 0.05%的单一微量元素均应计入微量元素含量中。钼元素含量不高于 0.5%。

**表 3-5　大量元素水溶肥料（微量元素型）液体产品技术指标**

| 项目 | 指标 |
| --- | --- |
| 大量元素含量①/(g/L) | ≥500 |
| 微量元素含量②/(g/L) | 2～30 |
| 水不溶物含量/(g/L) | ≤50 |
| pH 值(1∶250 倍稀释) | 3.0～9.0 |

① 大量元素含量指总 N、$P_2O_5$、$K_2O$ 含量之和。产品应至少包含两种大量元素，单一大量元素含量不低于 40g/L。

② 微量元素含量指铜、铁、锰、锌、硼、钼元素之和。产品应至少包含一种微量元素。含量不低于 0.5g/L 的单一微量元素均应计入微量元素含量中。钼元素含量不高于 5g/L。

**（2）中量元素水溶肥 NY 2266—2012**　中量元素水溶肥料由钙、镁中量元素按照适合植物生长所需比例，或添加以适量铜、铁、锰、锌、硼、钼微量元素制成的液体或固体水溶肥料。产品标准为 NY 2266—2012。该标准规定液体产品 Ca≥100g/L，或者 Mg≥100g/L，或者 Ca+Mg≥100g/L。固体产品 Ca≥10%，或者 Mg≥10%，或者 Ca+Mg≥10%。详细内容见表 3-6、表 3-7。

**表 3-6　中量元素水溶肥料固体产品技术指标**

| 项目 | 指标 |
| --- | --- |
| 中量元素含量①/% | ≥10.0 |
| 水不溶物含量/% | ≤5.0 |

续表

| 项目 | 指标 |
| --- | --- |
| pH值(1∶250倍稀释) | 3.0～9.0 |
| 水分($H_2O$)/% | ≤3.0 |

① 中量元素含量指钙含量或镁含量或钙镁含量之和。含量不低于1.0%的钙或镁均应计入中量元素含量中，硫含量不计入中量元素含量，仅在标识中标注。

中量元素水溶肥料，一般用作基肥、追肥和叶面喷肥。基肥与化肥或有机肥混合撒施或掺细砂后，单独撒施。追肥采用沟施或随水冲施，叶面喷肥在作物不同生长期，根据不同肥料特性和产品要求浓度进行喷施。

**表3-7 中量元素水溶肥料液体产品技术指标**

| 项目 | 指标 |
| --- | --- |
| 中量元素含量①/(g/L) | ≥100 |
| 水不溶物含量/(g/L) | ≤50 |
| pH值(1∶250倍稀释) | 3.0～9.0 |

① 中量元素含量指钙含量或镁含量或钙镁含量之和。含量不低于10g/L的钙或镁均应计入中量元素含量中，硫含量不计入中量元素含量，仅在标识中标注。

**(3) 微量元素水溶肥 NY 1428—2010** 微量元素水溶肥料。由铜、铁、锰、锌、硼、钼微量元素按照适合植物生长所需比例制成的液体或固体水溶肥料。产品标准为NY 1428—2010。该标准规定，固体产品的微量元素含量为≥10%，液体产品的微量元素含量≥100g/L。详细内容见表3-8、表3-9。

**表3-8 微量元素水溶肥料固体产品技术指标**

| 项目 | 指标 |
| --- | --- |
| 微量元素含量①/% | ≥10.0 |
| 水不溶物含量/% | ≤5.0 |
| pH值(1∶250倍稀释) | 3.0～10.0 |
| 水分($H_2O$)/% | ≤6.0 |

① 微量元素含量指铜、铁、锰、锌、硼、钼元素含量之和。产品应至少包含一种微量元素。含量不低于0.05%的单一微量元素均应计入微量元素含量中。钼元素含量不高于1.0%。(单质含钼微量元素产品除外)。0.1%的单一中量元素均应计入中量元素含量中。

**表3-9 微量元素水溶肥料液体产品技术指标**

| 项目 | 指标 |
| --- | --- |
| 微量元素含量①/(g/L) | ≥100 |
| 水不溶物含量/(g/L) | ≤50 |
| pH值(1∶250倍稀释) | 3.0～10.0 |
| 水分($H_2O$)/% | ≤6.0 |

① 微量元素含量指铜、铁、锰、锌、硼、钼元素含量之和。产品应至少包含一种微量元素。含量不低于0.5g/L的单一微量元素均应计入微量元素含量中。钼元素含量不高于1.0%。(单质含钼微量元素产品除外)。10g/L的单一中量元素均应计入中量元素含量中。

微量元素水溶肥可用于基施、拌种、浸种以及叶面喷施等，拌种是用少量温水将微肥溶解，配成高浓度的溶液，喷洒在种子上，边喷边搅拌，阴干后播种；浸种是用含有微肥的水溶液浸泡种子，微肥的浓度为0.01%～0.1%，时间为12～24h，浸泡后及时播种，以免霉烂变质。叶面喷施将可溶性微肥配成一定浓度的水溶液，对作物茎叶进行喷施，一般在作物不同生育时期喷一次，微量元素肥料一般与大量元素肥料配合施用。在满足植物对大量元素需要的前提下，施用微量元素肥料能充分发挥肥效，表现出明显的增产效果。

**(4) 含氨基酸水溶肥 NY 1429—2010** 含氨基酸水溶肥料。以游离氨基酸为主体，按植物生长所需比例，添加以铜、铁、锰、锌、硼、钼微量元素或钙、镁中量元素制成的液体或固体水溶肥料产品，分微量元素型和钙元素型两种类型。产品标准为NY 1429—2010。详细内容见表3-10～表3-13。

**表3-10 含氨基酸水溶肥料（中量元素型）固体产品技术指标**

| 项目 | 指标 |
|---|---|
| 游离氨基酸含量/% | ≥10.0 |
| 中量元素含量①/% | ≥3.0 |
| 水不溶物含量/% | ≤5.0 |
| pH值(1∶250倍稀释) | 3.0～9.0 |
| 水分($H_2O$)/% | ≤4.0 |

① 中量元素含量指钙、镁元素含量之和。产品应至少包含一种中量元素。含量不低于0.01%的单一中量元素均应计入中量元素含量中。

**表3-11 含氨基酸水溶肥料（中量元素型）液体产品技术指标**

| 项目 | 指标 |
|---|---|
| 游离氨基酸含量/(g/L) | ≥100 |
| 中量元素含量①/(g/L) | ≥30 |
| 水不溶物含量/% | ≤50 |
| pH值(1∶250倍稀释) | 3.0～9.0 |

① 中量元素含量指钙、镁元素含量之和。产品应至少包含一种中量元素。含量不低于1g/L的单一中量元素均应计入中量元素含量中。

**表3-12 含氨基酸水溶肥料（微量元素型）固体产品技术指标**

| 项目 | 指标 |
|---|---|
| 游离氨基酸含量/% | ≥10.0 |
| 微量元素含量①/% | ≥2.0 |
| 水不溶物含量/% | ≤5.0 |
| pH值(1∶250倍稀释) | 3.0～9.0 |
| 水分($H_2O$)/% | ≤4.0 |

① 微量元素含量指铜、铁、锰、锌、硼、钼元素含量之和。产品应至少包含一种微量元素。含量不低于0.05%的单一微量元素均应计入微量元素含量中。钼元素含量不高于0.5%。

**表3-13 含氨基酸水溶肥料（微量元素型）液体产品技术指标**

| 项目 | 指标 |
|---|---|
| 游离氨基酸含量/(g/L) | ≥100 |

续表

| 项目 | 指标 |
| --- | --- |
| 微量元素含量①/(g/L) | ≥20 |
| 水不溶物含量/% | ≤50 |
| pH 值(1∶250 倍稀释) | 3.0～9.0 |

① 微量元素含量指铜、铁、锰、锌、硼、钼元素含量之和。产品应至少包含一种微量元素。含量不低于 0.5g/L 的单一微量元素均应计入微量元素含量中。钼元素含量不高于 5g/L。

含氨基酸水溶肥料主要用于叶面施肥，也可用于浸种、拌种和蘸根。叶面喷肥喷施浓度为 1000～1500 倍，一般在作物旺盛生长期喷施 2～3 次；浸种一般在稀释液中浸泡 6h 左右，取出晾干后播种；拌种是将肥料用水稀释后均匀喷洒在种子表面，放置 6h 后播种。

**(5) 含腐植酸水溶肥料 NY 1106—2010** 含腐植酸水溶肥料是一种含腐植酸类物质的水溶肥料。以适合植物生长所需比例腐植酸，添加以适量氮、磷、钾大量元素或铜、铁、锰、锌、硼、钼微量元素制成的液体或固体水溶肥料。腐植酸是一类由动植物残体等有机物经微生物分解转化和地球化学过程而形成的天然高分子有机物，多从泥炭、褐煤、风化煤中提取，能刺激植物生长、改土培肥、提高养分有效性和作物抗逆能力。产品标准为农业行业标准 NY 1106—2010。详细内容见表 3-14～表 3-16。

**表 3-14 含腐植酸水溶肥料（大量元素型）固体产品技术指标**

| 项目 | 指标 |
| --- | --- |
| 腐植酸含量/% | ≥3.0 |
| 大量元素含量①/% | ≥20.0 |
| 水不溶物含量/% | ≤5.0 |
| pH 值(1∶250 倍稀释) | 4.0～10.0 |
| 水分($H_2O$)/% | ≤5.0 |

① 大量元素含量指 N、$P_2O_5$、$K_2O$ 含量之和，产品至少应包含两种大量元素，单一大量元素含量不低于 2.0%。

**表 3-15 含腐植酸水溶肥料（大量元素型）液体产品技术指标**

| 项目 | 指标 |
| --- | --- |
| 腐植酸含量/(g/L) | ≥30 |
| 大量元素含量①/(g/L) | ≥200 |
| 水不溶物含量/(g/L) | ≤50 |
| pH 值(1∶250 倍稀释) | 4.0～10.0 |

① 大量元素含量指 N、$P_2O_5$、$K_2O$ 含量之和，产品至少应包含两种大量元素，单一大量元素含量不低于 20g/L。

**表 3-16 含腐植酸水溶肥料（微量元素型）产品技术指标**

| 项目 | 指标 |
| --- | --- |
| 腐植酸含量/% | ≥3.0 |

续表

| 项目 | 指标 |
| --- | --- |
| 大量元素含量[①]/% | ≥6.0 |
| 水不溶物含量/% | ≤5.0 |
| pH 值(1∶250 倍稀释) | 4.0～10.0 |
| 水分($H_2O$)/% | ≤5.0 |

① 微量元素含量指的是铜、铁、锰、锌、硼、钼元素含量之和，产品应至少包含一种微量元素，含量不低于 0.05%的单一微量元素均应计人微量元素含量中，钼元素含量不高于 0.5%。

含腐植酸水溶肥料主要用于基肥、拌肥、追肥、叶面喷肥、浸种以及蘸根等。其特点有：第一，运用现代技术提纯水溶性腐植酸，复合大、中、微量元素而形成的新型肥料功效显著，为生产绿色健康食品、减轻环境污染、降低农民生产成本提供了有利的保障。第二，水溶性腐植酸肥料在土壤中可大幅度促进提氮、解磷、促钾的作用，培育土壤肥力，促进作物根系发育。第三，水溶性腐植酸肥料广泛适用于粮食作物、经济作物、油料作物及花卉等，适用作物范围广、使用浓度范围宽。第四，水溶性腐植酸肥料营养搭配合理，具有协同营养作用，可大幅度降低化肥、农药使用量。第五，水溶性腐植酸肥料经济、安全、方便、高效。含腐植酸水溶肥做基肥每亩 0.02%～0.05%水溶液 300～400kg 与农家肥拌施；追肥苗期和初果期，每亩用 0.01%～0.1%水溶液，浇灌在根系附近，也可随水灌施；叶面喷施一般 2～3 次，时间以 14：00～18：00 时喷为好，喷施浓度 1000～1500 倍；浸种用稀释液浸泡蔬菜种子 5～8h。蘸根一般移栽前用 0.05%～0.10%的稀释溶液，浸根数小时后定植。

**3. 氨基酸肥料的作用及功能**

**(1) 氨基酸在作物生长中的作用** 氨基酸是作物有机氮养分的补充来源，构成和修补作物体组织；氨基酸具有螯合金属离子的作用，容易将作物所需的中量元素和微量元素（钙、镁、锌、铜、钼等）携带到作物体内，提高作物对各种养分的利用率；氨基酸有内源激素的作用，可调节作物生长；氨基酸是作物体内合成各种酶的促进剂和催化剂，对作物新陈代谢、促进作物生长起着重要作用；氨基酸能增强作物光合作用；氨基酸分子中同时含有氨基和羧基，能调节作物体内酸碱平衡；氨基酸是生理活性物质，具有极其重要的生理功能，可增强作物的抗逆性能。

**(2) 氨基酸肥料及功能** 凡是能够提供各种氨基酸类营养物质的肥料，统称为氨基酸类肥料。

氨基酸的原料资源广泛，畜禽屠宰场下脚料（废弃的碎肉、皮毛、蹄角、血液等），制革厂的碎皮下脚料、人发渣、油脂加工的饼粕、海产品加工含蛋白质的下脚料、味精厂的废液、淀粉厂的蛋白粉、绿肥作物（如紫云英、沙打旺、毛叶苕子等），含粗蛋白质在 20%以上的物料，均可作为氨基酸的生产原料。

目前，氨基酸的生产方法主要有三种：微生物法（含酶法、发酵法）；水解提取法（分碱解提取法和酸解提取法）；化学合成法（部分氨基酸）。肥料用氨基酸一般多采用水解提取法。

一般含氨基酸肥料，动物性的肥效比植物性的高；含完全氨基酸的比不完全的或只含单一氨基酸的肥效高；由酵解工艺生产的比酸解工艺生产的肥效高；氨基酸与氮、磷、钾等养分配施的比不配施的肥效高。

氨基酸肥料是利用以上各种原料经水解或微生物发酵生成混合氨基酸，再与微量元素等无机养分络合（螯合）或混合而成的肥料。经多年在我国南方和北方各类作物上的应用，其生态效益、经济效益和社会效益都很显著，是一种很好的新型肥料。

第一，肥效好。据实验结果统计，多种氨基酸混合，其肥效高于等氮量的单种氨基酸，也高于等氮量的无机氮肥。大量氨基酸以它的叠加效应提高了养分利用率。氨基酸肥料可强化生理生化功能，使茎秆粗壮，叶片增厚，叶面积扩大，叶绿素增多，功能期延长；由于光合作用提高，干物质形成和积累加快，作物能够提早成熟；也由于作物自身活力增强，抗寒、抗旱、抗干热风、抗病虫害、抗倒伏性能提高，从而实现稳产高产。

第二，肥效快。氨基酸肥料中的氨基酸可被作物的各个器官直接吸收（无机肥、有机肥需降解转化，在光合作用下被动吸收或渗透吸收），使用后即可观察到明显效果；同时可促进作物早熟、缩短作物生长周期。

第三，改善农产品品质。氨基酸肥料主要是氨基酸和配合料以及氨基酸络合物等，有机物占一定比例，因而可以提高农作物品质。如粮食蛋白质含量增加；棉花纤维长；蔬菜适口性好，味道纯正鲜美，粗纤维少，有害残留少；花卉花期长，花色鲜艳，香气浓郁；瓜果类果大、色好、糖分增加，可食部分多，耐贮性好。

第四，改善生态环境。氨基酸肥料无残留，能够改善土壤理化性状，提高土壤保水保肥和透气性能，起到养护、改良土壤的作用。

第五，可与多种营养元素和多种农药混合施用。氨基酸肥料能与多种营养元素和农药混合施用，提高了肥料利用率，增加药效，是多功能肥料的重要原料。

#### 4. 腐植酸肥料的作用及应用

含腐植酸水溶肥料是以适合植物生长所需比例的矿物源腐植酸，添加适量氮、磷、钾大量元素或铜、铁、锰、锌、硼、钼微量元素而制成的液体或固体水溶肥料，大多是以腐植酸或腐植酸钾、腐植酸铵、腐植酸钠等腐植酸盐为原料，通过与大量元素、微量元素混配生产的成品肥料。水溶性腐植酸肥料是一种可以溶于水的多元复合肥料，溶解速率快，易被作物吸收，其吸收利用率相对较高；可以在灌溉时随着灌溉水施用，可结合滴灌、喷灌施肥，省时、省水、省肥，又减轻了劳动强度。

**(1) 含腐植酸肥料的作用** 第一，含腐植酸水溶肥料改善土壤肥力状况。腐植酸是多孔性物质，有利于土壤团粒结构的形成，改善土壤结构，增加土壤中有机质的含量，能有效地改善土壤水、肥、气、热状况，提高土壤保墒能力，并使土壤保持良好的通气条件和温热状况，使土壤变得疏松肥沃。腐植酸为两性胶体物质带电量大，施入土壤后同时提高土壤阳离子交换能力和缓冲能力，调节土壤酸碱度，从而增强土壤的保肥供肥及缓冲能力，有利于养分的释放和保存，有利于耕作及作物根系的生长发育。

第二，含腐植酸水溶肥能够刺激植物的生长。腐植酸含有多种活性基团，可增强作物体内过氧化氢酶、多酚氧化酶等的活性，刺激植物生理代谢，促进种子早发芽，出苗率高，幼苗发根快，根量多，根系发达，提高根系活力，茎、枝叶健壮繁茂，光合作用加强，加速养分的运转和吸收。

第三，含腐植酸水溶肥可增强肥效。腐植酸含有羧基、酚羟基等活性基，有较强的交换与吸附能力，能减少铵态氮的损失，增施腐植酸，提高氮肥特别是尿素的利用率。腐植酸与尿素作用可生成络合物，对尿素的缓释增效作用十分明显；腐植酸还能抑制脲酶的活性，减缓尿素分解，减少氨的挥发，可使氮利用率提高 6.9%～11.9%，后效增加 15%。

腐植酸对磷肥的增效作用表现在两个方面：其一是与磷肥形成腐植酸-金属-磷酸盐络合物，从而防止土壤对磷的固定，磷肥肥效可提高 10%～20%，吸磷量提高 28%～39%；其二是能够提高土壤中磷酸酶的活性，从而使土壤中的有机磷转化为有效磷。

腐植酸对钾肥具有增效作用。腐植酸是一系列酸性物质的复杂混合物，其酸性功能可吸收和贮存钾离子，减少钾的流失，并可避免因长期使用无机钾遗留阴离子对土壤造成的不良影响。腐植酸可促使难溶性钾的释放，提高土壤速效钾特别是水溶性钾的含量，同时还可减少土壤对钾的固定。

腐植酸还能提高土壤中微量元素的活性，一些微量元素如硼、钙、锌、锰、铜等多以无机盐形式施入土壤，易转化为难溶性盐，使其利用率降低，甚至完全失效。腐植酸可与金属离子间发生螯合作用，使其成为水溶性腐植酸螯合微量元素，从而提高植物对微量元素的吸收与运转，这种作用是无机微量元素所不具备的。

腐植酸还能促使固氮菌、真菌、芽孢杆菌、黑曲霉菌、灰绿青霉菌等微生物生长。

第四，含腐植酸水溶肥可提高农药药效，减少药害，保护环境。腐植酸对植物某些病菌有很好的抑制作用。施用腐植酸在防治枯萎病、黄萎病、霜霉病、根腐病等方面效果达 85%以上。而且，腐植酸的无毒、无副作用是许多农药望尘莫及的，有助于提高蔬菜自身的抗逆防衰能力。

腐植酸对农药的缓释增效作用，可降低农药的使用量。腐植酸不仅可单独作为农药，还可以与农药混用，其与有机、无机磷农药复合可使有机磷分解率大大降低。这是由于腐植酸分子中含有较多的亲水基团，与农药混合能有效地发挥其良好的分散、乳化作用，从而有助于提高农药活性。此外，腐植酸具有很大的内表面积，对有机、无机物均有很强的吸附作用，与农药配伍，会形成稳定性很高的复合体，从而对农药起到缓释作用。腐植酸与农药复合，可使农药用量减少1/3～1/2，药效延缓3～7d。而且，腐植酸与农药复配后，其毒性大大降低，这对于减少环境污染、发展无公害农作物生产具有重要的意义。

第五，含腐植酸水溶肥具有抗旱、抗寒、抗病，增强作物抗逆性，提高产量的作用。由于腐植酸还具有喷洒在叶面上后，可缩小叶面气孔的开张度，减少植物叶面水分蒸腾作用，使农作物抗旱能力提高，保证作物在干旱条件下能正常生长。节水能力可提高30%，节水保墒的效果仅次于地膜覆盖所产生的效果。

腐植酸被植物吸收后易被细胞膜吸附，改变细胞膜的渗透性，促进无机养分的吸收。同时，由于腐植酸是两性胶体，表面活性大，使细胞渗透性和膨胀压增加，提高细胞液浓度而增强植物抗寒性。腐植酸能强烈刺激愈伤组织细胞的繁殖，促进愈伤组织的生长，同时还有对真菌的抑制作用，因此防治腐烂病、根腐病比化学药物有显著疗效。腐植酸的存在为土壤有益微生物提供了优良环境，有益种群逐步发展为优势种群，抑制有害病菌的生长，再加上植物本身由于土壤条件优良而生长健壮，抗病能力加强，因而大大减少病虫害特别是土传病害的发生和危害。

腐植酸一般可使作物增产10%以上。

第六，含腐植酸水溶肥能够改善作物品质，提高农产品的质量。腐植酸可与微量元素形成络合物或螯合物，调节大量元素和微量元素的比例，加强酶对糖分、淀粉、蛋白质及各种维生素的合成和转运，使多糖转化成可溶性的单质糖，使淀粉、蛋白质、脂肪物质的合成积累增加，使果实饱满、厚实、甜度增加。

**（2）腐植酸肥料的应用** 含腐植酸水溶性肥料与传统的过磷酸钙、造粒复合肥等品种相比具有明显的优势。其主要特点是用量少，使用方便，使用成本低，作物吸收快，营养成分利用率极高。它是一种速效性肥料，可以完全溶解于水中，能被作物的根系和叶面直接吸收利用，采用水肥同施，以水带肥水肥一体化，它的有效吸收率高出普通化肥一倍多；而且肥效快，可解决高产作物快速生长期的营养需求。

含腐植酸水溶肥作为一种新型肥料，与传统肥料相比不但配方多样，施用方法也非常灵活。可以土壤浇灌，让植物根部全面接触到肥料；可以叶面喷施，通过叶面气孔进入植物内部，提高肥料吸收利用率；也可以滴灌和无土栽培，节约灌溉水并提高劳动效率。

要想合理使用含腐植酸水溶肥，还得掌握一些施肥原则。含腐植酸水溶肥料虽然施用方法十分简便，不但节约了水、肥和劳动力，提高了肥料利用率，而且见效快，一般2～3天即可被完全吸收，一周左右即可看见明显效果。但是，水溶肥料对施肥时期要求相对较为严格，特别是叶面施肥，应选择在植物营养临界期施肥，才能发挥此类产品的最佳效果。

此外，在施肥过程中，要结合含腐植酸水溶肥料的特点，掌握一定的施肥技巧。避免直接冲施，要采取二次稀释法。由于水溶肥料有别于一般的复合肥料，所以农民就不能够按常规施肥方法，造成施肥不均匀，出现烧苗伤根、苗小苗弱等现象，二次稀释保证冲肥均匀，提高肥料利用率。还要严格控制施肥量，少量多次，是最重要的原则，可以满足植物不间断吸收养分的特点。水溶肥比一般复合肥养分含量高，用量相对较少。由于其速效性强，难以在土壤中长期存留，所以要严格控制施肥量。

含腐植酸水溶肥料使用范围：蔬菜、瓜果、茶叶、棉花、水稻、小麦等各种粮食作物和经济作物均可使用，特别适宜生产绿色食品和有机食品使用。也可用作园林、苗圃、花卉、草坪等的专用肥。

含腐植酸水溶肥料一般施用方法与用量：根外喷施一般浓度为0.01%～0.05%，在作物花期喷施2～3次，每亩每次喷施量为50L水溶液，喷洒时间应选在下午14：00～16：00效果好。做基肥固体腐植酸肥料，一般每亩用量100～150kg。腐植酸溶液做基肥施用时，浓度为0.05%～0.1%，每亩用量250～400L水溶液，可与农家肥料混合在一起施用，沟施或穴施均可；做追肥施用时，在作物幼苗期和抽穗期前，每亩用0.01%～0.1%浓度的水溶液250L左右，浇灌在作物根系附近。水田可随灌水时施用或水面泼施，能起到提苗、壮苗、促进生长发育等作用。追肥的时候，一定要按照说明书上的用量使用，浓度过高，会造成浪费，浓度过低，起不到应有的效果。对于像芹菜、菠菜等叶菜类的蔬菜，一般在苗期追肥一次就可以了，而对于像黄瓜、西红柿、茄子等连续收获的果菜，可以在每茬收获后，冲施一次，有利于促进生长发育，延长结果期。

注意事项：含腐植酸水溶肥料可与大多数农药混用，但避免与强碱性农药混用。有机农业是在生产过程中不使用或尽量少使用化学合成的农药、化肥、生长调节剂等物质，是遵循自然规律和生态学原理，采取一系列可持续发展的农业技术，维持农业生态系统持续稳定的一种农业生产方式，其核心是通过自然的生物措施，维持和提高土壤肥力，达到可持续利用的目的。含腐植酸水溶肥料正好符合有机农业的要求，能够促进有机农业的发展，其也必将在农业生产中发挥巨大的作用。

## 四、水溶性肥料品种的选择

### 1. 根据肥料性质选择水溶性肥料种类

肥料是调节作物营养的重要物质，不同的肥料有着不同的性质。在叶面施肥时，同一营养元素的肥料而不同的品种，被作物叶片吸收的速率是不同的。如氮肥叶片吸收的速率为尿素＞铵盐＞硝酸盐；钾肥叶片吸收的速率为氯化钾＞硝酸钾＞磷酸二氢钾；硼肥叶片吸收的速率为硼砂＞硼酸；锌肥叶片吸收的速率为硫酸锌＞氯化锌；铁肥叶片吸收的速率为硫酸亚铁＞硫酸亚铁铵。通常无机盐类比有机盐类吸收速率快。因此，在叶面喷肥时应依据肥料的特性，科学合理地选用水溶性肥料种类，在同一营养元素的肥料中尽量选用叶片吸收速率快的品种，以发挥肥料叶面喷施的最大效果。

**2. 根据土壤养分状况选择水溶性肥料种类**

作物植株主要是从土壤中吸收营养元素的，土壤中的养分含量对植物体的生长起着决定性作用。因此，在确定选择水溶性肥料种类前，要先测定土壤中养分的含量及土壤酸碱性，有条件的也可以测定植物体中营养元素的存在情况，或根据植株缺素症的外部特征，确定水溶性肥料的种类及用量。一般认为，在基肥施用不足时，或土壤微量元素有效性低，出现微量元素缺素症时，可选用以微量元素为主的水溶性肥料。也可以根据作物的长势和长相来决定水溶性肥料种类的选择。若作物生长缓慢、瘦弱、矮小、叶色发黄，属于缺氮，叶面喷施的肥料应以氮为主，搭配少量磷、钾肥；反之，若植株叶大、嫩绿、节间长，氮素营养充足，叶面喷施就应改为以磷、钾肥为主。

**3. 根据施肥目的选择水溶性肥料种类**

作物的生长发育及营养状况或作物对养分的不同需求决定水溶性肥料的组成成分与品种。每种作物都有自己的营养特性，对养分都有各自的营养要求，即使同一种作物在不同的生长阶段中，也因不同器官、环境条件有所差别，表现出对营养元素的种类、数量和比例等方面有不同的要求，因此，水溶性肥料成分要根据作物具体实际情况来确定。在作物生长初期，为促进其生长发育，应选择调节型水溶性肥料；若作物营养缺乏或生长后期根系吸收能力衰退，应选用应用型水溶性肥料；麦苗由于土壤原因致使根系发育不良而造成三类苗，喷施磷可促进根系发育使麦苗升级；棉花落蕾落铃与硼营养不足有关，在现蕾期叶面喷施硼肥2～3次，可防止落蕾落铃；芹菜的“裂茎病”也是缺硼引起的，可以喷施硼砂或硼酸防治；番茄筋腐病与缺钾有关，可在坐果后15～20d喷施磷酸二氢钾2～3次；水稻、玉米喷施锌可以防止水稻僵苗、玉米白苗病；应用芸苔素可使蔬菜提前成熟上市，降低纤维素含量，改善口感，提高糖度。在北方石灰性土壤上植物容易发生缺铁，喷施硫酸亚铁溶液可矫正作物的缺铁黄化症状；南方酸性土壤种植的花生、大豆喷施含钼肥料，可以提高含油率和蛋白质含量。因此，要根据肥料性质、土壤与目的作物的特点以及施肥目的等来选择水溶性肥料，这样施肥才能做到“对症下肥”“有的放矢”。

## 五、水溶性肥料的鉴别

**1. 看外包装标识**

看外包装标识是否规范，了解产品名称、有效成分名称含量、生产企业和生产地址、肥料登记号、执行标准号、净重、生产日期、适用作物、使用方法等，先从外观上进行简易识别。农业部规定，所有的肥料商品必须实行一厂一证，不允许借证套证。一些厂家在没有厂房、没有技术、没有设备、没有肥料登记证的前提下私自生产，编造肥料登记证以混淆视听，所以购买者可以登录国家化肥质量监督检测中心网址，输入该登记证号查验真伪。如果在官网上没有查到该产品登记证号，须谨慎购买。

**2. 看溶解情况**

鉴别水溶肥的水溶性只需要把肥料溶解到清水中，看溶解情况。若全部溶解没有沉淀，溶液清澈透明，说明产品质量好，有效养分高，养分易于被作物吸收。若不能完全溶解有沉淀，说明该产品水不溶物含量高，品质差，在进行水分一体化施肥或叶面喷施时，易堵塞灌溉设施喷头及喷雾器喷头，作物对养分的利用率也不高。如果清澈透明，那表明水溶性很好，反之就差。

**3. 看密度**

真正好的水溶肥产品密度都在1.3kg/L，也就是说，100mL的液体水溶肥，实际质量应该在130g左右。

**4. 看剂型和干燥度**

目前市场上有固体和液体水溶肥两种类型，一般固体优于液体。固体又分颗粒状和粉状两种，颗粒状的要优于粉状的，因为颗粒状的经过特殊工艺加工而成，具有施用方便、干燥程度高以及易于保存等特点。

## 六、水溶性肥料的贮存

水溶肥料应贮存于阴凉干燥处，运输过程中应防压、防晒、防渗、防包装破损。

# 第二节 叶面肥料

## 一、叶面肥料定义

**1. 叶面肥料**

作物主要通过根系吸收土壤或营养液中的营养，供给作物生长发育。除根系外，作物还可以通过茎叶（尤其是叶片）吸收养分。在作物生长期间，这种非根系吸收营养的现象就是作物的根外营养。用喷洒肥料溶液的方法，使植物通过叶子获得营养的措施叫做根外追肥，或称叶面施肥。因此，用于叶面施肥的肥料就叫做叶面肥。

近年来，随着施肥技术的发展，叶面施肥作为强化作物的营养和防止某些缺素症状的一种施肥措施，已经得到迅速推广和应用。实践证明，叶面施肥是肥效迅速、肥料利用率高、用量少的施肥技术之一。

**2. 叶面肥的种类**

目前，叶面肥的种类繁多，特别是商品名称更是多种多样。比如喷施宝、增产灵、丰产灵、壮苗素、植物活力素、农丰壮、高效叶面肥、谷粒饱、氨基酸肥、矮壮素等植物生长调节剂类等，林林总总。目前叶面肥主要类型有营养型叶面肥、氨基酸加营养元素型叶面肥、腐植酸加营养元素型叶面肥、植物生长调节剂加营养元素型叶面肥、生物提取物型叶面肥、药肥型叶面肥和复合型叶面肥。

**(1) 营养型叶面肥** 此类叶面肥含有作物生长所必需的大量元素和微量元素，溶于水配成一定浓度的溶液，喷施于作物叶面，其主要功能是为作物提供各种营养元素，起补充营养的作用，促进作物生长。根据其有效元素含量的不同又可以分为单质叶面肥和复合叶面肥，单质叶面肥如尿素、硫酸锌、硼酸等只含有一种营养元素；复合叶面肥指含有两种或两种以上元素，如磷酸二氢钾、多元微肥以及同时含有大、中、微量元素的叶面肥等。市场上出售的叶面肥一般都含有几种甚至十几种作物生长所需的大量元素及中、微量元素，都是起营养作用。除了植物必需的营养元素外，有些营养型叶面肥还会添加助剂，如表面活性剂。其作用是减少叶面肥雾滴接触叶面时的表面张力，使肥料养分易于黏附于叶表，减少损失，增加叶面的吸收，尤其是对叶表面蜡质厚、绒毛少的叶片（如果树）更重要。常用的有烷基苯磺酸盐和烷基磷酸酯等。叶面肥中的助剂可添加在原液中，也可在稀释使用时加入。

**(2) 氨基酸加营养元素型叶面肥** 氨基酸是组成蛋白质的基本单位，是重要的生物物质。氨基酸是一种两性化合物，在水溶液中可由羧基解离出氢离子，也可由氨基解离出羟基离子，对生物膜具有较好的透性，分子量较小的氨基酸如丙氨酸、甘氨酸较易被植物吸收。氨基酸对金属微量营养元素如铁、锰、铜、锌等具有螯合性，由此增强这些金属离子的溶解性和对植物的有效性。

含氨基酸肥料加工原料来源有植物性的如大豆、饼粕及其发酵产物、生产豆制品和粉丝的下脚等，还有动物性的如皮革、毛发、蹄角料、鱼粉、鱼杂及屠宰场下脚料等。生产工艺有酸水解和发酵法等。实践表明，肥料中的氨基酸在肥效和改善农产品品质方面，动物性的好于植物性的，含完全氨基酸的好于不完全的或只含一种氨基酸的肥料，由发酵工艺生产的好于酸解生产的氨基酸肥料。目前国家颁布的含氨基酸肥料的标准有 GB/T 17419—1998《含氨基酸叶面肥料》和 NY 1429—2010《含氨基酸水溶肥料》（有中量元素型和微量元素型）。

**(3) 腐植酸加营养元素型叶面肥** 腐植酸是以风化煤、褐煤或草炭等为原料经化学处理得到的具有生物活性的高分子有机化合物。根据在各种溶剂中的溶解度的不同，分为三部分，即棕腐酸溶于丙酮、乙醇，黄腐酸溶于水和稀酸，黑腐酸只溶于碱的部分。根据生产工艺不同，目前腐植酸的常见产品有腐植酸钠(钾)、腐植酸铵、黄腐植酸、硝基腐植酸、腐植酸铜等。腐植酸和金属离子之间有交换、吸附、配合、凝聚、胶溶等作用。利用腐植酸和营养元素相混配，可以制成腐植酸型叶面肥。

**(4) 植物生长调节剂加营养元素型叶面肥** 植物在其生长过程中，不但能合成许多营养物质与结构物质，同时也产生一些具有生理活性物质，称为内源植物激素。这些激素在植物体内含量虽很少，却能调节与控制植物的正常生长和发育。诸如细胞的生长分化、细胞的分裂器官的建成、休眠与萌芽、植物的趋向性、感应性以及成熟、脱落、衰老等，无不直接或间接受到激素的调控。人工合成的一些与天然植物激素有类似分子结构和生理效应的有机物质，叫作植物生长调节剂。

目前生产上常用的植物生长调节剂有：

① 生长素类：如萘乙酸、吲哚乙酸、防落素、2,4-D、增产灵、复硝钾、复硝酸-钠、复硝铵、复硝酚钠、DA-6 等。

② 赤霉素类。目前已发现 108 种，生产上应用的主要是赤霉酸（GA3）及 GA4、GA7 等。

③ 细胞分裂素类，如 5406。

④ 乙烯利（乙烯磷、一试灵）。

⑤ 植物生长抑制剂或延缓剂有矮壮素，丁酰肼（比久）、甲哌鎓（缩节胺）、多效唑、整形素等。

此外，还有油菜素内酯、玉米健壮素、茉莉酸（JA）等。

植物生长调节剂类叶面肥料，有时还添加水溶性的维生素，如较为稳定的维生素 $B_1$ 和维生素 $B_2$，含这类物质的叶面肥，须注意生产日期，防止发霉变质。

值得注意的是，植物生长调节剂大多具有促进生长和抑制生长的两重作用，使用者一定按要求浓度使用，正确使用方法进行配制和施用，否则极易造成药害和影响。

**(5) 生物提取物型叶面肥** 由不同生物体，如海藻、蚯蚓、树木，甚至甘蔗渣、秸秆发酵料中提取的原液或稀释液，对作物往往具有一定的营养作用和生理调节作用。我国已先后应用过由椴树干馏物分离的产物，甘蔗渣发酵的产物，海藻和蚯蚓提取物作为叶面肥料施用。

海藻酸类叶面肥是一类天然有机叶面肥，主要原料是海洋藻类，对植物根部发育、新陈代谢、水分与养分吸收等具有促进作用，同时利于植物细胞分裂和伸长，用于茶树可增强茶树的抗逆性，提高鲜叶产量，改善茶叶品质。

天然糖醇是光合作用的初产物，可从植株韧皮部提取获得，属于功能性糖类。糖醇与微量元素形成的螯合物分子量较低，有利于作物吸收利用。加之，糖本身具有渗透和湿润功能，叶片喷施后能较好地附于叶面并迅速扩展，从而增大叶片的吸收面积。含糖醇类叶面肥能提高植株抵抗能力，减少日灼、盐害、淹水、干旱等逆境胁迫的影响。

又如由甲壳素酶解或水解而成的壳寡糖，也称己丁寡糖，是一种氨基葡萄糖（葡萄糖胺）类型的聚糖，不仅对植物，而且对人和畜禽也有较好的生物活性，已被广泛应用于医药、食品、饲料等行业，其初制品也可用作叶面肥的成分。这些由天然提取或转化的生物活性物质，可单独作为叶面肥使用，但更多的是将其与化肥养分、其他生长调节剂等复配应用。但由于有的产品价格较高，有的肥效不够稳定，因而产品生命期不长，实际应用面积不大。

**（6）药肥型叶面肥** 在叶面肥料中，除了营养元素成分外，还可加入一定数量和不同种类的农药或除草剂，对作物喷施后不仅有肥料效果，促进作物生长发育，而且有防病、治虫、除草的效果。

药肥是指由农药和肥料结合的一种肥料，药肥可分为除草专用肥、除虫专用肥、杀菌专用肥等。在施用药肥时，应尽量避免和减少药害或毒害。根据作物生物学特性、农药与肥料的可配性、作物对药剂的忍受能力、防治对象的发生规律、生活习性、气候条件等因素进行配制和施用，从而有效地预防病、虫、杂草等有害生物，既对人、畜、作物安全，又能达到增产效果，省工又省时。随着农业科学施肥技术的发展，药肥类叶面肥品种将会更多，应用更广泛。

**（7）复合型叶面肥** 复合型叶面肥料种类繁多，复合、混合形式多样，其功能亦有多种，既可为作物提供养分，又可刺激和调节作物生长发育，同时还可防病虫草害等。

## 二、叶面肥料的优点与缺点

### 1. 叶面肥料的优点

**（1）弥补根部施肥的不足** 叶面肥是一种用肥少、吸收快，及时弥补根部营养不足的一种施肥方式。在作物生长后期，根系吸收养分的能力减弱，或在土壤干旱时期，土壤过酸、过碱，造成作物根系吸收受阻，而作物又需要迅速恢复生长，如果以根施方法不能及时满足作物需要时，只有采取叶面喷施，才能迅速补充营养，满足作物生长发育的需要。对于地膜覆盖的作物，若基肥施用量不足，土壤追肥难以进行，此时，宜选用叶面施肥，以补充作物对养分的需求。

**（2）针对性强，作物缺什么就补什么** 植物生长发育过程中，如果缺乏某一种元素，它的缺素症会很快从叶面上反映出来。如果采用土壤施肥需要一定的时间，养分才能被作物吸收，不能及时缓解作物的缺素症状。这时采用叶面施肥，则能使养分迅速通过叶片进入植物体，解决缺素的问题。无论是大量元素还是微量元素，根据作物叶片缺素特征，缺什么元素，就及时通过喷施相应的叶面肥，改善作物营养。例如，作物缺氮素时，往往出现苗黄；缺磷素时，苗发红；缺锌时，禾本科作物的白苗病、果树的小叶病等。

**(3) 养分吸收快，肥效好** 通过叶面喷施叶面肥，养分不需要经过根系吸收、茎秆运输等漫长的运输过程，直接被叶面吸收进入植物体，通过筛管、导管或胞间连丝进行转运，距离近，所以养分吸收快。如喷施尿素 1～2d 即能产生效果，而在土壤中施用尿素需要 4～6d 才能看到效果；据试验，喷施 2%浓度的过磷酸钙浸提液，经过 5min 后便可运转到植株各个部位，而土施过磷酸钙，15d 后才能达到此效果。在玉米 4 叶期叶面喷施锌肥、3.5h 后上部叶片吸收达 11.9%，中部叶片达 8.3%，下部叶片达 7.2%，48h 后，上部叶片吸收已达 53.4%。大豆、扁豆叶片喷叶面肥，24h 后 50%已被吸收。

土壤施肥，由于肥料挥发、流失、渗漏、固定等原因，肥料利用率低，同时还有部分养分被田间杂草吸收。某些肥料，如磷、铁、锰、铜、锌肥等，如果作根施，易被土壤固定，而降低肥效，而采用叶面喷施就不会受土壤条件的限制。再比如，氮素肥料施入土壤不被植物吸收而损失的途径有氨的挥发损失、硝酸根的淋溶损失及反硝化损失等。还有一些深根系作物如果树，某些营养元素吸收量比较少，如果采用传统的施肥方法难以施到根系吸收部位，也不能充分发挥其效果，而叶面喷施则可直接被吸收，从而提高了肥效。肥料中的一些生理活性物质在土壤易分解、转化而影响效果，叶面肥就可避免这些弊端。

**(4) 施肥量少，经济合算** 叶面施肥一般用量是土壤施肥用量的 10%～20%，可大大减少肥料的投资，尤其是对一些微量元素肥料，每亩或每公顷施用量只有几十克或几百克，土壤施肥很难做到均匀施肥，通过叶面施肥可以避免因过量施肥或施肥不均而影响作物正常生长。此外，叶面肥可以与农药混施，省工省时。

**2. 叶面肥料的缺点**

由于受叶片养分吸收特点的限制，叶面吸收养分只占植物所需养分的一部分，所以，叶面施肥只是农业生产中用以提高农产品产量和改善品质的众多措施中的一种，是解决某些特殊问题而采用的辅助性措施，在应用中存在一些不足和问题，具有一定的局限性，主要表现在以下几个方面：

① 相对根部土壤施肥供应养分来说，叶面喷施供应养分的效果比较短暂；

② 养分进入叶肉组织的渗透率较低，尤其是对那些叶片角质层较厚的植物，如柑橘、咖啡、甘蓝等；

③ 由于叶片表面的疏水性，喷施到叶片表面的养分溶液易于滑落流失；

④ 受气候条件影响较大，易于发生雨水冲洗而导致养分流失；

⑤ 喷施液于叶片表面迅速干燥，阻碍了叶片养分吸收；

⑥ 叶面一次喷施所能提供的养分总量有限，特别是对大量养分氮、磷、钾

的供应；

⑦ 某些矿质元素，尤其是移动性差的元素，从吸收部位（主要是成熟叶片）向作物其他部位的转移率较低（如钙）；

⑧ 容易发生叶片损伤，如枯斑和“灼伤”。喷施养分种类或养分浓度不适宜（一般是养分浓度过高），所造成的叶片伤害是叶面施肥中一个严重而常见的实际问题，这主要是因叶组织局部养分不平衡所引起的，而且叶面施肥效果在很大程度上依赖于作物的类型和叶面积的大小，对作物幼苗期和叶面积较小的作物，施用效果较差。

叶面肥尽管优点很多，但是不能完全取代基肥和根部追肥。农作物施肥主要靠土壤施肥。因为根部比叶部有更大更完善的吸收系统，尤其对大量元素氮、磷、钾来说，更应以土壤施肥为主，据测定要10次以上叶面施肥才能达到根吸收养分的总量。因此叶面施肥不能完全替代作物的根部施肥，必须与根部施肥相结合。叶面施肥只是作为辅助追肥，在施足基肥的基础上，适当进行根部追肥的情况下，适当地进行几次科学的叶面施肥，能够有效地提高作物产量和品质。但是叶面施肥工作比较麻烦，花费劳动力也比较多，同时易受气候条件影响，也因作物种类和生育期不同，叶面施肥效果差异较大。因此，必须在根部施肥的基础上，正确应用叶面施肥技术，才能充分发挥叶面肥的增产、增收作用。

## 三、叶面肥料的选择和施用

### 1. 叶面肥料的选择

喷施叶面肥的目的是增加产量、改善品质和增强抗逆性。所以在施用叶面肥时，首先要明确施肥的目的和土壤、作物特点，不能盲目施用。

在选购叶面肥时，应注意包装标明的叶面肥类型和功能，确保叶面施肥目的与叶面肥功能一致；同时还应注意产品有无农业部颁发的叶面肥登记证号及产品标准证号，以确保叶面肥质量和施用效果。施用叶面肥时还要认清是否含有大量激素，叶面肥如果含有大量激素会导致植株早衰，还会导致植株后期产量降低，品质下降。

**（1）根据肥料性质选择叶面肥** 肥料是调节作物营养的重要物质，不同的肥料有着不同的性质。在叶面施肥时，同一营养元素的肥料而不同的品种被作物叶片吸收的速率是不同的。如氮肥叶片吸收的速率为尿素＞铵盐＞硝酸盐；钾肥叶片吸收的速率为氯化钾＞硝酸钾＞磷酸二氢钾；硼肥叶片吸收的速率为硼砂＞硼酸；锌肥叶片吸收的速率为硫酸锌＞氯化锌；铁肥叶片吸收的速率为硫酸亚铁＞硫酸亚铁铵。通常无机盐类比有机盐类吸收速率快。因此，在叶面喷肥时应依据肥料的特性，科学合理地选用水溶性肥料种类，在同一营养元素的肥料中尽量选用叶片吸收速率快的品种，以发挥肥料叶面喷施的最大效果。

**(2) 根据土壤和施肥情况选择叶面肥** 作物主要是从土壤中吸收营养元素的，土壤中元素的含量对植物体的生长起着决定性作用，叶面肥作为土壤施肥的一种有益补充，在选择叶面肥的种类之前，一定先要了解作物经过土壤施肥后，还缺乏哪些营养元素。有条件的可以通过专业的测试分析，测定土壤中养分的含量及土壤酸碱性以及植物体中养分含量状况，进行营养诊断。在北方石灰性土壤上植物容易发生缺铁，喷施硫酸亚铁溶液可矫正作物的缺铁黄化症状；南方酸性土壤种植的花生、大豆喷施含钼肥料，可以提高含油率和蛋白质含量。也可以根据缺素症的外部特征，判断作物缺乏哪些营养元素。对症选肥，减少施肥的盲目性。

叶面肥的营养元素主要是弥补土壤施肥的不足，或是平衡作物营养，或是在作物某一生长时期缓解临时性的供不应求，所以选用叶面肥时，一般认为在基肥施用不足的情况下，可以选用氮、磷、钾为主的叶面肥。在基肥施用充足时，可选用微量元素为主的叶面肥，也可根据作物的不同生长特点选用含有生长调节物质的叶面肥。

**(3) 根据作物生长发育时期及长势或营养状况选择叶面肥** 根据作物在各个生长时期所需要的养分而选用相应的肥料，有针对性地补给。如营养生长期需以补氮肥为主，同时需配以钾肥效果才好；营养生长和生殖生长并进时增补钾肥，确保植株茁壮成长；以生殖生长为主的生长后期需要补磷肥；为促进早期发育或后期增加千粒重，可喷施氮肥和磷肥；为增大叶面积，促进营养体生长可选喷氮肥和钾肥；为防治因缺乏某种微量元素而导致的生理病害可有针对性地喷施某种微肥或其他含有特殊成分的叶面肥（如含氨基酸的叶面肥、含腐植酸的叶面肥、含生长调节剂的叶面肥等）。微量元素水溶肥全生育期都可应用；含腐植酸水溶肥，抗病、抗旱、抗逆效果好。若作物生长缓慢、瘦弱、矮小、叶色发黄，属于缺氮，叶面喷施的肥料应以氮为主，搭配少量磷、钾肥；反之，若植株叶大、嫩绿、节间长，氮素营养充足，叶面喷施就应改为以磷、钾肥为主。

**(4) 根据施肥目的选择叶面肥** 见前面相关内容。

下面列举一些作物缺素症的表现供参考：

缺氮：当作物叶片出现淡绿色或黄色时，即表示作物有可能缺氮。这是因为作物缺氮时，蛋白质合成受阻，导致蛋白质和酶的数量下降，植株生长过程延缓；又因叶绿体结构遭破坏，叶绿素合成减少而使叶片黄化。苗期表现为植株矮小、瘦弱，叶片薄而小。禾本科作物表现为分蘖少，茎秆细长；双子叶作物则表现为分枝少。作物生长后期若继续缺氮，禾本科作物则表现为穗短小，穗粒数少，子粒不饱满，并易出现早衰而导致产量下降。许多作物在缺氮时，自身能把衰老叶片中的蛋白质分解，释放出氮素并运往新生叶片中供其利用。这表明氮素是可以再利用的元素。因此，作物缺氮的显著特征是植株下部叶片首先褪绿黄化，然后逐渐向上部叶片扩展。

缺磷：当作物缺磷时由于各种代谢过程受到抑制，植株生长缓慢，延迟成熟。叶片变小、叶色暗绿或灰绿，或夹杂有紫色素，缺乏光泽，严重缺磷时，叶片枯死脱落，症状先从老叶表现出来。缺磷时，禾谷类作物分蘖延迟或不分蘖；延迟抽穗、开花和成熟；穗粒数少，籽粒不饱满。

缺钾：表现出植株生长缓慢、矮化。缺钾症状通常在植物生长发育的中、后期才表现出来。严重缺钾时，植株首先在植株下部老叶上出现失绿并逐渐坏死，叶片暗绿无光泽。双子叶植物叶脉间先失绿，沿叶缘开始出现黄化或有褐色的斑点或条纹，并逐渐向叶脉间蔓延，最后发展为坏死组织。单子叶植物叶尖先黄化，随后逐渐坏死。植物出现褐色坏死组织与缺钾体内有腐胺积累有关。植物缺钾时，根系生长明显停滞，细根和根毛生长很差，易出现根腐病。

缺钙：植物的根尖和茎尖生长点严重受到破坏或死亡。根系易腐烂成黏糊状，幼叶不能伸展，呈线状。植株生长停滞。缺钙时植物生长受阻，节间较短，因而一般较正常生长的植株矮小，而且组织柔软。缺钙植株的顶芽、侧芽、根尖等分生组织首先出现缺素症，易腐烂死亡，幼叶卷曲畸形，叶缘开始变黄并逐渐坏死，例如缺钙使甘蓝、白菜和莴苣等出现叶焦病；番茄、辣椒、西瓜等出现脐腐病；苹果出现苦痘病和水心病。

缺镁：当植物缺镁时，其突出表现是叶绿素含量下降，并出现失绿症。由于镁在韧皮部的移动性较强，缺镁症状常常首先表现在老叶上，如果得不到补充，则逐渐发展到新叶。缺镁时，植株矮小，生长缓慢。双子叶植物叶脉间失绿，并逐渐由淡绿色转变为黄色或白色，还会出现大小不一的褐色或紫红色斑点或条纹；严重缺镁时，整个叶片出现坏死现象。禾本科植物缺镁时，叶基部叶绿素积累出现暗绿色斑点，其余部分呈淡黄色；严重缺镁时，叶片褪色而有条纹，特别典型的是在叶尖出现坏死斑点。

缺硫：植株缺绿，叶脉呈黄色，叶肉保持绿色。顶端的幼叶受害较老叶早。叶片细长，生长缓慢。缺硫时蛋白质合成受阻导致失绿症，其外观症状与缺氮很相似，但发生部位有所不同。缺硫症状往往先出现于幼叶，而缺氮症状则先出现于老叶。缺硫时幼芽先变黄色，心叶失绿黄化，茎细弱，根细长而不分枝，开花结实推迟，果实减少。此外，氮素供应也影响缺硫植物体内硫的分配。在供氮充分时，缺硫症状发生在新叶；而在供氮不足时，缺硫症状发生在老叶。这表明硫从老叶向新叶再转移的数量取决于叶片衰老的速率，缺氮加速了老叶的衰老，使硫得以再转移，造成老叶先出现缺硫症。缺硫的特征因作物不同而有很大的差异。豆科作物特别是苜蓿需硫比其他作物多，对缺硫敏感。苜蓿缺硫时，叶呈淡黄绿色，小叶比正常叶更直立，茎变红，分枝少。大豆缺硫时，新叶呈淡黄绿色；缺硫严重时，整株黄化，植株矮小。十字花科作物对缺硫也十分敏感，如四季萝卜常作为鉴定土壤硫营养状况的指示植物。油菜缺硫时，叶片出现紫红色斑块，叶片向上卷曲，叶背面、叶脉和茎等变红或出现紫色，植株矮小，花而不实。小麦缺硫时，新叶叶脉间黄化，但老叶仍保持绿色。玉米早期缺硫时，新叶和上部叶片叶脉间黄化；后期继续缺硫时，叶缘变红，然后扩展到整个叶面，茎基部也变红。水稻秧苗缺硫时根系明显伸长，拔秧后容易凋萎，移栽后返青慢。如果继续缺硫，叶尖干枯，叶片上出现褐色斑点，分蘖减少，抽穗不整齐，生育期推迟，空壳率增加，千粒重下降。

缺铁：植物缺铁总是从幼叶开始。典型的症状是在叶片的叶脉间和细胞网状组织中出现失绿现象，在叶片上往往明显可见叶脉深绿而脉间黄化，黄绿相间相当明显。缺铁严重时，幼叶全部变为黄白色，而老叶仍为绿色。

缺锰：中上部叶片黄化，叶脉保持绿色，叶肉黄化形成黄色小斑点。缺锰严重时形成干枯的褐色小斑点，叶片变小。燕麦对缺锰最为敏感，常出现燕麦“灰斑病”，因此常用它作为缺锰的指示作物。豌豆缺锰会出现豌豆“杂斑病”，并在成熟时，种子出现坏死，子叶表面出现凹陷。果树缺锰时，一般也是叶脉间失绿黄化（如柑橘）。缺锰有时会影响植物的化学组成，如缺锰的植株中往往有硝酸盐积累。向日葵缺锰时体内有氨基酸积累。这些变化均可作为缺锰诊断时的参考。

缺钼：在缺钼的叶片中有大量的硝酸盐积累，产生毒害，叶组织死亡形成黄斑，称为黄斑病。还有一种叫“尾鞭病”，其叶子先出现透明状灰绿色斑点，然后斑点坏死成穿孔，随着叶片的长大，形成长形而不规则的叶片，很像动物的尾巴和鞭子。

缺硼：硼具有多方面的营养功能，因此植物的缺硼症状也多种多样。缺硼植物的共同特征可归纳为茎尖生长点生长受抑制，严重时枯萎，直至死亡；老叶叶片变厚、变脆、畸形，枝条节间短，出现木栓化现象；根的生长发育明显受影响，根短粗兼有褐色；生殖器官发育受阻，结实率低，果实小，畸形，缺硼导致种子和果实减产，严重时有可能绝收。对硼比较敏感的作物常会出现许多典型症状，如甜菜“腐心病”、油菜的“花而不实”、棉花的“蕾而不花”、花椰菜的“褐心病”、小麦的“穗而不实”、芹菜的“茎折病”、苹果的“缩果病”等。总之，缺硼不仅影响产量，而且明显影响品质。由于硼在植物体内的运输明显受蒸腾作用的影响，因此硼中毒的症状多表现在成熟叶片的尖端和边缘。当植物幼苗含硼过多时，可通过吐水方式向体外排出部分硼。

**2. 叶面肥料的施用**

为了使叶面肥发挥更好的经济效益，应在以下情况下优先选择施用叶面肥进行补救：一是遭受洪涝灾害后，作物根系长势不好的田块，以及底肥不足后期明显脱肥的地块；二是农作物易出现或已经出现某种缺素症状的田块；三是遭受病虫危害需尽快恢复的田块；四是欲求高产、高效的田块。

叶面肥施用时应参考以下几个方面，进行合理的施用。

**（1）选择适宜的叶面肥** 叶面肥料的施用，选择适宜的肥料最为关键。肥料的选择要以作物生长发育的情况和作物本身的营养状况为依据。在作物生长初期，为促进其生长发育应选择调节型叶面肥。若作物营养缺乏或生长后期根系吸收能力衰退，应选择营养型叶面肥。若作物开始表现出缺素的症状，则要根据缺素症状判定缺少哪种营养元素，然后及时通过叶面施肥予以补充，即对症下肥。

**（2）喷施浓度要合适** 在一定浓度范围内，养分进入叶片的速度和数量，随溶液浓度的增加而增加，但浓度过高易发生肥害。尤其是微量元素肥料，作物从缺乏到过量之间的临界范围很窄，应严格控制其浓度。含有生长调节剂的叶面肥，更应严格按浓度要求进行喷施，以防调控不当造成危害。另外，要注意不同作物对不同肥料具有不同的浓度要求。例如，常用叶面肥的浓度：尿素为0.2%～2%、硫酸钾为2%～3%、磷酸二氢钾为0.1%～0.3%、硫酸镁为0.1%～0.2%、硫酸锌为0.1%～0.4%、硼砂为0.2%左右、硫酸亚铁为0.2%～1%、硫酸锰为0.1%～0.3%、钼酸铵为0.02%～0.1%、硫酸铜为0.01%～0.02%。当然，一定要根据具体的商品肥料标识的养分含量进行加水稀释。

**（3）喷施时间要适宜** 叶面追肥的效果与当时的温度、风速、时段有一定关系。作物叶片吸肥时需要一定的温度和湿度，所以喷肥天气应选择在阴天或晴天的上午9点之前，或者下午4点以后，避免强光照射。因为，叶面施肥时，叶片吸收养分的数量与溶液湿润叶片的时间长短有关。湿润时间越长，叶片吸收养分越多，效果越好。一般情况下保持叶片湿润时间在30～60min为宜。在有露水的早晨喷施叶面肥，会降低溶液的浓度，影响施肥的效果。雨天或雨前也不能进行叶面施肥，因为养分易被雨水淋失，起不到应有的作用。若喷后3小时遇雨，待晴天时要补喷1次，但浓度要适当降低。

**（4）喷施要均匀、细致、周到** 叶面施肥要求雾滴细小，喷施均匀，尤其要注意喷洒作物生长旺盛的上部叶片和叶的背面，因为新叶比老叶、叶片背面比正面吸收养分的速度快，吸收能力强。对于桃、梨、柿子、苹果等果树，叶片角质层正面比背面厚3～4倍，更应注意喷洒叶片背面，以利吸收。叶面施肥时，叶的正反两面都要喷到，尽量细致周到。

**（5）施用时期、施用次数和用液量要准确** 微量元素宜在作物生长中、前期喷施，氮、磷、钾一般在中、后期及遇到灾害性天气时施用。作物叶面追肥的浓度一般都较低，每次的吸收量很少，与作物的需求量相比要低得多。因此，叶面施肥的次数一般不应少于2～3次。同时，间隔期至少应在1周以上，喷洒次数不宜过多，防止造成危害。对于在作物体内移动性小或不移动的养分（铁、硼、钙、磷等），更应注意适当增加喷施次数。在喷施含调节剂的叶面肥时，要有间隔，间隔期至少7天，但喷施次数不宜过多，防止因调控不当造成危害。每次用液量以叶面刚要出现液滴为度。

**（6）叶面肥混用要得当** 叶面施肥时，将两种或两种以上的叶面肥合理混用，可节省喷施时间和用工，其增产效果也会更加显著。但叶面肥混合后必须无不良反应或不降低肥效，否则达不到混用目的。另外，叶面肥混用时要注意溶液的浓度和酸碱度，一般情况下溶液 pH 值在 7 左右有利于叶片吸收。叶面施肥能否同防治病虫草害的农药混合，应严格遵照有关介绍，不可随意混用。有些肥料叶喷时可同农药混用；有些则不能混用，如生物菌肥与杀菌剂、酸性肥料和碱性肥料或农药不能同时混用。

**(7) 在叶面肥溶液中添加湿润剂** 作物叶片上都有一层厚薄不一的角质层，溶液渗透比较困难。因此，可在叶面肥溶液中加入适量的湿润剂，如中性肥皂、质量较好的洗涤剂等，以降低溶液的表面张力，增加与叶片的接触面积，提高叶面施肥的效果。

# 第三节 灌溉肥料

## 一、灌溉肥料定义

灌溉肥料这一“新型肥料”是伴随着“灌溉施肥或水肥一体化（fertigation）”的出现而出现的。灌溉施肥或水肥一体化是指肥料随同灌溉水进入田间的过程，是施肥技术（fertilization）和灌溉技术（irrigation）相结合的一项新技术，是精确施肥与精确灌溉相结合的产物。所以弄清灌溉施肥或水肥一体化之前，应首先清楚灌溉模式或方式的类型。

灌溉类型可分为地面灌溉和管道或系统灌溉。地面灌溉包括漫灌、沟灌、畦灌、浇灌、波涌灌等；管道或系统灌溉包括喷灌、微喷灌、泵加压滴灌、重力滴灌、渗灌、小管出流等灌溉方式。

广义的水肥一体化（integrated management of water and fertilizer）是指根据作物需求，对农田水分和养分进行综合调控和一体化管理，以水促肥、以肥调水，实现水肥耦合，全面提升农田水肥利用效率。换言之，水肥一体化就是将肥料借助于灌溉水带入农田的灌溉和施肥相结合的一种肥水管理模式。所以，广义的水肥一体化包括把肥料溶于灌溉水通过沟灌、大水漫灌、滴灌、喷灌等的施肥灌水模式。

狭义的水肥一体化是指灌溉施肥（fertigation），即将肥料溶解在水中，借助管道灌溉系统，灌溉与施肥同时进行，适时适量地满足作物对水分和养分的需求，实现水肥一体化管理和高效利用。与传统模式相比，水肥一体化实现了水肥管理的革命性转变，即渠道输水向管道输水转变、浇地向浇庄稼转变、土壤施肥向作物施肥转变、水肥分开向水肥一体化转变。针对具体的灌溉形式，又可称为

“滴灌施肥”“喷灌施肥”“微喷灌施肥”等。

因此，灌溉肥料也分为广义的和狭义的。广义的灌溉肥料包括所有的水溶肥（广义的），甚至包括一些堆沤肥的液体有机肥。如常用普通肥料中的尿素、硫酸钾、磷酸铵、碳铵、液体有机肥如液体含氨基酸肥料和液体含腐植酸肥料、沼液、流体粪尿有机肥等。

相应狭义的灌溉肥料主要是指能够应用于狭义的水肥一体化的水溶肥。即能应用于管道灌溉系统的水溶肥，由于管道系统的制约，狭义的灌溉肥料主要是指高端的全溶水溶肥。根据剂型有固体的和液体的两类。

常用的灌溉肥料有：包括传统的大量元素单质水溶肥（如尿素、硝酸铵、硝酸钾、碳酸氢铵、硫酸钾、氯化钾等）、水溶性复合肥料（磷酸一铵、磷酸二铵、硝酸钾、液体磷铵、磷酸二氢钾等）、硫酸镁、硝酸钙、农业部行业标准规定的完全水溶肥（大量元素水溶肥、中量元素水溶肥、微量元素水溶肥、氨基酸水溶肥、腐植酸水溶肥）和有机水溶肥（沤腐后的有机液肥、味精废液、酒精废液等）等。

## 二、灌溉肥料的优点与缺点

灌溉肥料的优点主要是水溶性高，杂质含量少，水不溶物含量低，养分浓度高。目前我国灌溉肥料的缺点是价格较为昂贵。由于灌溉肥料是仰赖于管道灌水系统如喷灌、滴灌等先进的灌水系统实现的，因此其优点体现于灌溉施肥或水肥一体化。下面列举一些水肥一体化的优缺点。

**1. 灌溉施肥或水肥一体化的优点**

① 节省施肥劳力。在果树的生产中，水肥管理耗费大量的人工。在我国南方香蕉生产中，有些产地的年施肥次数达 18 次之多，每次施肥要挖穴开浅沟，施肥后要灌水，需要耗费大量劳动力。在水肥一体化技术条件下可实现水肥的同步管理，节省大量用于灌溉和施肥的劳动力。南方地区很多果园、茶园及经济作物位于丘陵山地，施肥灌溉非常困难，采用滴灌施肥可以大幅度减轻劳动强度。

② 肥料用量少，利用率高。在水肥一体化技术条件下，溶解后的肥料被直接输送到作物根系最集中部位，充分保证了根系对养分的快速吸收。对微灌而言，由于湿润范围仅限于根系集中的区域及水肥溶液最大限度的均匀分布，肥料直接施入根区，降低了肥料与土壤的接触面积，减少了土壤对肥料养分的固定，有利于根系对养分的吸收，使得肥料利用效率大大提高。同时，由于微灌的流量小，相应地延长了作物吸收养分的时间。在滴灌下，含养分的水滴缓慢渗入土壤，延长了作物对水肥的吸收时间；而当根区土壤水分饱和后可立即停止灌水，从而可以大大减少由于过量灌溉导致养分向深层土壤的渗漏损失，特别是硝态氮和尿素的淋失，也有利于保护环境。研究结果表明，在田间滴灌施肥系统下，番

茄氮的利用率可达到90%，磷达到70%，钾达到95%。肥料利用率提高意味着施肥量减少，从而节省了肥料。根据多年大面积示范结果，在玉米、小麦、马铃薯、棉花等大田作物和设施蔬菜、果园上应用水肥一体化技术可节约用水40%以上，节约肥料20%以上，大幅度提高肥料利用率。

③ 施肥及时，养分吸收快速，可灵活、方便、准确地控制施肥数量和时间。可根据气候、土壤特性、各种作物在不同生长发育阶段的营养特点，灵活地调节供应养分的种类、比例及数量等，满足作物高产优质的需要。传统种植注重前期忽视中后期，注重底墒水和底肥，作物中后期的灌溉和施肥操作难以进行，如小麦拔节期后，玉米大喇叭口期后，田间封行封垄，基本不再进行灌水和施肥。采用水肥一体化，人员无需进入田间，即便封行封垄也可通过管道很方便地进行灌水施肥。因为水肥一体化能提供全面高效的水肥供应，尤其是能满足作物中后期对水肥的旺盛需求，非常有利于作物产量要素的形成，进而大幅提高粮食单产。

④ 有利于应用微量元素。特别适合微量营养元素的应用。金属微量元素通常应用螯合态，价格较贵，而通过滴灌系统可以做到精确供应，提高肥料利用率，降低施用成本。

⑤ 改善土壤状况，采用微灌施肥方法可使作物在边际土壤条件下正常生长。

⑥ 应用微灌施肥可以提高作物抵御风险的能力。如设施保护地冬季，通过水肥一体化灌溉施肥，可降低棚内湿度，利用提供地温，避免了传统地表灌溉导致的作物沤根黄叶现象。棚内湿度降低，可减轻作物病害的发生。

⑦ 在水肥一体化技术中可充分发挥水肥的相互作用，实现水肥效益的最大化，相对地减少了水的用量。

⑧ 水肥一体化技术的采用有利于实现标准化栽培，是现代农业中的一个重要技术措施。在一些地区的作物标准化栽培手册中，已将水肥一体化技术作为标准技术措施推广。

⑨ 由于水肥协调平衡，作物的生长潜力得到充分发挥，表现为高产、优质，进而实现高效益。应用水肥一体化技术种植的蔬菜具有生长整齐一致、定植后生长恢复快、提早收获、收获期长、丰产优质、对环境气象变化适应性强等，可促进设施蔬菜产量的提高和品质的改善。

**2. 灌溉施肥或水肥一体化的缺点**

① 尽管水肥一体化技术已日趋成熟，有上述诸多优点，但因其属于设施施肥，需要购买必需的设备，其最大局限性在于一次性投资较大。

② 除投资外，水肥一体化技术对管理有一定要求，管理不善，容易导致滴头堵塞。如磷酸盐类化肥，在适宜的pH值条件下易在管内产生沉淀，使设备出现堵塞。而在南方一些井水灌溉的地方，水中的铁质引致的滴头铁细菌堵塞常会使系统报废。

③ 用于灌溉系统的肥料对溶解度有较高要求。对不同类型的肥料应有选择地施用。肥料选择不当，很容易出现堵塞，降低设备的使用效率。

总之，水肥一体化技术是现代集约化灌溉农业的一个关键因素，其优点很多，但局限性也不可忽视。我国设施灌溉技术的应用推广还处于起步发展阶段，今后应用肥水一体化技术的空间还很大，发展前景广阔。

## 三、灌溉肥料的选择和施用

### 1. 灌溉肥料的选择

① 田间温度条件下完全或绝大部分溶于水，且能迅速地溶于灌溉水中。固体肥料的溶解度各不相同，但都随着水温的升高而增加（表 3-17）。由于温度较低时溶解度降低，在夏季用多元钾肥和其他水溶性肥料制备原料溶液并贮存到秋季可能会形成沉淀。当溶解肥料时，应先将肥料罐加水至一半，然后缓慢加入肥料并经常搅拌，最后将肥料罐用水充满。

**表 3-17　不同类型肥料的溶解度**

| 肥料种类 | 养分含量/% | | | | | | | 溶解度 | | |
|---|---|---|---|---|---|---|---|---|---|---|
| | N | P | $P_2O_5$ | K | $K_2O$ | Ca | Mg | 10℃ | 20℃ | 30℃ |
| 尿素 | 46 | | 0 | | 0 | | | 450 | 510 | 570 |
| 硝酸铵 | 33.5 | | 0 | | 0 | | | 610 | 660 | 710 |
| 硫酸铵 | 20 | | 0 | | 0 | | | 420 | 430 | 440 |
| 硝酸钙 | 15.5 | | 0 | | 0 | 26.5 | | 950 | 1200 | 1500 |
| 磷酸氢铵 | 12 | 26.6 | 61 | | 0 | | | 290 | 370 | 460 |
| 磷酸氢钾 | 0 | 26.6 | 52 | 28 | 34 | | | 180 | 230 | 290 |
| 多元钾肥(硝酸钾) | 13 | | 0 | 38 | 46 | | | 210 | 310 | 450 |
| 多元钾肥+Mg | 12 | | 0 | 35.6 | 43 | 2 | | 230 | 320 | 460 |
| 复合-NPK | 12 | 0.9 | 2 | 36.5 | 44 | | | 210 | 330 | 480 |
| （硝酸镁） | 10.8 | | 0 | | 0 | 15.8 | | 2200 | 2400 | 2700 |
| 硫酸钾 | 0 | | 0 | 41.5 | 50 | | | 80 | 100 | 110 |

② 流动性好，不会堵塞过滤器和滴头。

③ 养分浓度高、含杂质少、不溶物含量低。农标水溶肥水不溶物含量要求小于等于 5.0%，灌溉肥料一般根据灌溉系统而有不同的要求，严格的要求水不溶物含量低于 1%或 0.5%。如果水不溶物含量过高，灌溉施肥前要进行过滤。

根据灌溉设施选择肥料。水溶性肥料有个指标叫“水不溶物含量”，一般滴灌要求水不溶物含量小于 0.2%，微喷灌要求水不溶物含量小于 5%，喷灌要求水不溶物含量小于 15%，淋施、浇施要求则更低。通常水不溶物含量越低，说明肥效越好，相对的肥料价格就越贵。

④ 调理剂含量最小。因为植物生长调节剂具有双重作用，施用适量时能够促进植物生长，施用过多，反而会抑制植物的生长。

⑤ 能与其他肥料混合，具有较好的兼容性。如果已知某些肥料有兼容性，

可以用同类的其他肥料来代替（表 3-18）。若两种或几种肥料混合时要充分考虑其相容性，混合时必须保证肥料之间要相容，不能有沉淀生成，且混合后不改变它们的溶解度，例如，硫酸铵和氯化钾在肥料罐中的混合由于形成了硫酸钾而显著减少了混合肥料的溶解度。硝酸钙与任何硫酸盐和磷酸盐形成硫酸钙和磷酸钙沉淀，所以含磷酸根和硫酸根的肥料不能与在同一个肥料罐中的含钙肥料混合。由于水肥一体化灌溉肥料大部分是通过微灌系统随水施肥，如果肥料混合后产生沉淀物，就会堵塞微灌管道和出水口，缩短设备使用年限。

**表 3-18　可溶性肥料的相容性表**

| 可溶性肥料 | Urea | AN | AS | CN | MAP | MKP | PN | PN+Mg | PN+P | N+Mg | SOP |
|---|---|---|---|---|---|---|---|---|---|---|---|
| 尿素(urea) | | C | C | C | C | C | C | C | C | C | C |
| 硝酸铵(AN) | C | | C | C | C | C | C | C | C | C | C |
| 硫酸铵(AS) | C | C | | L | C | C | L | L | C | C | C |
| 硝酸钙(CN) | C | C | L | | X | X | C | X | X | C | L |
| 磷酸二氢铵(MAP) | C | C | C | X | | C | C | L | C | X | C |
| 磷酸二氢钾(MKP) | C | C | C | X | C | | C | L | C | X | C |
| 硝酸钾(PN) | C | C | L | C | C | C | | C | C | C | C |
| 硝酸钾+Mg(PN+Mg) | C | C | L | X | L | L | C | | X | C | C |
| 复合-NPK(12-2-44) | C | C | C | X | C | C | C | X | | X | C |
| 硝酸镁(N+Mg) | C | C | C | C | X | X | C | C | X | | C |
| 硫酸钾(SOP) | C | C | C | L | C | C | C | C | C | C | |

注：C 为相容；L 为部分相容；X 为不相容。

⑥ 与灌溉水的相互作用小。肥料与灌溉水的反应也必须考虑，如含 $Ca^{2+}$、$Mg^{2+}$ 较高的水与一些磷酸盐化合物很容易产生沉淀。

⑦ 不会引起灌溉水 pH 值的剧烈变化。源自含硫酸盐肥料的石膏沉淀与肥液的碱度有关，以尿素为主要成分的肥料溶液，由于尿素造成 pH 值的升高引起碳酸钙的沉淀，较高的 pH 值会导致低溶解度的磷酸钙镁的形成，解决的方法是使用酸性肥料或磷酸或硝酸。灌溉水中通常含有各种离子和杂质，如钙离子、镁离子、硫酸根离子、碳酸根离子、碳酸氢根离子等，当灌溉水 pH 值达到一定数值时，灌溉水中阳离子和阴离子会发生反应，产生沉淀，如当灌溉水 pH 值大于 7.5 时，水中的钙镁离子就会和硫酸根和磷酸根离子结合形成沉淀；pH 值大于 7.5 时，还会使锌、铁等微量元素的有效性降低。相反，pH 值太低又会导致土壤溶液中铝、锰浓度的增加，对作物产生毒害。因此，在选择肥料品种时要考虑灌溉水质、pH 值、电导率和灌溉水的可溶盐含量等。为了避免上述情况的出现，当灌溉水的硬度较大时，应采用酸性肥料，如磷肥选用磷酸或磷酸一铵。

⑧ 对控制中心和灌溉系统的腐蚀性小。水肥一体化的肥料要通过灌溉设备来使用，而有些肥料与灌溉设备接触时，易腐蚀灌溉设备。如用铁制的施肥罐时，磷酸会溶解金属铁，铁离子与磷酸根生成磷酸铁沉淀物。一般情况下，应用不锈钢或非金属材料的施肥罐。因此，应根据灌溉设备材质选择腐蚀性较小的肥

料。镀锌铁设备不宜选硫酸铵、硝酸铵、磷酸及硝酸钙，青铜或黄铜设备不宜选磷酸二铵、硫酸铵、硝酸铵等，不锈钢或铝质设备适宜大部分肥料。

⑨ 注意微量元素及含氯肥料的选择。微量元素肥料一般通过基肥或者叶面喷施应用，如果借助水肥一体化技术施用，应选用螯合态微肥。螯合态微肥与大量元素肥料混合不会产生沉淀。氯化钾具有溶解速度快、养分含量高、价格低的优点，对于非忌氯作物或土壤存在淋洗渗漏条件时，氯化钾是用于水肥一体化灌溉的最好钾肥，但对某些氯敏感作物和盐渍化土壤要控制使用，以防发生氯害和加重盐化，一般根据作物耐氯程度，将硫酸钾和氯化钾配合使用。

**2. 灌溉肥料的施用**

灌溉施肥或水肥一体化施肥需遵循以下原则：

① 依据作物需肥规律。不同作物对于养分有不同的偏好，如香蕉生长过程中需求量最大的四种养分依次为钾、氮、钙、镁；葡萄对氮、磷、钾的需求为1.0∶0.5∶1.2。此外，植物生长过程中的不同阶段对养分需求不同。如苹果在不同年龄时期对养分的需求不同，在幼龄期需肥量较少，但对肥料非常敏感，对磷肥需求最高；在初果期（营养生长向生殖生长转化的时期），依然是以磷肥为主；盛果期根据产量和树势适当调节氮、磷、钾比例，同时要注意微量元素的施用；更新期和衰老期则需偏施氮肥，以延长盛果期。

② 依据田间土壤肥力水平及目标产量。在了解作物需肥规律的基础上，根据田间土壤的肥力水平及目标产量，才能精确计算出作物生长过程中需要添加的外源性肥料的量。

③ 分析灌溉水的成分及 pH 值，了解肥料之间的化学作用。某些肥料会影响水的 pH 值，如硝酸铵、硫酸铵、磷酸二氢钾等会降低水的 pH 值，而磷酸氢二钾会增加水的 pH 值，而高 pH 值会增加水中碳酸根离子和钙镁离子产生沉淀的可能，从而造成灌水器堵塞。为防止管道堵塞，还需考虑肥料的溶解度和杂质含量以及不同肥料间是否会发生沉淀反应。

灌溉肥料的施用根据肥料加入灌溉水的设备，可以将灌溉施肥分为两类：非比例法和比例法。

非比例法即通过灌溉水流经肥料罐来稀释肥料。将装有可溶性固体或液体肥料的金属罐（肥料罐）连接到灌溉系统首部，利用阀门控制流经肥料罐的水量。肥料罐中肥料的释放是不均匀的，灌水一开始肥料的浓度较高，随着灌溉的进行，肥料浓度逐渐降低。在使用液体肥料或已溶解的肥料的情况下，必须有4倍于肥料罐容积的灌溉水流经肥料罐才能带走98%的肥料。在使用固体肥料的情况下，流经肥料罐的水量应该更大。使用非比例法灌溉施肥费用低，维护简单，固体可溶性肥料或者液体肥料都可以使用。但因为肥料的释放不均匀，在质地较粗的土壤和浅根作物中，会有大量的肥料被淋溶到根系以外，降低肥料利用率。

系统受水压变化的影响，肥料罐容量通常不超过 250L。

比例法即在整个灌溉期间灌溉水中的肥料浓度保持不变。利用肥料泵或其他压力设备从肥料罐中汲取肥料溶液，然后利用压力将其注入灌溉系统。这种方法的优点是可以按比例施肥并且施肥量不受水压变化的影响，但这种方法的成本较高。

灌溉施肥系统是灌溉系统和施肥技术的结合，系统装置主要包括供水装置、输水管道以及滴水装置。灌溉施肥常见的施肥方式主要包括重力自压施肥法、泵吸肥法、泵注肥法、旁通罐施肥法、文丘里施肥法和比例施肥法，施肥设备包括压差式施肥罐、文丘里施肥器、施肥泵、施肥机、施肥池等。

每次施肥时，先用清水进行湿润，待压力稳定后再施肥，施肥完成后再滴清水清洗管道。施肥时要掌握剂量，控制施肥量，以灌溉流量的 0.1%左右作为注入肥液的浓度为宜，过量施用可能会使作物致死以及污染环境。正确的施用浓度，如灌溉流量为 $750m^3/hm^2$，注入肥液应为 $750L/hm^2$。施肥过程中，固态肥料需要与水混合搅拌成液态肥，一般达到肥料溶解与混匀，而施用液态肥料时不要搅动或混合，避免出现沉淀堵塞出水口等问题，还应定时监测灌水器流出的水溶液浓度，避免肥害。要定期检查、及时维修系统设备，防止漏水。冬季来临前应进行系统排水，防止结冰爆管，做好易损部件保护。

使用水溶性肥料要采取二次稀释法，因为它有别于一般的复合肥料，在使用时不能按常规使用方法，以免造成施肥不均匀，从而出现烧苗伤根、苗小苗弱现象。因此，水溶性肥料避免直接冲施，应采用二次稀释能保证肥料冲施均匀，提高肥料利用率。根据作物不间断吸收养分的特点，应减少一次性大量施肥，以免造成淋溶损失，每次每亩水溶性肥料用量以 3～6kg 为宜。

滴灌施肥需要把握好细节。滴灌施肥时，先滴清水，等管道充满水后再开始施肥，原则是上施肥时间越长越好。施肥结束后接着滴清水 20～30min 洗管，以将管道中残留的肥液全部排出。如不洗管，则可能会在滴头处生长青苔、藻类等低等植物或微生物，从而堵塞滴头。原则上是施肥越慢越均匀，特别是对在土壤中移动性差的元素（如磷），延长施肥时间，可以极大地提高养分的利用率。在旱季滴灌施肥，建议施肥时间以 2～3h 为宜。在土壤不缺水的情况下，则建议施肥在保证均匀度的情况下，越快越好。

灌溉施肥时要避免过量灌溉。灌溉一般使土层深度 20～40cm 保持湿润即可。过量灌溉不但浪费水，严重的还会将养分淋失到根层以下，容易造成肥料浪费，从而导致作物减产。特别是尿素、硝态氮肥（如硝酸钾、水溶性复合肥）这类肥料，极易随水流失。

灌溉施肥时尽量单用或与非碱性农药混用。比如在蔬菜出现缺素症或根系生长不良时，不少种植户多采用喷施水溶性肥料的方法加以缓解。在此提醒大家，水溶性肥料要尽量单独施用或与非碱性农药混用，以免相互之间发生反应而产生沉淀，造成叶片肥害或药害。

灌溉施肥肥料配制应注意以下事项：

① 合理安排各种肥料的溶解顺序。一些肥料在混合时会产生吸热反应，降低溶液温度，使肥料的溶解度降低，并产生盐析作用。多数肥料在溶解时会伴随放热反应，使溶解速率加快。因此，可以通过合理安排各种肥料的溶解顺序，利用它们之间的互补作用来溶解肥料。如配制磷酸和尿素肥料溶液时，利用磷酸的放热反应，先加入磷酸使溶液温度升高，再加入有吸热反应的尿素，对低温时增加肥料的溶解度具有积极作用。

② 现用现配混合使用的肥料。通常情况下，混合使用的肥料都是现用现配，如果预先配制肥料，对于一些易吸湿结块的肥料如硝酸铵、硝酸钙、氯化铵等作配制原料时，配制后的成品肥料不宜久存，短期储存和搬运时也要注意密封。

③ 分别单独注入使用。在水肥一体化操作中，对于混合会发生化学反应的肥料应采用分别单独注入的办法来解决，即第一种肥料注入完成后，用清水充分冲洗灌溉系统，然后再注入第二种肥料，或者采用两个以上的贮肥罐把混合后相互作用会产生沉淀的肥料分别贮存、分别注入。

④ 在将肥料溶液混入灌溉水之前，需要进行“广口瓶”试验，这是一个简单实用的试验，能避免很多问题。以实际要用的相同的浓度将一些肥料溶液加入一个装有灌溉水的广口瓶，观察在1～2h内是否有沉淀或凝絮产生。如果有，那么很有可能会造成管道或滴头的堵塞。

## 四、灌溉施肥或水肥一体化系统的组成

灌溉施肥或水肥一体化系统通常由水源工程、首部枢纽、输配水管网和灌水器共四部分组成。

### 1. 水源工程

水源工程包括河流、湖泊、塘、沟渠、井泉等，只要水质符合GB 5084—2005《农田灌溉水质标准》要求，均可作为灌溉施肥的水源。与水源相配套的引水、蓄水和提水工程以及相应的输配电工程称水源工程。

### 2. 首部枢纽

首部枢纽通常由电机、水泵、水质净化装置如过滤器、施肥装置、控制和测量设备（压力调节阀、分流阀、水表等）及保护设备组成，自动操作时首部配备电脑自控系统。

灌溉施肥系统对水质的净化与处理要求较高，要求灌溉水中不含有造成灌水器堵塞的污物和杂质。灌溉施肥初级水质净化设备有拦污栅、沉淀池等，一般设在水泵进水池的入口，在水泵出口还可以安装过滤器进一步净化水质，采用的主要过滤器有旋转式水砂分离器、砂石过滤器、筛网过滤器、组合式过滤器等。

**3. 输配水管网**

灌溉系统的管网一般分为干、支、毛三级管道。通常干支管埋入地下，也有将毛管埋入地下的，以延长毛管的使用寿命。

管道是微灌系统的主要组成部分。微灌用管道多采用黑色塑料材质的管道和管件。通常干、支管多用聚氯乙烯硬管，末级毛管多采用聚乙烯半软管。63mm以下的管采用聚乙烯管，63mm以上的管采用聚氯乙烯管。微灌连接是连接管道的部件，亦称管件。主要有接头、三通、弯头、堵头等部件。

支管（输水管）使用抗0.25MPa以上的压力、抗老化的黑色聚乙烯管。设施保护地一般短畦种植，设定滴灌管7～8m，出水均匀度为95%，不同出水口间距与不同管径管道单向最大铺设长度可查表3-19。

**表3-19 支管长度与管径、出水口间距关系**

| 出水口间距/m（即畦宽） | 管径/mm | | | |
|---|---|---|---|---|
| | 25 | 32 | 40 | 50 |
| 0.7 | 32 | 52 | 77 | 110 |
| 1.0 | 42 | 65 | 97 | 140 |
| 1.2 | 47 | 73 | 109 | 157 |

毛管的类型有多种，以内镶式短流道毛管使用方便，且价格便宜。可选用管径12mm或16mm，且单个滴口流量不小于2L/h的毛管。

**4. 灌水器**

灌溉施肥的灌水器安装在毛管上或通过连接小管与毛管连接。有滴头、微喷头、涌水器和滴灌带等多种形式。按其结构和水流的出流形式不同又可分为滴水式、漫射式、喷头式和涌泉式等。其相应的灌水方法便称为滴灌、微喷灌和涌泉灌。

**(1) 滴头** 滴头的作用是将有压水流形成一滴一滴的水滴滴入土壤，滴头常用塑料压铸而成，工作压力水头约10m，流道最小孔径0.3～1.0mm，流量0～1.2L/h。其基本形式有微管式、管式、涡流式和孔口式。

灌水器串接在两段管之间，成为毛管的一部分，简称管式滴头，从消能方式上又有长流道型滴头，滴头有内螺纹管式滴头。

微管滴头是把一种直径为0.8～1.5mm的塑料管插入毛管，水在微器中流动消能，并以滴流状出流，主要形式有缠绕式和直线散放式。

孔口式滴头靠孔口出流造成的局部水头损失消能来调节出水量的大小。

涡流消能式滴水器，水流进入滴水器流室的边缘，在涡流的中心产生一低压区，使中心的出水口处压力较低，因而滴水器的出流量较小。设计良好的涡流式滴水器流量对工作压力变化的敏感程度较小。

压力补偿型滴头，利用水流压力通过滴头内的弹性体（片），使流道（或孔口）形状改变或过水断面面积发生变化，即当水压减小时，过水断面面积增大，水压增大时，过水断面面积减小，从而使滴头出水量自动保持稳定，同时还具有自清洗功能。

**（2）滴灌带** 滴头与毛管制成一体，兼具配水和滴水功能，按结构分为内镶滴灌带和薄壁滴灌带。

**（3）微喷头** 微喷头即微型喷头，作用与喷灌喷头基本相同，只是微喷头一般工作压力较低，湿润范围较小，有射流旋转式、折射式、离心式和缝隙式。

## 五、注肥施肥方法

### 1. 重力灌溉系统施肥法

**（1）重力滴灌施肥** 重力灌溉施肥法非常简单，不需要额外的加压设备，在自然大气压下，水就能从开放的管道流入灌溉施肥系统。重力滴灌施肥法的优点是可控制施肥浓度和速度，肥料池造价低，无需外部能耗。缺点是因肥料溶液是先进入蓄水池，而蓄水池通常体积很大，故而灌溉施肥后很难清洗干净剩余肥料，重新蓄水后易滋生藻类、苔藓等植物，有堵塞管道的隐患。

重力滴灌是依靠水源与灌水器（滴头）间的高度差提供水压的滴灌技术。在地势高处修建蓄水池或在棚中架高储水容器等方法都可以形成灌溉水压。在蓄水池或储水容器中加入可溶性肥料，即可实现水肥的同步供应，即重力滴灌施肥技术。施肥罐比开放的管道要高些，肥料溶液依靠重力作用自压进入管道，这样就可以将肥料溶液加入到灌溉管道中。为了使肥料溶液和灌溉水有较好的混合，灌溉水流动速率要足够高。如在位于日光温室大棚的进水一侧，在高出地面1m的高度上修建容积为$2m^3$左右的蓄水池，灌溉用水先贮存在蓄水池内，以利于提高水温，蓄水池与灌溉的管道连通，在连接处安装过滤设施。施肥时，将化肥倒入蓄水池进行搅拌，待充分溶解后，即可进行灌溉施肥。又例如在丘陵坡地灌溉系统的高处，选择适宜高度修建化肥池用来制备肥液，化肥池与灌溉系统用管道相连接，肥液可自压进入灌溉管道系统。这种简易方法的缺点是水位变动幅度较大，滴液流量前后不均一。

在具备常规滴灌施肥优势的同时，重力滴灌施肥还具有以下技术特点：无需常规滴灌施肥的加压设备，成本及运行费用低，安装操作和维护简单；有利于解决小规模分散农户共用同一机井时发生的用水矛盾；有利于解决滴灌系统需要的压力和出水量与机井水泵工作压力不匹配的矛盾。

重力滴灌施肥适用于大田作物、蔬菜、果树的灌溉施肥。通过配备压力补偿式的灌水器可以在地势高差很大的地块（如山区丘陵的坡地）实现较为均匀且节水的灌溉。重力滴灌施肥适合我国一家一户的、种植面积较小的分散式农业生产。

**（2）重力滴灌操作实例1——保护地西瓜重力滴灌施肥技术** 日光温室冬春

茬西瓜一般在1月上旬～1月中旬育苗，2月上中旬定植，5月上旬至中旬开始收获，大棚春茬西瓜定植和育苗均推迟一个半月左右。大型西瓜一般在地下匍匐生长，一般做成平畦，行距105～110cm，株距70～80cm。小型西瓜一般采用吊蔓栽培，一般做成小高畦，每畦栽培两行，行距50～60cm，株距约40cm。每行西瓜铺1条滴灌管。铺设滴灌管后盖地膜封好。定植前亩施有机肥料3000kg，复合肥（N∶$P_2O_5$∶$K_2O$=15∶15∶15）30kg。

灌水：全生育期灌水5次，亩灌水总量68$m^3$，其中移栽前灌水1次，亩灌水18$m^3$，苗期灌水1次，亩灌水10$m^3$，抽蔓期灌水1次，亩灌水12$m^3$，膨大期灌水2次，亩灌水14$m^3$，退毛期和成熟期不灌水。

施肥：苗期随水追施纯养分1次，每亩用量4.4kg；抽蔓期追施纯养分1次，每亩用量5.6kg，膨大期追施纯养分2次，每亩用量5.6kg。苗期和抽蔓期以氮、磷肥为主，膨大期以钾肥为主。并在开花期、坐瓜期叶面喷施螯合态微肥，膨大期喷施0.5%磷酸二氢钾2～3次。西瓜亩产量可达3000kg。

**（3）重力滴灌操作实例2——保护地番茄重力滴灌施肥技术**　北京地区冬春茬日光温室番茄一般在12月中旬育苗，次年的1月底或2月初定植，春大棚一般在1月中下旬播种育苗，3月中旬定植。秋冬茬温室番茄一般在7月底8月初育苗，8月底～9月初定植，翌年1月拉秧。定植前每亩底施腐熟鸡粪5000kg，复合肥（N∶$P_2O_5$∶$K_2O$为15∶15∶15）80kg，深翻土壤，整平后按做小高畦，畦面宽60cm，高15cm，每畦栽两行，行距50cm，株距30cm左右，过道宽90cm。每行铺1条滴灌管。

灌水：全生育期共灌水14次，亩灌水总量157$m^3$，其中移栽前灌水1次，亩灌水15$m^3$，苗期灌水1次，亩灌水11$m^3$，开花期灌水1次，亩灌水10$m^3$，结果期至采收期灌水11次，单次亩灌水11$m^3$。

施肥：苗期随水追施纯养分1次，亩用量16.4kg；开花期追施纯养分1次，亩用量15.6kg，结果至采收期追施纯养分11次，亩用量10.6kg。全生育期每亩共追施养分148.6kg。在土壤肥力适中条件下，番茄产量可达8000kg。

**2. 压力灌溉系统施肥法**

为了克服灌溉系统的内部压力，将肥料溶液注入压力灌溉系统需要消耗能量。依据让肥料溶液获得较高压力的方式不同，肥料注入设备可分为三大类：文丘里注肥器、压差式注肥器和加压注肥器。相对应于三类压力灌溉系统施肥法。

**（1）文丘里施肥器法**　文丘里装置的工作原理是液体流经缩小过流断面的喉部时流速加大，利用在喉部处的负压吸入肥液。文丘里注肥装置如图3-1所示。文丘里施肥器可实现按比例施肥，保持恒定的养分浓度，该法无需外部能耗，此外还具有吸肥量范围大、安装简易、方便移动等优点，在灌溉施肥中的应用十分广泛。

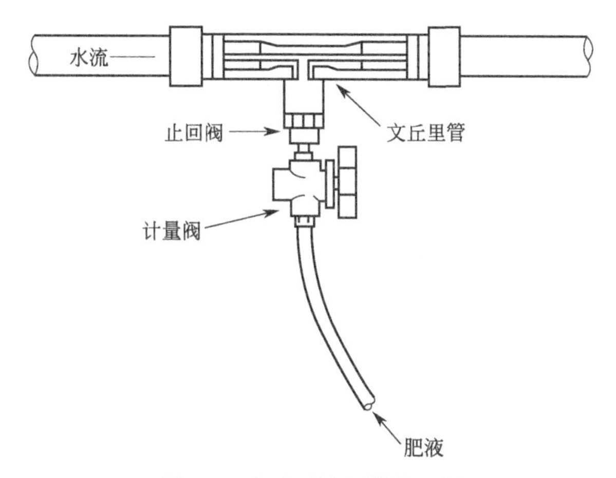


图 3-1　文丘里施肥器装置图

文丘里施肥器利用射流原理工作。串联状态下水头损失太大，影响灌水均匀度，所以，一般将文丘里施肥器与调压并联。该法的优点是可用敞开的容器盛肥，构造简单，使用方便，造价低。缺点是对流量和水压有一定要求，水头损失较大。

文丘里施肥器在国外已广泛使用，并开发出系列产品。但其价格较高，不适合我国农户施用。农业部农业工程规划设计院和国内一些厂家研制生产的适合小面积使用的 WQL-1 型文丘里施肥器，经济实用。文丘里施肥器对系统的流量和工作压力有一定的要求，各种规格的文丘里施肥器都提供了相应的参数，在选择和使用时应注意。

**(2) 压差式施肥罐法**　压差式施肥罐法又称旁通施肥罐法，所用到的主要设备是施肥罐，工作原理是在输水管道上某处设置旁通管和节制阀，使得一部分水流流入施肥罐，进入施肥罐的水流溶解罐中肥料后，溶解了肥料后的水溶液重新回到输入管道系统，将肥料带到作物根系，也即由两根细管（旁通管）与主管道相连接，在主管道上两条细管接点之间设置一个节制阀（球阀或闸阀）以产生一个较小的压力差（1～2m 水压），使一部分水流流入施肥罐进水管直达罐底，水溶解罐中肥料后，肥料溶液由另一根细管进入主管道，将肥料带到作物根区。因其操作简单、可直接使用固体肥料、无需预配肥料母液、无需外部能耗等优点，施肥罐是田间应用最广泛的施肥设备，但该方法的最大缺点是无法精准控制施肥浓度和速率，肥料溶液的浓度随施肥灌溉时间逐渐降低。在发达国家的果园中随处可见，我国在大棚蔬菜生产中也广泛应用。

压差式施肥装置由肥液罐、连通主管道和肥液罐的进水与排肥液细管及主管道上两细管接点之间的恒定降压装置或节制阀组成（图 3-2）。

适度关闭节制阀使肥液罐进水点与排液点之间形成一压差（1～2m 水头

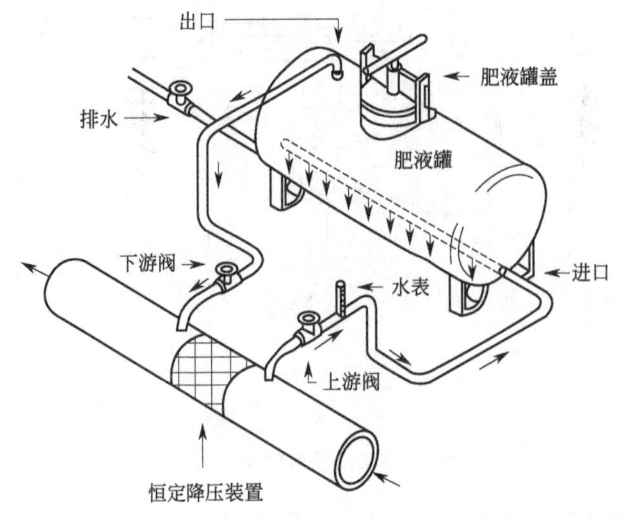

图 3-2 压差式施肥装置

差)，使恒定降压装置或节制阀前的一部分水流通过进水管进入肥液罐，进水管道直达罐底，掺混肥液，再由排液管注入节制阀后的主管道。

压差式施肥装置的优点是结构比较简单，操作较方便，不需外加动力，投入较低，体积较小，移动方便，对系统流量和压力变化不敏感。压差施肥属于按总量施肥，即可明确一次施肥总量和初始浓度，根据压差施肥运行原理可知，施肥时随着水的不断注入肥料养分浓度会不停地衰减，这是压差施肥的一个最主要特点，也是其主要的缺点，即施肥过程中肥液被逐渐稀释，浓度不能保持恒定。当灌溉周期短时，操作频繁且不能实现自动化控制。肥液罐装入肥液后密封压力罐，必须能承受微灌系统的工作压力。罐体涂料有防腐要求。

压差式施肥装置应按以下步骤操作：

① 若使用液肥可直接倒入肥液罐，灌注肥料溶液使肥液达到罐口边缘，扣紧罐盖。在罐上必须装配进气阀，当停止供水后打开以防肥液回流。若使用固体肥料，最好是先单独溶解再通过过滤网倒入施肥罐。

② 检查进水（上游）、排液（下游）管的调节阀是否都关闭，如使用节制阀，要检查节制阀是否打开。然后打开主管的上游阀开始供水。

③ 打开进水、排液管的调节阀，然后缓慢地关闭节制阀，注意观察压力表，直到得到所需的压差。

施肥罐法适用于单井单棚微灌施肥，大棚面积在 0.5～2 亩，施肥罐容积约 30L，配套水泵流量 5～10$m^3$/h，扬程 15m 左右（若使用潜水泵，地表上扬程 15m)，电机动力 0.75～1.5kW。

**(3) 注肥泵法** 按驱动方式分，注肥泵包括水力驱动和其他动力驱动两种形式。利用注肥泵将肥料母液注入灌溉系统，注入口可在输水管道的任何位置，但要求注入肥液的压力大于管道内水流压力。注肥泵法的优点是注肥速度可调，适用于各种不同肥料配方，既可实现比例施肥又可定量施肥。缺点是运行需有满足最小系统压力，需有正确设计和辅助配件，必须进行日常维护，前期投入成本高。

① 水动注肥泵　利用一小部分灌溉水驱动活塞或隔膜将水注入到灌溉管道，其优点是不需要外加动力，缺点是需要为活塞弃水设置排水出路。一般排水量与注入的肥液量之比为（2～4）：1。

② 活塞式水动注肥泵　活塞式水动注肥泵的结构如图 3-3 所示，其工作过程包括吸肥行程和注肥行程。

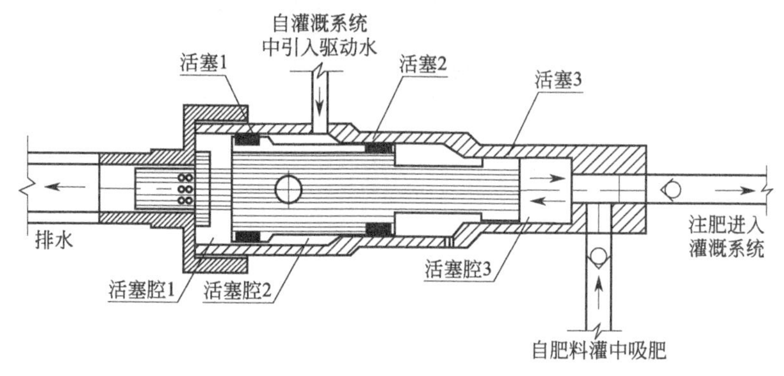


图 3-3　活塞式水动注肥泵

a. 吸肥行程　在活塞 1、2 间的活塞腔 2 内接通压力水，在活塞 1、2 的压差作用下，活塞组件向图中左方运动，此时吸肥单向阀被打开，注肥单向阀被关闭，肥料罐中的肥液被吸入活塞腔 3 内，同时活塞腔 1 内的水体通过排水孔排出泵体。

b. 注肥行程　当活塞组件运行到图中左端时，设置于活塞组件内的换向机构开始动作，将与活塞腔 1 连通的排水孔关闭，同时进水孔开启，此时活塞 1 两侧均受到水压力的作用，但左侧压力大于右侧压力与活塞 3 右侧压力之和，在此压差作用下，活塞组件向图中右方运动，此时吸肥单向阀被关闭，注肥单向阀被打开，活塞腔 3 内的肥液被注入灌溉管网系统。如此循环往复，将肥料溶液以步进方式源源不断地注入管网系统。活塞式注肥泵依靠动力（电或内燃机）驱动，应耐腐蚀并便于移动，其最大的优点是排液量不受管道中压力变化的影响，而其最大缺点是在运行过程中无法调节出流量，需要经过流量测试—关泵—调整活塞冲程—校核流量的反复过程才能获得需要的流量。

③ 隔膜式水动注肥器　一般隔膜式注肥器都是肥液和农药共用的。与活塞式注肥泵相比，其优点是可以在运行过程中调节肥液和水的混合比例，缺点是当

管道中的流量和压力变化剧烈时，很难维持恒定的注入流量。隔膜应选用防腐材质，且每季用完后都要进行维护。隔膜式水动注肥器的结构见图 3-4。

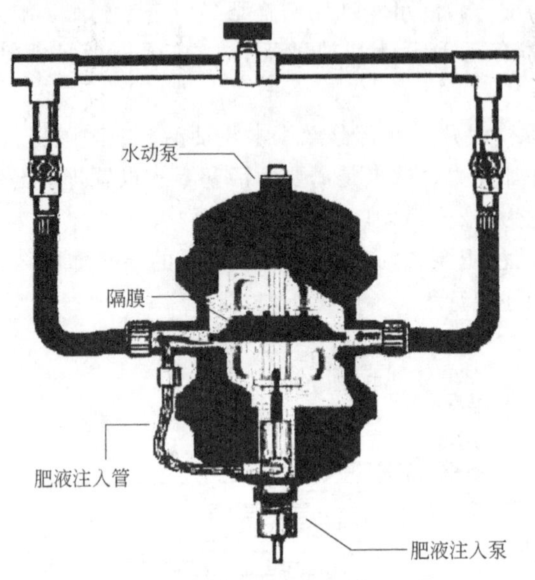


图 3-4　隔膜式水动注肥器

隔膜式水动泵的入水管与肥（药）液注入管为并联连接，肥（药）液直接注入到水流中进行混掺，而化肥或农药不进入注肥器的腔体，这是其独到的好处。

除了上面介绍的隔膜式水动注肥器外，还有电动式隔膜注肥器，主要在有电源的条件下使用，如用于大型自走式喷灌机施用化肥和农药。

**3. 吸入式注肥方法**

吸入式注肥方法又称泵吸施肥法，顾名思义，该方法是提高离心泵产生负压将可溶性肥料吸入灌溉系统，适合于任何面积的施肥。吸入式注肥方法的优点是操作简单，易于安装；与灌溉系统共用离心泵，无需外加动力，适宜施用固体可溶性肥料和定量施肥。缺点是肥液浓度不稳定，难以进行配方施肥和自动化控制，对部件连接要求高，施肥容量有限等。

## 六、灌溉施肥或水肥一体化系统的维护

灌溉施肥是在一定的压力下，将肥料溶液或其他化学制剂（酸类或农药）注入灌溉管道，随灌溉水被带到田间而实现的。当灌水结束，或因突然事故停泵时，管路中的肥液或其他化学制剂有可能返流到水源，造成水源的化学污染。特别是当灌溉与人饮工程共用一水源时，对人身健康会造成严重危害。此外，在操作和设置上要防止化学制剂溢出溶液罐以及向空管网内注入化学制剂的意外事故发生。在工作条件上，要保持注入设施范围内环境整洁，有利于化学制剂的处

置，及时发现渗漏和溢出。当需要混合化学制剂时，须慎重对待，要严格按产品说明进行操作，在注入前可进行少量的混合试验，有疑问时向有关专业人士咨询。

为保障安全，在灌溉施肥系统中需安装必要的安全保护装置。不同的灌溉系统和不同的注肥方式，采用的防护设施也不一样，但最基本的要求是设置止回阀，防止化学剂回流进入水源，造成污染；设置进排气阀保障管道安全运行；闸阀齐全，便于操作控制。

**1. 灌溉施肥的安全保护**

**（1）人身安全** 施用液态肥料时不需要搅动或混合，而固态肥料则需要与水混合搅拌成液肥。大多数化肥在施用中不存在人身安全问题，但当注入酸或农药时需要特别小心，防止发生危险反应。施用农药时要严格按农药使用说明进行，注意保护人身安全。

**（2）剂量控制** 施肥时要掌握剂量，如注入肥液的适宜强度大约为灌溉流量的0.1%，例如灌溉流量为$50m^3/h$，则注入肥液大约为50L/h。除草剂、杀虫剂要以非常低的速度注入，一般要小于注入肥料强度的10%。每次施用肥料要掌握好用量。由于设备和操作人员失误，造成过量施用，可能使作物致死以及环境污染。

**（3）安全施用** 注肥过程最好经历三个阶段。第一阶段，土地先用不含肥的水湿润；第二阶段，施用肥料溶液灌溉；第三阶段，用不含肥的水进行清洗。

**（4）过滤水肥防止滴头堵塞** 滴灌灌水器出水口很小，一般直径仅有1mm左右，滴水滴肥时容易出现堵塞现象。为保障系统安全，对灌溉水和肥液进行过滤极为重要。一般微灌系统常用的过滤器的筛网规格为106μm（筛孔为150目）。往管道注入肥液的地点应放在过滤器的上游，使灌溉水和肥液都经过过滤，从而使灌溉系统能够安全运行。当注入酸时，这种方式会损坏过滤器，且冲洗过滤器的水含有化学制剂。为解决这一矛盾，可在过滤器下游注入酸，在过滤器前投放化学制剂，但在过滤器冲洗过程的前一段时间停止投放化学制剂。

**（5）环境安全** 施用农药应有对人身健康的有害期、再进入田间的时间以及安全着装等规定说明。在施用农药之前应出示警示牌，告知正在微灌施药，不能饮用灌溉系统的水等事项。

**2. 系统与灌溉设备的维护**

**（1）滴灌系统的维护** 灌溉系统间隔运行一段时间，就应打开过滤器下部的排污阀放污，施肥罐（或容器）底部的残渣要经常清理。某些地区水的碳酸盐含量较高，每一灌溉季节过后，应用30%的稀盐酸溶液（40～50L）注入管道，保留20min，然后用清水冲洗。请勿踩压、对折支管，小心锐器触碰管道，以防管道折、裂、堵塞，流水不畅。灌溉施肥过程中，若发现供水中断，为防止含肥料溶液倒流，应尽快关闭闸阀。作物收获完后，用微酸水充满系统并浸泡5～10min，然后打开毛管、支管堵头，放水冲洗一次。收起妥善存放。毛管和支管不要折，用完后，支管卷成圆盘，堵塞两端存放。毛管集中捆束在一起，两头用塑料布包裹，伸展平放。

此外，还要定期检查、及时维修系统设备、防止漏水。及时清洗过滤器，定期对离心过滤器集沙罐进行排沙。冬季来临前应进行系统排水，防止结冰爆管，做好易损部件保护。

**(2) 滴灌系统堵塞的原因**

① 悬浮固体物质堵塞，如由河、湖、水池等中含有泥沙及有机物引起的堵塞。

② 化学沉淀堵塞，水流由于温度、流速、pH值的变化，常引起一些不易溶于水的化学物质沉淀于管道或滴头上，按化学元素组分主要有铁化合物沉淀、碳酸钙沉淀和磷酸盐沉淀等。

③ 有机物堵塞，胶体形态的有机质、微生物等一般不容易被过滤器排除所引起的堵塞。

**(3) 滴灌系统堵塞处理方法**

① 酸液冲洗方法。对于碳酸钙沉淀，可用0.5%～1%的盐酸溶液，用1m水头压力输入滴灌系统，溶液滞留5～15min。当被钙质黏土堵塞时，可用酸冲洗液冲洗。

② 压力疏通法。用$5.05\times10^5$～$10.1\times10^5$Pa的压缩空气或压力冲洗滴灌系统，对疏通有机物堵塞效果好。此方法对碳酸盐堵塞无效。

### 3. 滴灌对水质的要求及水处理技术

由于滴灌水流通道和出口非常小，在大多数情况下，滴头出水口的直径小于1mm，平均为0.5mm。因此滴头非常容易堵塞，引起滴头堵塞的原因主要是灌溉水的水质因素，如悬浮固体颗粒、可溶固体、易引起沉淀反应的离子（如碳酸氢盐、钙、镁、铁和锰等）、微生物（如藻类、细菌类和原生动物）。因此，滴灌用水必须经处理后才能使用。目前常用的水处理方法有物理和化学两种。物理法包括过滤法和曝气法。过滤法是根据所需去除固体颗粒的性质选用各种型号的筛式、填料式、盘片式过滤器。曝气法为向蓄水池中曝气，增加水中的溶解氧浓度，激活好氧微生物的活性，以分解水中的有机物质。

化学法根据加入的化学物质分为如下几类。

① 加氯法。氯在水中可抑制藻类的生长，氧化分解有机物，防止有机悬浮物凝聚沉淀，使铁、锰等氧化而成沉淀物除去。对大多数作物来说，若经常性使用，氯的用量为10mg/L；若暂时使用，氯的用量可增加至50mg/L。常用的氯试剂有氯气、次氯酸钠、次氯酸钙和二氧化氯。

② 硫酸铜（绿矾）可以有效控制蓄水池中的藻类，最大投放剂量为24mg/L，

可直接撒于水中，也可装于袋中使其在水里缓慢溶解释放。

③ 柴油漂浮于水面，可降低水中的悬浮物浓度。

④ 酸处理可防止水中可溶性固体沉淀，溶解沉淀物，提高加氯法的效果。可用的酸种类有硫酸、盐酸、磷酸。处理时间为 30～40min，pH 值可控制在 2 左右，而经常性处理时，pH 值应控制在 4。

⑤ 抗沉淀剂为高分子量的化合物，使用这类物质可提高离子的溶解度。

⑥ 凝絮沉淀剂可使水中用沉淀和过滤法去除的分散性的小颗粒凝絮而沉淀除去。最常用的是硫酸铝。此外，灌溉水和土壤 pH 值是灌溉施肥中常考虑的因素。灌溉水的 pH 值较高时（>7.5），碳酸钙镁和磷酸盐将在水管和滴头产生沉淀。同时，较高的土壤 pH 值会降低 Zn、Fe、P 对植物的有效性，可用硝酸或磷酸将灌溉水的 pH 值降到 5 左右。而较低的 pH 值对植物根系有害，还会增加土壤溶液中 $Al^{3+}$ 和 $Mn^{2+}$ 的浓度，因此土壤 pH 值不能降得太低。

# 第四节　液体肥料

## 一、液体肥料定义

液体肥料是种省时省力、高效的快速肥料。由于具有生产费用低、零污染，养分含量高、肥料利用率高，易于复合、配方容易调整，方便精确施肥，非常适合灌溉系统应用，便于配方施肥（平衡施肥）和机械化施肥，节能环保等诸多优点，因此越来越受到世界各国的重视。发达国家的农业集约化水平高、机械化施肥条件良好，液体肥料得到了广泛应用。20 世纪 30 年代，美国首先采用液氨作为液体肥料直接施用于农作物并获得成功。1947 年以后开始大力推广，20 世纪 50～70 年代进入高速发展时期，逐步发展为液体复混肥料。目前，液体肥料在美国占所有肥料的 50%以上，在以色列占 90%以上。当前，欧美液体肥料发展已经初具规模，出现多种优质的液体肥料。

发展中国家为了降低农业生产成本、提高农产品国际市场竞争力，开始采取措施提高农业集约化和产业化水平，机械化施肥条件逐步得到改善，液体肥料的发展将获得广阔的空间。近几年，国内一些化肥生产企业、科研单位加强对液体复合肥的研究，相继开发和生产了含氮磷的基础液体肥、酸性液体复合肥、磷酸二氢钾复合肥、有机液体肥及添加微量元素的液体复合肥等。

液体肥料（fluid fertilizer）又称流体肥料，俗称液肥，是含有一种或一种以上的作物所需营养元素的液体产品。根据国外液体肥料的生产及使用情况，液体肥料按其养分含量可分为液体氮肥和液体复合肥。但是，根据我国的肥料登记或肥料生产使用情况来看，除了国外所指的以上两类外，还有农业部行业标准规定的大量元素水溶肥料液体产品（中量元素型和微量元素型）、中量元素水溶肥料液体产品、微量元素水溶肥料液体产品、含氨基酸水溶肥料（中量元素型）液体产品、含氨基酸水溶肥料（微量元素型）液体产品、含腐植酸水溶肥料（大量元素型）液体产品以及其他液体肥料等。这一节主要介绍国外常指的液体氮肥和液体复合肥。

**1. 液体肥料的分类**

按液体肥料的清亮透明和混浊程度可将液体肥料分为清液肥料和悬浮肥料两大类。清液肥料指的是液相中不含分散固体微粒，所需的养分全部溶解在水中，形成澄清无沉积的液体；悬浮肥料指的是液相中分散有不溶性的固体微粒。

按液体肥料所含养分的化学成分可将液体肥料分为液体氮肥和液体复合肥两大类。液体氮肥指的是溶液中仅含有氮素养分，如氨水、液氨和氮溶液。液体氮肥中所含的氮素形态可以是氨（或铵）态、硝态或酰胺态。液体复肥指的是产品中含有氮、磷、钾三者中任意两者或两者以上的液体肥料。

按液体肥料养分成分在复混过程中固定与否，可将液体肥料分为基础液体肥料和混配液体肥料两种。前者指的是其中的养分成分固定不变如尿素、硝酸铵溶液、多磷酸铵溶液，它们主要用作混配液肥的基础物料，后者指的是可根据当地土壤类型和作物种类对养分的需要，可自行调节其养分。

另外根据液体复肥混合工艺释热与不释热，将液体复肥分为热混型和冷混型。

**2. 液体氮肥**

液体氮肥是由单一营养氮元素所构成的液体肥料，包括液氨、氨水和氮溶液等。液氨储运时需要耐压的容器和管道，施用不当会对人和作物造成伤害。液氨是高浓度肥料，用液氨做氮肥是最便宜的，但是液氨对安全要求较高，需要带压运输，有一定危险性，且运输成本高。

**(1) 液氨**　液氨是氨的液化产品，也称无水氨，含水仅 0.2%～0.5%，还含有微量油（<5mg/kg），含氮（N）量为 82.8%，是含氮量最高的氮肥品种。其肥效好、成本低、对土壤无害，是今后很有发展前途的氮肥品种。将液氨直接用作氮肥，始于 20 世纪 30 年代的美国。20 世纪 50 年代后，液氨施肥技术趋于成熟，引起世界各国重视而有所发展。

液氨作为氮肥品种的主要长处在于，化肥生产上可省去氨加工流程，单位氮的工业成本低；由于含氮量高，贮运中副成分少，施用后对土壤无副作用；且因氨极易被土壤吸持，入土后肥效长，可提前施肥（可结合耕耙作业进行隔年施肥，如春肥秋施）。液氨施肥的主要短处在于，必须在承压 $2.53\times10^6$～$3.04\times10^6$Pa 或冷冻（－33.4℃）和全封闭条件下贮运与施用，要有相应的耐压贮运设备与施肥机械，设备与材料昂贵，成本高，同时需有较大的田块、较完整的田间路网和作物种植制度以与施肥机械大规模施用基肥方式相结合。这在很大程度上限制了我国液氨施肥的发展，尤其对人口稠密，复种指数高，习惯于间、套作的多熟制地区，发展难点较大。

液氨的包装及贮运要求严格。灌装液氨用的钢瓶或槽车应符合国家颁发的气瓶安全监督规程、压力容器安全监督规程等有关规定。灌装液氨的钢瓶和槽车外壁应刷有黄色油漆，并以黑色油漆标明生产厂名称、产品名称和毛重，按 GB 190—2009 中有毒气体的规定标志。钢瓶必须有安全帽，瓶外有橡皮圈或草绳包扎。液氨是强腐蚀性有毒物质，刺激眼睛、灼伤皮肤、损伤呼吸道和肺。贮运中将液氨钢瓶存放于库房或有棚平台上，也可用帐篷遮盖，防止阳光直射。应符合交通部《危险货物运输规则》，避免受热，严禁烟火，防止激烈撞击和震动。

液氨有强烈的挥发性，施入土壤后容易气化，只有与土壤中的水生成氨水后才被土壤吸附。含有机质多的肥沃土壤对氨的吸附能力强，可减少氨的损失。液氨施入土壤后会使局部土壤氨的浓度大大增加，使土壤的碱性增强，转化为硝态氮后则显示酸性。

液氨的主要技术指标执行 GB 536—88 标准（表 3-20）。

**表 3-20　液体氨产品质量指标**（GB 536—88）

| 指标名称 | 指标 | | |
|---|---|---|---|
| | 优等品 | 一等品 | 合格品 |
| 氨($NH_3$)含量/% | ≥99.9 | ≥99.8 | ≥99.6 |
| 残留物含量/% | ≤0.1(重量法) | ≤0.2 | ≤0.4 |
| 水分($H_2O$)含量/% | ≤0.1 | — | — |
| 油含量/(mg/kg) | ≤2(红外光谱法)<br>≤5(重量法) | — | — |
| 铁(Fe)含量/(mg/kg) | ≤1 | — | — |

液氨是一种高浓度、挥发性很强的碱性液体氮肥，施用不当会引起氮素严重损失，并伤害作物，必须注意。液氨的施用方法主要有机械施肥和随灌溉水施用两种。

采用机械施肥深度一般为 12～18cm 的土层，具体视土壤质地和含水量而变动，对吸持力强而湿润的黏着土壤可浅些，施后要严密覆土以减少氨的直接挥发损失。施肥时的土壤湿度以含水率 20%左右为宜，在这个湿度下氨可以很好地被土壤所吸附。干燥或淹水的土壤都能促进氨的挥发，所以水田施液氨后应待氨被土壤充分吸附后再灌水。

随灌溉水施用，是将盛装液氨的钢瓶置于田间，经过减压装置后用管子将液氨插入灌溉水中，由计量器控制流量，使灌溉水中氨的浓度保持在 100mg/kg 以内。

液氨进入土壤后遇水转变为铵，而被土壤胶体所吸附，移动性小，肥效长可作基肥，结合翻地或起垄施用，施用量以每亩 5～7.5kg 为宜。但施肥不均时，田间易出现苗色黄黑不匀和长势不一致的现象。

液氨是高活性的碱性化学品。空气中混有较高浓度的液氨时，能引起对人体、眼睑和呼吸系统的强烈刺激，灼伤作物，甚至引起化学燃烧。因此，必须对液氨实施严格的管理。主要的生产管理措施如下：

第一，决不用勉强够格的液氨贮运和施肥设备；

第二，决不可将贮槽装入的氨量超过其容量的85%；

第三，随时检查贮槽控制阀门及连接软管，并保持其出入口的清洁；

第四，决不可擅离贮藏、运输、操作岗位，乱动安全阀门及其他安全装置；

第五，启用的施肥机具必须经过检查并确保性能完好；

第六，运输和施用液氨时一定要戴上手套和护目镜等防护用品。

**(2) 氨水** 氨的水溶液叫作氨水（$NH_3 \cdot H_2O$ 及 $NH_4OH$，含N 12%～16%）。我国常用氨水浓度为含氨15%、17%和20%三种，分别称15°、17°和20°氨水，含氮量分别为12.3%、14.0%和16.4%。我国氨水技术指标相关规定，农业用氨水氨（$NH_3$）含量大于等于15%。国外农用氨水的浓度稍高，一般制成含氨25%（含氮20%）的产品。

氨水中的氨在溶液中呈不稳定的结合态，大部分以氨分子形式溶解于水中，只有一部分以氨的水合物（$NH_3 \cdot H_2O$）和极少量的 $NH_4OH$ 形式存在，所以氨水是一种弱碱（pH 10左右）。因氨分子极为活泼，不断从氨水中挥发出来，且随温度的升高和和放置时间延长而增加挥发率，浓度增大挥发量也增加。挥发的氨对生物有刺激性，如人的眼、鼻和呼吸道黏膜都可能因接触挥发的氨受到强烈的刺激。氨水有一定的腐蚀作用，对铜的腐蚀作用较强，钢铁较差，对水泥腐蚀不大，对木材也有一定的腐蚀作用。所以，在贮运和施用氨水时，需用耐腐蚀并密闭的容器及机具，并注意安全。

氨水包装与贮运需用密闭的玻璃瓶、坛、铁桶、槽车或槽船等装运。每批氨水都应附有质量证明书，内容包括生产厂名称、产品名称、产品类别、槽车或槽船号、批号、出厂日期、产品净重或件数、产品符合标准要求的质量证明和标准编号。氨水应贮存在阴凉避风、隔绝火源的场所，以减少氨的挥发和避免发生爆炸事故。室内空气中氨的极限浓度为30mg/m$^3$，空气中氨的爆炸下限为15%（体积），上限为28%（体积）。氨具有强烈的刺激性，贮运中注意防止刺激眼睛、烧伤皮肤，引起呼吸困难或强烈窒息性咳嗽，发生中毒时应呼吸新鲜空气，损伤皮肤时，用水洗涤，然后用3%～5%乙酸或柠檬酸冲洗。运载工具要自重较小，装载量大，密封性最好，耐腐蚀性强，坚固耐用，装卸方便。为此，应选用耐腐蚀材料制作贮运工具，并用防腐蚀涂料刷贮器内部。

为了尽可能减少贮运和施用过程中氨的挥发，生产厂常在氨水中通入一定量的二氧化碳将其碳化，使一部分氨与二氧化碳结合，形成含有碳酸氢铵（$NH_4HCO_3$）、碳酸铵[$(NH_4)_2CO_3$]和 $NH_4OH$($NH_3 \cdot H_2O$）的混合液，称“碳化氨水”。碳化氨水较之普通氨水能明显减少氨挥发。

氨水施入土壤后，一部分氨气被土壤颗粒吸附，大部分经离子交换作用，被土壤胶体吸附。短期内提高土壤碱性，待土壤胶体与铵离子交换吸附，或铵离子被硝化细菌硝化后，碱度随即消除，对作物生长的影响不大。在碱性土壤或石灰性土壤施用氨水，氨的挥发损失大，施用时必须深施、覆土。施用的氨水量过多，超过土壤的吸附范围，会引起危害。土壤溶液中氨浓度增高时，抑制作物对钾的吸收，使根枯死，也会使作物和土壤微生物生长受到阻碍。

氨水浓度过高时，会熏伤农作物，妨碍种子发芽，施用时一般都要稀释。试验表明，氨水能被作物安全吸收的浓度应≤0.05%。

氨水施用原则是“一不离土，二不离水”。不离土就是要深施、覆土；不离水就是加水稀释以降低浓度，减少挥发，或者结合灌溉施用。氨水是生理中性肥料，对土壤不残留有害物质，还能杀死蛴螬、地老虎等地下害虫。但施肥者应有防护措施，并防止氨水接触植株而被灼伤。

氨水可做基肥和追肥。基肥每亩用氨水30～50kg，旱作可通过塑料管把氨水引到犁铧后面，边耕地边把氨水施在犁沟里；如果用氨水耧，可顺着犁沟前浇施，随后耕地、覆盖。水田应先灌一层薄水，把氨水和泥浆混合均匀，施于田面，随即犁田耖耙、插秧；也可在灌水整地后，泼施氨水，然后用小拖拉机旋耕、耙匀插秧。

追肥每亩用氨水20～40kg。旱作采用沟施或穴施，兑水稀释10～15倍，施肥深度距离植株约10cm为宜。沟施法常用在密播作物上，用氨水施肥器施肥，随后覆土；穴施法适宜在玉米、棉花等行距和株距较大的作物上，氨水稀释后施入挖好的穴里，边施肥边覆土踩实。水田采用灌施法，施肥前先将田水排干，将盛氨水的容器放在垄沟口上，用小胶管的虹吸原理将氨水导入氨水沟的底部，用砖块立于进口处造成回流，使氨水进田前与灌溉水混匀，再流入稻田中。旱田水浇地也可采用此法。

**(3) 氮溶液** 氮溶液（含氮20%～50%），即氮肥复合溶液，可分为有压氮溶液和无压（常压）氮溶液两种。

有压氮溶液是由氨（液）和其他固体氮肥（硝铵、尿素等）混合而成的液体氮肥，也称氨制品、低压氮溶液或氨络物。随着小氮肥工业与氨水施用的发展，我国曾考虑部分小型氮肥厂能逐步发展这一品种，但因受到能添加于氨水的固体氮肥品种和数量的限制，未能如期发展。

有压氮溶液的基本组分为氨、硝酸铵和尿素，也可加入少量硫酸铵或亚硫酸氢铵（$NH_4HSO_3$，是造纸工业副产品）。生产时常以$CO_2$（$H_2CO_3$）中和其中的游离氨（似碳化氨水）。在我国条件下也可加入碳酸氢铵。因各组分所占的比例不同而含氮量不等。美国使用的多种品种，含氮在19%～56%，大都在30%～40%，相对密度>1.0。

有压氮溶液的基本特点是氨蒸气压比液氮低，多数在1～2kgf/m$^2$以下，但含氮量可比氨水高一倍以上，是一种高浓度的液体氮肥。贮运中除注意密封保氮防止对金属容器的腐蚀外，并应注意每种氮溶液的临界盐析温度（一般都在0℃以下），以不使其过多析出结晶而影响使用和肥效。施用时可按氨水要求对旱作深施入土，对水田可进行冲施。

无压（常压）氮溶液是未经浓缩的尿素与硝铵混合制成的水溶液，简称UAN溶液（urea ammonium nitrate），是液体氮肥的代表性品种，是正在发展的液体氮肥。既可以直接施用，也可以作为流体复合肥料的氮源。近年来，美国等北美国家无压氮溶液比液氨和有压氮溶液发展更快，因为，其生产过程不用进行蒸发造粒，能耗较低；具有稳定、无色、常压等优点，储存使用方便，便于运输，安全性能较液氨好；无压氮溶液比其他氮肥（如氨和硝酸铵）更易于管理，危险性小。施用于土壤中能比固体氮肥均匀。无压氮溶液可与除草剂、杀虫剂方便混合，可用于滴灌系统，是生产液体复合肥的基础原料，使用无压氮溶液的关键是要有配套的运输管线、计量装置、贮存设备和施用机械。

无压氮溶液由质量分数为30%～35%的尿素、38%～48%的硝酸铵和20%～30%的水组成，同时含有硝态氮、铵态氮及酰胺态氮，兼有速效肥和滞后肥的功效，其肥效比固体尿素高。在美国使用最广的无压氮溶液有三种氮浓度，即含氮28%、30%和32%，三者的盐析温度分别为－18℃、－10℃、－2℃，其盐析温度随氮浓度升高而降低。因此，在低温季节使用时，可配制含氮更低的氮溶液，如含氮26%或更低；相反，在热带地区可使用含氮35%甚至浓度更高的氮溶液。氮溶液在发达国家得到广泛应用，而我国则刚开始起步。

**3. 液体复合肥**

液体复合肥是利用氨水、UAN溶液、尿素、氯化钾、硝酸钾等基础原料配制的包含两种或两种以上营养元素的清溶液或悬浮液，其肥效比常规复合肥料高30%以上。清液肥料是指把作物生长所需的养分全部溶解在水中，形成澄清无沉积的液体，可以是清亮无色的，也可以是有色的，甚至会添加一些染色剂。虽然清液肥料所有的养分都溶解在液相中，形成均匀一致的液体，但清液肥料的养分较低，增加了单位养分的运输成本，且产品容易结晶，只适合就近运输。

悬浮液肥料的液相中分散有不溶性固体肥料微粒或含有惰性物质微粒，通常在溶液肥料中加入1%～2%的助悬浮剂（一般为高分散度的黏土矿物质），使一部分养分在助悬浮剂的作用下而呈固体微粒悬浮在液体中。由于助悬浮剂的存在，生产悬浮液体复混肥可使用纯度和溶解度不高的原料，不必考虑钾盐等盐类会析出结晶。一般情况下，悬浮复混肥比清液复混肥的养分高，比较适合含钾浓度较高的液体肥料。

悬浮肥料中的养分没有全部溶解于液相中，而将多种基础原料进行混配，通过添加悬浮剂、分散剂和增稠剂等助剂，使植物所需的养分悬浮在液体中，养分含量大幅度提高。如氮、磷、钾总养分的质量分数可达50%以上，水分的质量分数控制在18%以下，具有高浓缩、养分种类多、溶解性好、易加工等优点，在灌溉施肥技术发达的国家尤其是美国，悬浮肥料的应用非常普及，在我国的应用却很少。

**4. 聚磷酸铵**

聚磷酸铵是国外水溶性肥料发展的一项重要核心原料，具有螯合、复配、缓释、不易结晶等诸多优点，聚磷酸铵水溶液将在国内外的液体肥料发展中起到重要的促进作用。聚磷酸铵是一种低氮高磷复合肥，有易溶性、分散性好等优点。常见三种配比：10-34-0（液体）、11-37-0（液体）和12-57-0（固体）。

聚磷酸铵是一种速效与长效结合的缓溶性、高浓度氮磷肥料。作物施用聚磷酸铵安全系数高，不易与土壤溶液中的钙、镁、铁、铝等离子反应而使磷酸根失效，通常不被作物直接吸收，而是在土壤中逐步水解成正磷酸才被作物吸收利用。水解反应相当复杂，聚磷酸铵溶液含有几种化合物如正磷酸、焦磷酸、三聚磷酸及更多元的聚合物，而正磷酸盐是聚磷酸盐水解的最终产物。通常作物只吸收正磷酸盐形态的磷，故聚磷酸盐水解速率的快慢决定了磷肥效的快慢。

聚磷酸铵对金属离子具有螯合作用，可以作为基肥中的无机螯合剂。农用聚磷酸铵聚合度通常为2～10，溶解性好，微量元素在聚磷酸铵溶液中的溶解度远大于在正磷酸铵中的溶解度，不会产生沉淀，不需要加入昂贵的络合剂，是配制液体多功能复合肥料的主要品种。它可与普通杂质如镁、铁、铝等螯合，不产生沉淀，也不会损失有效磷，能提高诸如锌、锰等微量元素的活性。添加一些微量元素可以提高肥效、可以被螯合，成为均匀一致的多元溶液肥料，它能与氮溶液、尿素、氯化钾和水配制出近几十种复合肥，由聚磷酸铵制成的复混肥盐析温度可达0℃以下，有些可达－18℃，便于寒冷地区贮藏。与农药和植物生长调节剂有良好的可混性。

聚磷酸铵作为单质肥料或配制高浓度复合肥使用，都可以很好地实现测土配方施肥及肥料复合化、功能化，从而实现化肥质的提高。通过在液体聚磷酸铵基础溶液中添加氮肥、钾肥、微量元素配制成的清液型液体肥料，无吸湿和结块问题，不产生粉尘和烟雾，可以通过管道运输、滴灌和喷施机械化系统施用，具有省工、省水、省肥的优点，而且肥效高、易吸收。

聚磷酸铵可制成用于农作物叶面喷施的很好的叶面肥。聚磷酸盐作为肥料，施用量可比正磷酸盐高3倍，而且不会烧伤作物叶片，聚磷酸铵的中性溶液可以在作物叶面上维持几天，供叶片吸收，而不会被蒸干或晶析，而正磷酸铵的中性溶液就易被蒸干而留下残渣。

聚磷酸铵施用时要注意两个基本特点：一是浓度比正磷酸铵高，且更易溶解，因此不宜做种肥。做基肥或追肥时，其用量应适当减少；二是施入土壤后，其中的多种聚磷酸铵，首先发生水解反应，形成正磷酸铵后被作物吸收。国外已做了聚磷酸铵与磷酸一铵、磷酸二铵的对比试验，多数情况下，聚磷酸铵的肥效优于磷酸一铵和磷酸二铵。但是，聚磷酸铵一般不以单一肥料形态出售和使用，大多用作固体掺混肥料或液体复合肥料的基础肥料。在美国，较多的用于配制液体复合肥。

## 二、液体肥料的优点与缺点

### 1. 液体肥料的优点

**(1) 应用设备少，生产成本较低** 生产企业可节省生产固体肥料的部分设备装置，如喷浆、造粒、烘干等设备装置，减少燃料和动力消耗；并且生产过程中无粉尘、无烟雾，不会造成环境污染和损害人体健康。如液氨的生产在工业上，可以省掉生产固体氮肥（即氨加工）的装置，节省投资 1/3；节省固体氮肥生产的能源消耗（20%～25%）；减少氨加工的氨损失；可节约单位氮素肥料成本 30%。在农业上，可减少作业层次、节省人工；与等氮量固体氮肥相比，可使作物增产 10%～15%；提高氮素利用率 5%；降低肥料成本 30%。

**(2) 养分含量高，运输成本低** 据有关资料介绍，肥料中有效成分的质量分数每提高 10%，就可降低肥料包装、储存、运输和管理等费用约 20%以上。

氮肥中的液氨肥料是氮肥中浓度最高的氮肥品种，其含氮量高达 82%，是尿素的 1.78 倍，硝铵的 2.41 倍，碳铵的 4.82 倍，其单位氮素的生产和运输成本大大低于其他氮肥。

悬浮肥料实质上为一种过饱和的不完全溶液。悬浮液中不仅含有各种分散的、未溶解的盐，还含有不溶解的稳定剂以及其他的微粒物料。通常在悬浮液中加入的稳定剂为活性黏土，通过它能将各种养分微粒胶凝分散在溶液中，使成悬浮状态，因而悬浮液中能容纳较多的养分。如用尿素-硝酸铵制得的清液肥料其含氮量仅为 30%，而用尿素-硝酸铵加活性黏土制成的悬浮肥料其含氮量可提高到 37%。又如用聚磷酸铵制得的清液肥料，其氮、磷养分浓度分别为 11%和 33%或 10%和 30%，而用氨化热法过磷酸加活性黏土制得的悬浮肥料，其氮、磷养分浓度分别为 12%和 40%；同时，由于在清液肥料中添加氯化钾在数量上受到很大限制，而在悬浮肥料中添加氯化钾在数量上则很少受限制。由于助悬浮剂的存在，生产悬浮液体复混肥可使用纯度和溶解度不高的原料，不必考虑钾盐等盐类会析出结晶。因而利用悬浮法可获得各种氮、磷、钾配比的液体肥料。

**(3) 可以结合作物灌溉系统施用，满足水肥一体化的要求** 水肥一体化要求肥料必须是速溶性、杂质少的肥料，固体肥料中虽然多数是可溶的，但是也有不溶的，如过磷酸钙，容易堵塞滴头或喷头，而液体肥可以满足滴灌、微滴灌系统的要求，悬浮液的颗粒最大也能通过 149μm（100 目）的滴管［灌溉要求通过

250μm（60 目)]。同时液体肥料便于精确计量施肥，是其他农用化学品的良好载体，适宜机械化作业，更适合水肥一体化。

**(4) 提高作物肥料利用效率** 液体肥料中各养分能够混合得很均匀，质量很一致，肥效好。固体化肥一般只能被作物吸收 30%左右，而液体化肥则可被作物吸收 80%以上，其利用率明显提高。施用 1t 液体化肥相当于 3t 固体化肥的肥效，不但降低了成本，而且也降低了化肥的使用量，同时也减少了对作物和环境的污染。固体化肥在被作物吸收时必须经过溶解成液体的过程，而液体化肥能直接被作物吸收，提高了吸收的速度，施入土壤后，营养成分可直达根系，无需再经长时间的化学变化过程，并且大大降低了某些营养成分被土壤固定的数量。

目前播种时，施肥普遍采用固体条状施种肥和底肥。开肥沟时，由于工作部件和土壤结构的限制，沟型宽、搅动土壤严重、土壤水分散失快；同时，无论是施种肥还是种肥、底肥分施，最多在土壤中形成平面状，不能为作物生长发育提供全程肥力，容易造成作物中、后期的脱肥现象，在作物生长后期要追肥，增加了作业的成本。而采用液体施肥技术特别是水溶肥一体化技术，搅动土壤少、土壤水分散失少，在施肥的同时又为土壤补充了水分，有利于作物出苗和苗壮。同时，通过液体施肥，肥料随着液体的渗透可以在土壤内形成一定直径的立体肥柱，与根系分布区比较接近，可为作物提供全程肥力，利于提高肥料的利用率、作物的产量和品质。

**(5) 液体肥料养分组成和含量易于调配，使用便捷** 液体肥料可以根据土壤特性和植物需要，以任何适当的比例来调配成多元肥料，也可以根据需要，均匀地加入除草剂、杀虫剂以及微量元素等其他成分。特别是微量元素可以做到均匀加入和施用。

**2. 液体肥料的缺点**

尽管液体肥料有诸多的优点，但也存在一些缺点，如要求特定的运输、贮存和堆放的场所和系统；还需要配制专门的施用工具，如液氨要求特定的施用工具。

## 三、液体肥料的选择和施用

液体肥料的选择跟常规肥料一样，可根据施肥目的及作物对养分的需求，选择含氮肥料或液体复合肥，以及其他液体肥料。

国外施用液体肥料主要有两种方法：一种是直接施用法，即通过施肥机具将液体肥料注入土壤中或采用叶面喷施法，将液体肥料洒布在作物叶片上；另一种为间接施肥法，即结合管道灌溉，将液体肥料先溶解在灌溉水中，经稀释后再结合灌水将液体肥料带入田间作物根层，即灌溉施肥或水肥一体化，这里也包括冲施。

此外，也可用于浸种。就是将植物的种子浸泡在液体肥料中，使种子内源激素快速激活，加快能量的转化吸收，提高作物生根、发芽率，促进作物生长发育。液体肥料在适宜的浓度范围内可通过生理调节作用促进植物早期的生长发育，具有早生、快发和壮苗作用，为最终获得作物高产奠定良好基础。

我国生产的液体肥料除大面积根部施用外，一部分也用作叶面施肥。如对小麦、玉米、棉花、水稻和甜菜等农作物用液体肥料进行根施灌溉，而对蔬菜、果树、园林及花卉等经济作物在生长期内经常喷洒液体肥料。烟草产区除施基肥外，还在烟草生长期内喷施或灌溉液体肥料。

# 第四章

# 微生物肥料

# 第一节 微生物肥料概述

中国是一个农业大国，农业是国民经济的基础，发展农业对我国的经济发展具有重要的战略意义。现代农业技术推动了农业生产的快速发展，特别是化学肥料的推广使得农业产生了巨大的经济效益。化肥的大量使用是支撑粮食增产的重要因素，在增加粮食产量的同时，长期过量使用化肥也带来了环境污染、土壤板结、地力衰退、生态恶化、农产品品质下降、河流和地下水污染等问题。此外，过量使用化肥也造成化肥利用率降低，致使农业成本增加，生产效益降低等一系列问题。近几年，随着农产品安全日益受到重视，生产无公害有机绿色食品的生态农业和有机农业正在快速发展。这就要求不用或少用化学肥料、化学农药和其他化学物资，寻找有效的替代品，以促进作物增长的同时不产生和积累有害物质，减少环境和土壤污染。微生物肥料具有肥效高、本身无毒、不污染环境，且成本低、可节约能源、绿色安全等特点而受到关注，是化学肥料的最有效的替代品。生产实践证明，微生物肥料在提升耕地土壤肥力、维持耕地土壤结构、保持耕地土壤健康、降低耕地土壤污染、提高耕地农产品品质上效果显著，在国家耕地质量提升的需求中具有广阔的应用前景。合理开发和利用微生物肥料，是我国农业持续发展的重要途径。

中国微生物肥料研究可以追溯到20世纪30年代，是从豆科植物应用根瘤菌接种剂开始的。中国著名的土壤微生物学专家张宪武教授在1937年发表第一篇《大豆根瘤菌研究与应用》的文章。20世纪50年代初，在张宪武教授的带领下，在东北地区大面积推广大豆根瘤菌接种剂技术。20世纪50年代末期开始生产和应用微生物肥料，微生物肥料在1958年曾经列为《农业发展纲要》中的一项农业技术措施。20世纪60年代推广使用放线菌制成的“5406”抗生菌肥料和固氮蓝绿藻肥。20世纪70～80年代中期，又开始研究VA菌根，以改善植物磷素营养条件和提高水分利用率。20世纪80年代中期至90年代，农业生产中又相继应用联合固氮菌和生物钾肥作为拌种剂。20世纪90年代，相继推出联合固氮菌肥、硅酸盐菌剂、光合细菌菌剂、PGPR制剂和有机物料（秸秆）腐熟剂等适应农业发展需求的新品种。其中，植物根际促生细菌（PGPR，plant growth promoting rhizobacteria）的研究逐渐成为土壤微生物学的活跃研究领域；90年代后期又推广应用由固氮菌、磷细菌、钾细菌和有机肥复合制成的复合（复混）生物肥料做基肥施用。1994年，农业部制定了首例微生物肥料的行业标准，规范了微生物肥料的生产。进入21世纪后，国内外出现了基因工程菌肥、作基肥和追肥用的有机无机复合菌肥、生物有机肥、非草炭载体高密度的菌粉型微生物接种剂肥料以及其他多种功能类型和名称的微生物肥料。由此可见，随着研究的深入和应用的不断扩大，微生物肥料已形成由豆科作物接种剂向非豆科作物肥料转化；由单一接种剂向复合生物肥转化；由单一菌种向复合菌种转化；由单一功能向多功能转化；由用无芽孢菌种生产向用有芽胞菌种生产转化等趋势。目前，微生物肥料已成为我国新型肥料中产量最大、应用面积最广的品种。“微生物肥料的功能特点与国家农业可持续发展道路相吻合，是国家战略的必然选择。”其在提高肥料利用率、减少化肥用量方面大有作为。微生物肥料品种丰富，应用范围广，现在国家政策支持力度不断加强。目前，微生物肥料产品涉及微生物功能菌剂、生物有机肥、复合微生物肥三大类产品，使用的菌种数量超过 150 种。在产业政策和产业定位上，2012 年 12 月国务院发布《生物产业发展规划》，将微生物肥料列为高新技术产业和战略新兴产业。微生物肥料被纳入到“农用生物制品发展行动计划”，明确提出要加快突破“保水抗旱、荒漠化修复、磷钾活化、抗病促生、生物固氮、秸秆快速腐熟、残留除草剂降解及土壤调理”等生物肥料的规模化和标准化生产技术瓶颈，提升产业水平。国家发展改革委员会已将微生物肥料列为现代农业优先发展的技术之一。“国家将在‘十三五’和更长时期支持和发展微生物肥料产业!”预计未来微生物肥料将会占到肥料总量的 15%左右，应用推广面积达到 4 亿亩以上。

据统计，目前国内微生物肥料生产企业已超过 1000 家，年产量 1000 万吨，产值 200 亿元。截至 2015 年 10 月，在农业部登记的微生物产品达 2675 个，累计应用面积超过 2 亿亩。我国生产的微生物肥料更是打进国际市场，30 个产品年出口量近 20 万吨。目前，农民对微生物肥料普遍能够接受，从最初的微生物肥料应用于粮食作物，到如今的蔬菜、果树、花卉等经济及观赏植物都有微生物肥料的大量使用，为中国农业生产做出了重要贡献。

## 一、微生物肥料的定义

微生物肥料是指由单一或多种特定功能菌株，通过发酵工艺生产的，能为植物提供有效养分或防治植物病虫害的微生物接种剂，又称菌肥、菌剂、接种剂。

狭义的微生物肥料，是通过微生物生命活动，使农作物得到特定的肥料效应的制品，也被称之为接种剂或菌肥，它本身不含营养元素，不能代替化肥。广义的微生物肥料是既含有作物所需的营养元素，又含有微生物的制品，是生物、有机、无机的结合体，它可以代替化肥，提供农作物生长发育所需的各类营养元素。

## 二、微生物肥料的主要作用

微生物是土壤活性和生态功能的核心，是耕地土壤质量提升的关键要素。各种功能的微生物肥料在耕地质量提升中发挥着重要作用。

微生物肥料主要有以下作用：

**(1) 增加土壤肥力** 增加土壤肥力是微生物肥料的主要功效之一。如各种自生、联合、共生的固氮微生物肥料，可以增加土壤中的氮素来源。多种解磷、解钾微生物的应用，例如一些芽孢杆菌属（*Bacillus*）、假单胞菌属（*Pseudomonas*），可以将土壤中难溶的磷、钾分解出来，转变为作物能吸收利用的有效磷、有效钾养分；许多微生物产生胞外多糖物质，同时增加土壤中有机质含量，改善土壤团粒结构，增强土壤物理性能，提高土壤肥力。

**(2) 产生植物激素类物质刺激作物生长** 许多用作微生物肥料的微生物还可产生植物激素类物质，能刺激和调节作物生长，使植物生长健壮，营养状况得到改善，增产增收。

**(3) 对有害微生物起到生物防治作用** 肥料中的有益微生物大量生长繁殖，在作物根际土壤微生态系统内形成优势种群，限制或减少了其他病原微生物的生长繁殖机会，有的还有拮抗病原微生物的作用，起到了减轻作物病害的功效。

**(4) 提高了作物的抗逆性** 由于微生物肥料的施用，其所含的菌种能诱导作物产生超氧化物歧化酶，在植物受到病害、虫害、干旱、衰老等逆境时，消除因逆境而产生的自由基来提高作物的抗逆性，减轻病害。

**(5) 协助植物吸收营养** 微生物肥料中最重要的品种之一是根瘤菌肥。通过生物固氮作用，将空气中的氮气转化成植物能吸收利用的氮素化合物如谷氨酰胺和谷氨酸类，以满足豆科植物对氮素的需求。VA 菌根是一种土壤真菌，可以与多种植物根系共生，其菌丝能够伸出根部很远，可以吸收更多的营养供给植物吸收利用，其中对磷的吸收最为明显，另外，对锌、铜、钙等也有加强吸收的作用。VA 菌根真菌的菌丝还能增加水分的吸收，提高作物的抗旱能力。

**(6) 减少化肥使用量，降低成本** 微生物肥料的使用替代了部分化肥，提高了化肥利用率。使用微生物肥料能够适量的减少化肥使用量，减轻了因化肥过量使用造成的土壤酸化、板结以及对江河湖泊和地下水的污染。另外微生物肥料所消耗能源少，成本更低，而且本身具有无毒无害、没有环境污染的特点，有利于生态环境保护。

## 三、微生物肥料的种类

微生物肥料的种类很多，目前一般将微生物肥料制品分为两大类：一类是狭义的微生物肥料，指通过微生物的生命活动，增加了植物营养元素的供应量，包括土壤和生产环境中植物营养元素的供应总量，导致植物营养状况的改善，进而产量增加，这一类微生物肥料的代表品种是根瘤菌肥；另一类是广义的微生物肥料，指通过其中的微生物的生命活动，不但能提高植物营养元素的供应量，还能产生植物生长激素，促进植物对营养元素的吸收利用或有拮抗某些病原微生物的致病作用，减轻农作物病虫害而促进作物产量的增加。

**1. 根据微生物种类划分**

① 包括根瘤菌肥料类、固氮菌肥料类、解磷菌肥料类、硅酸盐细菌肥料类；

② 放线菌肥料，如抗生菌类；

③ 真菌类肥料，包括外生菌根菌剂和内生菌根菌剂，如 VA 菌根菌剂、兰科菌根菌剂；

④ 藻类肥料，如固氮蓝藻等；

⑤ 复合型生物肥料，即肥料由几种微生物混合在一起形成。

**2. 根据微生物肥料作用特性划分**

① 微生物接种剂，即以有效微生物接种到作物根部，通过微生物的生命活动产生肥效或促进生长效应为目的。这种类型以根瘤菌接种剂为代表，包括所有以接种为手段的生物肥料；

② 复合微生物肥料，即将有益微生物与有机肥混合在一起制成的，其中既含有用以接种的有益微生物，又含有作为促进微生物活动的有机肥基质。

**3. 根据微生物肥料功能和肥效划分**

① 增加土壤氮素和作物氮素营养的菌肥，如根瘤菌肥、固氮菌肥、固氮蓝藻等；

② 分解土壤有机质的菌肥，如有机磷细菌肥料、综合性菌肥；

③ 分解土壤难溶性矿物质的菌肥，如无机磷细菌肥料、钾细菌菌肥；

④ 刺激植物生长的菌肥，如抗生菌肥料、促生菌肥；

⑤ 增加作物根系吸收营养能力的菌肥，如菌根菌肥料。从微生物肥料发展的趋势来看，以复合微生物多功能、适应能力强的生物制剂配合有机肥料生产的有机复合肥，或开发多功能光合菌肥市场前景看好。

**4. 按微生物肥料剂型划分**

① 液体类，即将菌种投放到无菌灌中进行工业深层发酵而成，用发酵液直接分装，使用方便，可以直接拌种，但是缺点是微生物在液体中继续生长繁殖，迅速将其中的营养消耗殆尽，以致活菌数很快下降，尤其是贮存温度高时，菌数下降更为明显。也有在分装后，在液体上部用矿油封面，矿油封面能否降低微生物的活动而延长保存时间，目前尚未确定；

② 粉剂类，是由液体微生物肥料和草炭土等载体混合均匀而产生的，草炭（或代用品）要求细度在 180$\mu$m（80 目）以上，细度愈大，吸附能力愈强，微生物肥料的质量也愈好，它具有运输方便、含菌量高、增产效果明显的特点；

③ 颗粒类，为了避免粉剂拌种时与杀菌剂、化学肥料直接接触，同时为了提高微生物肥料的接种效果，有的颗粒剂型是液体微生物肥料经过造粒设备进行

喷雾、造粒、低温、烘干而产生的，有的颗粒剂型是将粉状微生物肥料压粒，颗粒剂型微生物肥料具有运输方便、施用方便、保质期长的优点；

④ 冻干剂型，其制备方法是将发酵液浓缩或者不浓缩，加入适量保护剂，再经过真空冷冻干燥而成。优点有体积小，易于保存、运输，使用方便，但成本较高，冻干过程中活菌数明显降低。

**5. 从微生物肥料的管理层面划分**

① 微生物菌剂，是指目标微生物（有效菌）经过工业化生产扩繁后，利用多孔的物质作为吸附剂（如草炭、蛭石），吸附菌体的发酵液加工制成的活菌制剂。这种菌剂用于拌种或蘸根，具有直接或间接改良土壤、恢复地力、维持根际微生物区系平衡和降解有毒物质等作用。

② 复合微生物肥料，是指特定微生物与营养物质复合而成，能提供、保持或改善植物营养，提高农产品产量或改善农产品品质的活体微生物制品。

③ 生物有机肥，则是指特定功能微生物与主要以动植物残体（如畜禽粪便、农作物秸秆等）为来源并经无害化处理、腐熟的有机物料复合而成的肥料，兼具微生物肥料和有机肥双重效应。生物有机肥分为土家肥（堆肥、沼渣）和商品生物有机肥两种。后者为商品化生产后的生物有机肥，即农家肥商品化生产后的产物。有机肥和微生物菌剂，每克含菌量大于2000万功能菌。

**6. 我国生产的微生物肥料的主要种类**

**(1) 根瘤菌肥料** 根瘤菌肥是微生物肥料中使用最早、应用效果最稳定的品种。该类产品是由根瘤菌或慢生根瘤菌属的菌株制造而成的，含有大量根瘤菌的肥料能同化空气中的氮气，在豆科植物根系形成根瘤（或茎瘤），供应豆科植物氮素营养。

多数情况下种植豆科作物需要接种根瘤菌，尤其是下面四种情况更需要接种：①土壤中从未种植过某豆科植物，或该种豆科植物是新引进的。②豆科植物在本地区生长时，自然结瘤情况不良，结瘤延迟，结瘤数量少。③前作或前茬为非豆科植物时。④土壤肥力下降或新垦地、复垦地地区。根瘤菌一般可以分为大豆根瘤菌、花生根瘤菌、紫云英根瘤菌等。根瘤菌多用于豆科作物拌种，用根瘤菌拌种的种子不能再拌杀菌剂、杀虫剂等农药，也不能与化肥混播。根瘤菌肥料是喜湿好气型菌类，只用于pH 6.5～7.5的中性土壤，酸性土壤用时应加石灰调节土壤pH至中性。土壤板结，通风不良、干旱缺水等不良条件都会使根瘤菌活动减弱或停止生长。在实际生产中，为了保证根瘤菌肥的肥效作用，常采用种子球化或种子丸衣化技术，即豆科作物的种子用黏着剂黏着根瘤菌肥，外面包上一些包衣材料如碳酸钙、少量的肥料，然后播种。南方酸性土壤种植花生和广大牧区用飞机播种豆科牧草种子时，常采用此技术，效果很好。

根瘤菌肥料产品的技术指标：液体根瘤菌肥料技术指标，外观呈乳白色或者灰白色；均匀、浑浊液体或稍有沉淀；无酸臭味；根瘤菌活菌每毫升（mL）≥540个；杂菌率≤5%，pH值为6.0～7.2（用耐酸菌株生产的菌液，pH值大于等于7.2）。固体根瘤菌肥料技术指标，外观呈粉末状、松散、湿润无霉块，无酸臭味，无霉味；水分含量25%～50%；根瘤菌活菌数每毫升≥216个；杂菌率≤10%，pH值为6.0～7.2。大粒种子（大豆、花生、豌豆等）用的菌肥，通过孔径0.18mm筛的筛余物≤10%，小粒种子（三叶草、苜蓿、紫云英等）用的菌肥，通过孔径0.15mm筛的筛余物≤10%。

**(2) 固氮菌肥料** 这里所说的固氮菌类肥料是指能够自由生活的固氮微生物或与一些禾本科植物进行联合共生固氮的微生物作为菌种生产出来的固氮菌类肥料。该类产品能在土壤和多种作物根际同化空气中的氮气，供应作物营养，并能分泌激素，刺激植物生长。在生产中应用的菌种可以使固氮菌属、氮单胞菌属、固氮根瘤菌属或根际联合固氮菌等，这些菌的主要特征是在含有一种有机碳元的无氮培养基中能固定分子态氮。适用作物主要有小麦、水稻、高粱、蔬菜、果树等。固氮菌要求土壤适宜的pH 7.4～7.6，适宜的温度25～30℃，土壤湿度在25%～40%才开始繁殖生长，土壤湿度在60%生长繁殖最为旺盛。固氮菌肥料用于拌种时勿置于阳光下，不能与杀菌剂、草木灰、速效氮肥及稀土微肥等同时使用。固氮菌肥在水稻生长中使用需要注意，速效氮肥在一定时间内对水稻根际固氮活性有明显抑制效应，施肥量愈大，抑制效果愈严重。土壤速效氮浓度与水稻根际固氮活性呈高度负相关。铵态氮对固氮活性抑制时间，低氮区为20d左右，中氮区和高氮区为25～30d。因此，在使用时应尽量避免与速效氮联合使用，最好在中、低肥力水平的土壤上应用。

**(3) 磷细菌肥料** 我国土壤缺磷的面积较大，除了施用化学磷肥以外，另一个途径就是施用能够分解土壤中难溶态磷的解磷细菌肥料，使其在作物根际形成一个磷素供应较充分的微小区域，以改善作物磷素供应。土壤中有些种类的微生物在生长繁殖和代谢过程中能够产生一些有机酸如乳酸、柠檬酸，以及一些酶如植酸酶类物质，使固定在土壤中的难溶性磷如磷酸铁、磷酸铝溶解，以及使有机磷酸盐矿化成为可溶性磷供作物吸收利用。可以分解难溶性磷化物的微生物种类很多，也比较复杂。该类产品能把土壤中难溶性磷转化成有效磷供作物利用。用于生产磷细菌肥料的菌种分为两大类：一是分解有机磷化合物的细菌，包括解磷巨大芽孢杆菌、解磷珊瑚红赛氏菌和节杆菌属中的一些变种；二是转化无机磷化合物的细菌，如假单胞菌属中的一些变种。磷细菌肥料可以作基肥、追肥和种肥。

在使用解磷微生物肥料时，应注意以下几个问题：①一般以在缺磷而有机质较丰富的土壤上施用效果较好。②与磷矿粉合用效果较好。③如能结合堆肥使用，即在堆肥中先接入解磷微生物肥料，可以发挥其分解作用，然后将堆肥翻入土壤，这样做效果较单施为好。④如果不同类型的解磷菌种互补拮抗，可复合使用。

磷细菌肥料产品技术指标：固体（粉状）磷细菌肥料技术指标，外观呈粉末状、松散、湿润、无霉菌块，无霉味，微臭；水分含量25%～50%；细度（粒径）通过孔径0.20mm标准筛的筛余物≤10%；杂菌率≤5%，有效期大于6个月。固体（颗粒）磷细菌肥料技术指标，外观呈黑色或灰色颗粒、松散、微臭；水分≤10%；细度（粒径）全部通过孔径2.5～4.5mm标准筛；杂菌率≤5%，pH值为6.0～7.5，有效期大于6个月。

**(4) 硅酸盐细菌肥料** 俗称钾细菌肥（表4-1），该类产品能分解土壤中云母、长石等含钾的硅铝酸盐及磷灰石，释放出可被作物吸收利用的有效磷、钾及其他营养元素。生产硅酸盐细菌肥料的菌种为胶质芽孢杆菌（*Bacillus mucilaginosus*）、软化芽孢杆菌（*B. macerans*）、环状芽孢杆菌等菌株（*B. Circulans*）。在实践中发现这类微生物除了分解磷、钾矿物作用外，还能固定氮素并产生一些植物生长激素，使用后对作物生长和增产有良好作用，是目前在农业生产中应用较多的微生物肥料品种之一，在小麦、棉花等作物上施用效果较好。硅酸盐细菌肥料主要用于缺钾地区的作物或对钾需要量大的作物。硅酸盐细菌肥料不能与过酸或过碱的肥料混合使用。当土壤pH值小于6时，硅酸盐细菌的活性受到抑制，若在酸性土壤中使用，应在施前用石灰调节土壤pH值至6.0～7.5。

**表4-1 硅酸盐细菌肥料成品技术指标**

| 项目 | 液体 | 固体 | 颗粒 |
|---|---|---|---|
| 外观 | 无异臭味 | 黑褐色或褐色粉状，湿润、松散、无异臭味 | 黑色或褐色颗粒 |
| 水分/% | — | 25.0～50.0 | ≤10.0 |
| pH值 | 6.8～8.5 | 6.8～8.5 | 6.8～8.5 |
| 细度/% | — | 过孔径0.18mm标准筛的筛余物≤20 | 孔径2.5～5.0mm标准筛的筛余物≤10 |
| 有效活菌数/(个/每毫升) | ≥$5.0\times10^8$ | ≥$1.2\times10^8$ | ≥$1.0\times10^8$ |
| 杂菌率/% | ≤5.0 | ≤15.0 | ≤15.0 |
| 有效期/月 | ≥3 | ≥6 | ≥6 |

**(5) VA菌根真菌肥料** 菌根是土壤中某些真菌侵染植物根部，与其形成的菌根系共生体。包括由内囊霉科真菌中多种属、种形成的泡囊——丛枝状菌根（简称VA菌根），担子菌类及少数子囊菌形成的外生菌根，以及与兰科、杜鹃科植物共生的其他内生菌根和由另外一些真菌形成的外-内生菌根等。与农业关系密切的是VA菌根真菌，它是土壤共生真菌中宿主和分布范围最广的一类真菌，自人们发现菌根真菌至今已有100多年历史，已经肯定了VA菌根最少可以与200个科、20万个种以上的植物进行共生生活。

VA菌根的菌丝具有协助植物吸收磷素营养的功能。另外，对硫、钙、锌等元素的吸收以及对水分的吸收能力已被证实。

# 第二节 复合微生物菌肥

## 一、复合微生物菌肥定义和类型

### 1. 复合肥的定义

复合微生物肥料（表 4-2）采用现代微生物发酵技术，将高效微生物菌种单独发酵、复配，并选择经活化处理后富含有机质的腐植酸为载体，再添加多种营养元素，是一种能为大田及经济作物提供植物营养的环境友好型肥料。复合微生物肥料产品无害化指标见表 4-3。

表 4-2 复合微生物肥料产品的技术指标

| 项目 | 剂型 | | |
|---|---|---|---|
| | 液体 | 粉剂 | 颗粒 |
| 有效活菌数(cfu)/[亿/g(mL)] | ≥0.50 | ≥0.20 | ≥0.20 |
| 总养分($N+P_2O_5+K_2O$)/% | ≥4.0 | ≥6.0 | ≥6.0 |
| 杂菌率/% | ≤15.0 | ≤30.0 | ≤30.0 |
| 水分/% | — | ≤35.0 | ≤20.0 |
| pH 值 | 3.0～8.0 | 5.0～8.0 | 5.0～8.0 |
| 细度 | — | ≥80.0 | ≥80.0 |
| 有效期/月 | ≥3 | ≥6 | ≥6 |

表 4-3 复合微生物肥料产品无害化指标

| 参数 | 标准极限 |
|---|---|
| 粪大肠菌群数/[个/g(mL)] | ≤100 |
| 蛔虫卵死亡率/% | |
| 砷及其化合物(以 As 计)/(mg/kg) | ≤75 |
| 镉及其化合物(以 Cd 计)/(mg/kg) | ≤10 |
| 铅及其化合物(以 Pb 计)/(mg/kg) | ≤100 |
| 铬及其化合物(以 Cr 计)/(mg/kg) | ≤150 |
| 汞及其化合物(以 Hg 计)/(mg/kg) | ≤5 |

### 2. 复合肥的类型

复合微生物菌肥根据营养物质的不同，可分为微生物和有机物复合、微生物和有机物质及无机元素复合。如根据作用机理则可分为以营养为主、以抗病为主、以降解农药为主，也可多种作用同时兼有。如按其制品中特定的微生物种类，复合微生物肥料还可分为细菌肥料（根瘤菌肥、固氮、解磷、解钾肥）、放线菌肥（抗生肥料）、真菌类肥料（菌根真菌、霉菌肥料、酵母肥料）、光合细菌肥料。微生物肥料的剂型有液体和固体两种，不论哪一种菌型都要对微生物有保护作用，使之尽量长时间地生存，顺利地进入土壤繁殖。微生物肥料中的有益微生物进行生命活动时需要能量和养分，进入土壤后，当能源物质和营养（如水分、温度、氧气、酸碱度、氧化还原电位等因素）供应充足时，其所含有的有益微生物便大量繁殖和旺盛代谢，从而发挥其效果。反之，则无效果或效果不明显。

常见的复合微生物菌肥主要有以下几种：

① 微生物-微量元素复合生物肥料。微量元素在植物体内是酶或辅酶的组成成分，对高等植物叶绿素、蛋白质的合成、光合作用，对养分的吸收和利用方面起着促进和调节的作用。如钼、铁等元素是固氮酶的组成成分，是固氮作用不可缺少的元素。

② 联合固氮菌复合生物肥料。由于植物的分泌物和根的脱落物提供能源物质，固氮微生物利用这些能源生活和固氮，因此称为联合固氮体系。我国科学家从水稻、玉米、小麦等禾本科植物的根系分离出联合固氮细菌，并开发制成微生物肥料，由于具有固氮、解磷、激活土壤微生物和在代谢过程中分泌植物激素等作用，促进作物生长发育，提高小麦单位面积产量。

③ 固氮菌、根瘤菌、磷细菌和钾细菌复合生物肥料。这种生物肥料可以供给作物一定量的氮、磷和钾元素。选用不同的固氮菌、根瘤菌、磷细菌和钾细菌，分别接种到各种菌的富集培养基上，在适宜的温度条件下培养，达到所要求的活菌数后，再按比例混合，制成菌剂，其效果优于单株菌接种。如BOMSINOW微生物有机肥料同时具有氨化、硫化、解磷的功能。

④ 有机-无机生物复合肥料。在长期应用微生物肥料的实践中，人们认识到，单独施用生物肥料满足不了作物对营养元素的需要，生物肥的增产效果是有限的。长期大量使用化肥，土壤板结，作物品质下降，口感不好，更值得注意的是，影响人、畜的身体健康。因此，有机-无机复合生物肥料成为人们关注的一种新型肥料。

⑤ 多菌株多营养生物复合肥。这种生物肥料是利用多种生理生化习性相关的菌株共同发酵制造的一种无毒、无环境污染、可改良土壤的水溶性肥料。由于它是微生物发酵分解制造的生物肥，适用于各种农作物，可以改善作物品质、缩短生长周期、提高作物产量。该肥易于保管、运输和施用。

## 二、复合微生物菌肥的优点

复合微生物肥料具有有机肥长效、无机肥速效和生物肥增效的综合优势，不破坏土壤结构、保护生态、不污染环境，对人畜和植物无毒无害，提高作物产量、改善作物品质，是生产绿色无公害食品的优质肥料。因此，这一类微生物肥料适应作物和使用区域较广。

复合微生物菌肥的优点主要有以下几个方面：

① 营养全面，肥效持久。复合微生物菌肥不仅含有大量有机质和氮、磷、钾等有效养分，而且还含有固氮、解磷、解钾的有益微生物，以及植物生长所需的多种中、微量元素和有机化合物，速效和长效兼备，既能全面满足农作物的营养需要，又兼有保水、保肥、缓释、改良土壤、生物活化和生物抗逆作用，配方新颖独特，具有传统化学肥料不可比拟的优越性。

② 改善作物品质，降低硝酸盐及重金属含量。复合微生物菌肥对消除土壤板结、恢复地力等效果明显。经田间肥效对比试验，该肥与同基质化肥相比，粮谷作物、果树、蔬菜等作物增产幅度大，其中蔬菜增幅明显。另外，可明显改善农产品品质，可提高水果含糖量，提高着色指数，使果皮薄、口感好。该肥对蔬菜品质也有明显改善效果，可提高蔬菜体内维生素C含量，还可明显降低硝酸盐及重金属含量。

③ 提高化肥利用率，减少环境污染。目前，国内化肥的利用率仅35%左右，未被作物吸收的化肥不仅造成资源浪费，而且还造成了土壤、水系的环境污染。生物肥料不仅减少了化肥的施用量，而且进入土壤的少量化肥在微生物的作用下处于稳定状态，有利于作物的吸收利用，将大大提高肥料的利用率，刺激农作物对肥料养分的吸收。

④ 改良土壤结构，有利于改造中、低产农田复合微生物菌肥中富含有机质，可以改善土壤物理性状，增加土壤团粒结构，从而使土壤疏松，减少土壤板结，有利于保水、保肥、通气和促进作物根系发育，为农作物提供舒适的生长环境。

复合微生物肥料中的有机肥以畜禽粪便为主要原料进行发酵，复合微生物肥料用于种植业。因此，以养殖业为上游，以种植业为下游，承上启下，在生态农业中起到激活作用，是适合我国国情的具有综合优势的优质肥料。

## 三、复合微生物菌肥的选择和施用

### 1. 复合微生物菌肥的选择

复合微生物菌肥要选择质量有保证的产品，如获得农业部登记的复合微生物菌肥，选购时要注意此产品是否经过严格的检测，并附有产品合格证。其次要注意产品的有效期，产品中的有效微生物的数量是随着保存时间的延长而逐步减少，若数量过少则会失效，养分也逐步减少，特别是氮素逐步减少。因此，最好选用当年的产品，距离生产日期越短，使用效果越佳，坚决放弃霉变或超过保存期的产品。再次，避免阳光直晒肥料，防止紫外线杀死肥料中的微生物，产品贮存环境温度以15～28℃最佳。

### 2. 复合微生物肥料的施用方法

① 拌种，加入适量的清水将复合微生物肥料调成水糊状，将种子放入，充分搅拌。使每粒种子沾满肥粉，拌匀后放在阴凉干燥处阴干，然后播种。

② 做基肥，和其他肥料如有机肥、复合肥、土杂肥混匀后撒施（不可在正午进行，避免阳光直射），随即翻耕入土以备播种混匀。

③ 蘸根，苗根不带营养土的秧苗移栽时，将秧苗放入适量清水调成水糊状的复合微生物肥料中蘸根，使其根部蘸上菌肥，然后移栽，覆土浇水。当苗根带营养土或营养钵移栽时，复合微生物肥料可以进行穴施。然后覆土浇水。

④ 追肥，沟施法在作物种植行的一侧开沟，距植株茎基部 15cm，沟宽 10cm，沟深 10cm。每亩复合微生物肥料约 2kg。穴施法在距离作物植株茎基部 15cm 处挖一个深 10cm 小穴，单施或与追肥用的其他肥料混匀施入穴中，覆土浇水。灌根法是将复合微生物肥料兑水 50 倍搅匀后灌到作物茎基部，此法适用于移苗和定植后浇定根水。冲施法是每亩使用复合微生物肥料 3～5kg，随浇水均匀冲施。

# 第三节　功能微生物菌肥

## 一、功能微生物菌肥定义

肥料的功能通常是提供作物养分，而功能性肥料主要指一般营养功能以外的新功能，如防治土传病害、修复土壤污染、调理土壤微生物区系平衡等。功能性肥料又称为多功能肥料，是 21 世纪新型肥料发展方向之一。

## 二、功能微生物菌肥类型

### 1. 农药降解微生物肥料

近年来，蔬菜等作物农药残留问题已成为关注的焦点。这一方面，会影响国民的身体健康，当农药累积到一定程度，还会引发慢性中毒，最终导致死亡；另一方面，影响我国蔬菜等作物的出口，从而影响我国经济的发展。造成我国蔬菜等作物市场和出口贸易中蔬菜等作物农药残留超标的原因主要有两个：第一个是蔬菜等作物生产过程中农药使用的不合理，药量过多，农药使用的时间不科学；第二个是我国农药残留方面的技术标准与国际标准还不接轨，导致蔬菜等作物产品在国内合格而在国外不合格的问题。微生物是农药降解的重要因素之一，微生物也已被广泛地应用于降解环境中的有毒成分，并日益引起人们的重视。农药的微生物降解研究开始于 20 世纪 40 年代末，60 年代中后期由于大规模化学农药的使用带来了日益严重的环境污染问题。随着生物技术的迅猛发展，应用微生物进行生物修复已成为环境修复的一个重要内容。迄今为止，各国研究人员已从土壤、污泥、污水、天然水体、垃圾场和厩肥中分离到降解不同农药的活性微生物。从而以生物修复为理论基础的农药残留降解菌技术应运而生，该技术具有高效、无毒、无二次污染的特点，而且经济实用、操作简便，目前已成为去除农药残留污染的一种重要方法，国内外已有相关研究报道。因此，农药的微生物降解研究越来越受到重视。

已有研究表明，降解农药的微生物主要为细菌、真菌、放线菌和藻类，其中细菌由于易诱发突变和适应能力强而占多数，在细菌中，又以假单胞菌属（*Pseudomonas*）研究的较多。据不完全统计，已报道的农药降解的细菌至少有28个属，其中可降解有机磷类农药的假单胞菌属微生物有施氏假单胞菌（*Pseudomonas stutveri*）、嗜中温假单胞菌（*P. mesophilica*）、铜绿假单胞菌（*P. aeruginosa*）和类产碱假单胞菌（*P. pseudoalcaliges*），芽孢杆菌属有地衣芽孢杆菌（*Bacillus licheniformis*）和蜡状芽孢杆菌（*B. ceceus*）。拟除虫菊酯类降解菌主要有产碱菌属（*Alcaligenes*）。除草剂类农药中的阿特拉律在国内外使用最为广泛，其降解菌的研究报道相对较多，如农杆菌属（*Agrobacterium*）、假单胞菌属、芽孢杆菌属、真菌中的某些属等。王永杰等从污泥中分离到一株以共代谢方式可广谱降解有机磷农药的芽孢杆菌，初步鉴定为地衣芽孢杆菌（*B. licheniformis*）。郑永良等从长期受有机磷农药污染的土壤中分离到一株以甲胺磷为唯一碳源和氮源的降解菌株，通过16SrDNA扩增、测序，运用BLAST检索，初步鉴定为不动杆菌属（*Acinetobacter*）。真菌中有华丽曲霉（*Aspergillus orantus*）和鲁氏酵母菌（*Saccharomyces rouxii*）；此外，在不动杆菌属（*Acinetobacter*）、黄杆菌属（*Flavobacterium*）、邻单胞菌属（*Plesiomonas*）也分离到降解此类农药的微生物；放线菌中的诺卡氏菌（*Nocardia*）。上述降解菌中的曲霉菌、酵母菌及不动杆菌微生物均是近几年新发现的种；此外，近几年利用白腐真菌（white-rot fungus）降解农药的研究也已成为热点。已有研究发现白腐真菌能降解木质素、造纸废水、染料废水以及受TNT、DDT污染的土壤。

21世纪分子生物学迅猛发展为农药降解菌真正从实验室走向实际应用提供了可能，如何借助于分子克隆技术构建“高效农药降解菌”，从而提高降解菌降解农药的能力，增加降解菌净化环境的作用，这也是目前微生物降解技术的重点。常用的方法有三种：一是构建“超级菌株”。通过基因重组技术将不同降解农药质粒或降解农药基因构建于同一菌株内，构建“超级细菌”，从而扩大降解菌对农药的降解范围，提高其治理效果，增强净化环境的作用。有些研究者常常选择对自然环境更适应的极端微生物如嗜冷菌或地区优势菌作为基因工程的宿主菌，这样会使得降解菌在环境中成为优势菌，更有利于环境污染的降解和治理。二是原生质体融合。如果两种微生物在共同存在时才能降解某种农药，单独存在时不能降解该农药，这时可以采用原生质体融合技术融合两种微生物，融合子就会具备两个亲本的基因与优点。三是降解酶或降解基因的改良。通常人们从自然界筛选的降解菌的降解酶活性较低，不能满足实际需要，可以通过定向诱变、随即突变、DNA改组、酶的固定化技术等来提高其活性，以增强降解菌对污染物的降解能力。

目前，国内外很多有关农药残留降解菌研究的报道，对拟除虫菊酯类农药的降解途径报道也是逐渐增多，许育新等筛选分离到红球菌CDT3，对氯氰菊酯进行降解，通过GC-MS分析，证实主要的降解产物为3-苯氧基苯甲酸（3-PBA）和二氯菊酯，推测其降解途径。许育新等还发现，3-苯氧基苯甲酸对CDT3的生长有明显的抑制作用，从而影响菌株CDT3对氯氰菊酯的降解速率，且降解速率与3-苯氧基苯甲酸的浓度成负相关。同时，也对降解酶进行了初步的研究。辛伟等从茶树体内分离得到高效降解菌株TR2，不仅对氯氰菊酯有较高的降解作用，对联苯菊酯和甲氰菊酯也有较高的降解作用，而对乐果、敌敌畏、甲胺磷和毒死蜱等的降解作用则不强。这就说明TR2对拟除虫菊酯类农药有一定的降解专化性，而对有机磷农药则无明显的降解作用。丁海涛等从活性污泥中筛选分离到几株降解菌，其中菌株qw5对氯戊菊酯、氯氰菊酯和溴氰菊酯都有较高的降解效率，并研究了对氯戊菊酯的降解途径，经GC-MS分析，中间降解产物为3-苯氧基苯甲醛，根据氯戊菊酯的分子结构特点，推测其降解途径。

随着研究的不断深入，国内外许多学者已探明大部分农药的降解途径，其中芳香环簇类农药的代谢中包含了许多氰基化开环的过程，单加氧酶将一个氧原子加入底物形成氰基或双加氧酶将两个氧原子加入底物形成两个氰基团导致开环作用，这一步骤在农药的矿化反应中起着非常重要的作用。然而，在有些情况下，农药的代谢是从支链的降解开始的。美国Minnesota大学的生物降解与生物催化数据库（biodegradation and biocatalyst database）收集了农药等化合物的139条代谢途径、910个反应、577种酶、328个微生物条目、247条生物转化规律、50个有机功能群、76个萘的1,2-双加氧酶反应和109个甲苯双加氧酶反应，其中包含了许多农药的微生物降解代谢途径和酶类。近几年，降解途径方面的研究逐渐成为热点，降解菌株也是越来越多，经GC-MS分析测定氯氰菊酯的中间产物，推测其降解途径，而通过降解途径的研究，可以更加有助于降解酶的酶学特性和分离提取。

近年来利用分子生物学和基因工程手段克隆降解能力的关键基因，从而增强菌株降解能力或获得具有降解多种农药能力的菌株已经成为农药降解菌研究的另一个热点方面。也有的研究是在获得农药降解菌的基础上，找到降解过程的关键酶，运用酶制剂或固定化酶的方法提高农药降解效率，也显示了良好的应用前景。

农药降解酶是一类具有生物学活性的物质，具有催化剂的性质，对有机污染物有净化作用，可催化有机质的降解和转化。农药降解酶在降解农药残留的应用中，优点突出：①农药降解速度快，效率高。②安全无毒、无副作用、不产生二次污染。③农药降解酶通常比产生这类酶的微生物菌体或生物体更能忍受异常环境条件。④酶能催化较低浓度农药。⑤酶不受微生物吞食者和毒素的影响。⑥在土壤修复中，酶由于体积小，在土壤中移动性强，降解农药不需要借助特定的吸收机制。⑦具有比微生物更宽广的降解谱。所以，农药降解酶具有良好的应用前景。

细菌降解农药的本质是酶促反应，即化合物通过一定的方式进入细菌体内，然后在各种酶的作用下，经过一系列的生理生化反应，最终将农药完全降解或分解成分子量较小的无毒或毒性较小的化合物的过程。可降解农药的酶有多种，主要有加氧酶、脱氢酶、偶氮还原酶和过氧化物酶等。在许多情况下，农药生物降解是在多种酶的协同作用下完成的。Fumio 等根据酶对农药的代谢特点，将酶分为 3 类：①偶发代谢的酶，在这里，微生物虽然能代谢农药，但不可利用农药作为能源；②分解代谢的酶，微生物可利用农药作为能源或农药诱导酶利用农药作为能源；③解毒代谢的酶，微生物降解农药不是出于利用它们作为能源，而是出于抵抗这些农药的毒性。分解代谢的酶无疑是农药微生物降解中最理想的酶。微生物所产生的酶系，有的是组成酶系；有的是诱导酶系。由于降解酶往往比产生该类酶的微生物菌体更能忍受异常环境条件。用这株菌产生的酶制成固定化酶不仅对菊酯去除效果好还可以降解多种有机磷和拟除虫菊酯类杀虫剂，可见酶的降解效率远高于微生物本身，特别是对低浓度的农药，人们可利用降解酶作为净化农药污染的有效手段。

经多年研究，用于农药修复的降解酶主要有水解和氧化还原酶类。水解酶类如磷酸酶、酯酶、硫基酰胺酶和裂解酶等，它们将农药水解为结构简单、毒性低的小分子化合物，并降低农药的生物专一性和稳定性，提高产物的降解性。这类酶专一性不高，水解农药种类较多，如酯酶可水解的农药约为 16 种。氧化还原酶类包含过氧化物酶和多酚氧化酶，其中过氧化物酶可由植物和微生物分泌产生，多酚氧化酶主要是酪氨酸酶和漆酶，两种酶的酶促反应都需要分子氧，但不需要辅酶。目前漆酶被证明是最有效的氧化还原酶类。

农药降解酶有着多种来源，其中微生物是最主要的农药降解酶来源。农药降解酶有的是微生物本身就有的，有的是由微生物变异而形成的。有机磷酸酯和氨基甲酸酯农药在土壤中比较容易分解的原因就是土壤中存在着分泌磷酸酯和氨基甲酸酯结构水解酶的微生物，这些微生物可以产生降解农药的酶。虞云龙等从降解菌节杆菌（*Alcaligenes sp.*）YF11 中得到可以降解多种有机磷和拟除虫菊酯类杀虫剂的酶。Mileski 等从白腐菌（*Phanerochaete chrysosporium*）胞外液中分离到两种具有五氯酚（PCP）脱氯活性的酶，纯化后鉴定为木质素酶。Schenk 等从节杆菌分离到 PCP 脱氯酶，对 1,4,5-三氯苯酚、2,4,5-三氯苯酚和 2,3,4,5-四氯苯酚均有活性。Mulbry 等从 3 株革兰氏阴性菌中提取到对硫磷水解酶。Munnecke 从一种细菌中可以培养得到能降解对硫磷等 9 种有机磷农药的酶。世界上的微生物种类繁多，可以进行农药降解作用的微生物也是不计其数，所以从微生物中提取出农药降解酶也一直是科学研究者的研究重点。微生物对农药的降解作用方式有两大类：一类是微生物直接作用于农药，通过酶促反应降解农药，此类情况居多；另一类是通过活动改变化学和物理的环境间接作用于农药。结果表明，酶对目标农药有较好而快速的降解效果，且酶一般比产生酶的微生物菌体本身对极端环境有更强的耐受力。

**2. 有机污染物降解菌肥料**

光合细菌是地球上最早出现的具有原始光能合成体系的原核生物，它包括两个菌种，紫细菌和绿硫细菌。紫细菌包括两个生理群，着色菌科（红硫菌科）和红螺菌科的一些种。两者均为嫌气性细菌，能利用光能把硫化物、氢或低级脂肪酸一类有机物作为氢供体。光合细菌可以处理有机废水，主要利用红螺菌科的大多数属种，他们不仅能在厌氧光照条件下，以低级脂肪酸、醇类、糖类、芳香族化合物等低分子有机物作为电子供体进行光能异养生长，而且能在好氧黑暗条件下以有机物为呼吸基质进行好氧异养生长，可有效净化高浓度有机废水，处理废水后，不会产生二次污染，具有所需设备简单、投资少、节省能源的优点。光合细菌菌体含有丰富的蛋白质、维生素及各种生物活性物质，干物质中含有约70%的蛋白质，比酵母、小球菌及其他细菌中的蛋白质抽出率高6%以上，尤其是维生素$B_{12}$、生物素含量较高，还含有类胡萝卜素和辅酶Q等，光合细菌还可应用在水产养殖、禽畜饲养业中。光合细菌还是优质肥，它可以改善植物营养，在淹水和光照条件下，固定大量的分子氮，在淹水的耕作土壤（如稻田），能提高土壤的氮素水平，从而提高土壤肥力。光合细菌能增加土壤有益放线菌的数量，有利于抗生素、激素类物质的增加，从而抑制植物病害的发生。光合细菌能净化降解土壤中某些有毒物质，促进根系发育。光合细菌还可以抑制丝状真菌，改善作物根际的微生物群，对克服连作障碍和真菌病害有一定效果。

好氧细菌（*Pseudomonas putida*，*Acinetobacter*）降解芳香族类化合物，许多厌氧微生物或兼性好氧微生物（如硫化细菌和梭菌）在厌氧条件也能降解芳香族化合物。好氧条件下的白腐真菌对芳香硝基化合物有降解作用。

**3. 有机废弃物降解菌肥**

能加速各种有机物料（包括农作物秸秆、畜禽粪便、生活垃圾及城市污泥等）分解、腐熟的微生物活体制剂，如腐秆灵、酵素菌等。其特点如下：一是能快速促进堆料升温，缩短物料腐熟时间；二是有效杀灭病虫卵、杂草种子、除水、脱臭；三是腐熟过程中释放部分速效养分，产生大量氨基酸、有机酸、维生素、多糖、酶类、植物激素等多种促进植物生长的物质。其中对纤维素、木质素类有机废弃物降解菌的种类有细菌、放线菌、真菌以及白腐真菌等。细菌中具有纤维素降解能力的有食纤维黏菌、纤维多囊黏菌、纤维单胞菌属、纤维弧菌属等。放线菌中主要有孢囊链霉菌属、链霉菌属、小单孢菌属和诺卡氏菌属，能分解农作物秸秆。真菌是降解秸秆效率最高的微生物类型，主要包括木霉属、毛壳菌属以及白腐真菌等，其中白腐真菌是可降解秸秆中木质素的主要有效菌属。

**4. 防治土传病害的微生物肥料**

随着人口的迅速膨胀及社会经济的高速发展，人们对一些特定的农作物产品需求量日益增加，单一作物大面积种植的现象日益增加，经济作物特别是果菜类蔬菜的连作呈现加剧的趋势。同一作物或近缘作物连作后，即便使用正常的栽培管理措施也会发生产量降低、品质变坏、生长发育状况变差的现象，该现象即连作障碍。单一作物连续种植，为病原菌和致病线虫等根系病害的病原提供了赖以生存的寄主和繁殖场所，使土壤中病菌的数目不断增加，致使病害蔓延。近年来，施用化肥过量，致使土壤中病原菌拮抗菌株的减少，更加重了土传病害的发生。有关连作障碍的原因调查表明，土传病害是引起连作障碍的主要因子。

植物根际范围中，生存着许多种对植物有益的细菌，他们在生长代谢过程中能产生许多促进生长的物质，这类细菌统称为植物促生根际细菌（PGPR）。报道较多的 PGPR 种类主要有醋杆菌、气单胞菌、枯草杆菌、阴沟肠杆菌、荧光假单胞菌、恶臭假单胞菌、沙雷氏杆菌、普利茅斯沙氏菌等。根瘤菌科中的一些种（如豌豆根瘤菌、三叶草根瘤菌、苜蓿根瘤菌等）以及根瘤土壤杆菌等。

植物促生根际微生物（PGPR）的作用机制在于：

① 分泌植物促生物质。不少 PGPR 分泌激素类物质、赤霉酸和类赤霉素物质、吲哚乙酸、维生素和泛酸，可促进植物生长发育。

② 对豆科植物结瘤的促生作用。用 PGPR 接种大豆，不仅不干扰大豆根瘤菌菌株的结瘤，还增加了大豆的根瘤干重。

③ 促进植物出芽。有人发现，在低湿处理的情况下，用 PGPR 接种有促进出芽的作用，在马铃薯、小麦、苜蓿、胡萝卜、玉米、大豆等作物上均得到同样结果。

④ 对土传病害和寄主植物病害具有生物控制的作用。PGPR 减轻了许多植物的土传病害。研究发现，PGPR 类能都产生铁载体，将铁螯合起来，抑制有害微生物的生长。有的能产生抗生素，能限制多种病原如致病性的镰刀菌、腐霉菌、立枯丝核菌所引起的许多病害。或由于促生结果，使植物根部木质素增加，减轻了病害。还有许多研究指出，PGPR 接种以后可以诱发植物对一些病产生抗性。某些菌株对于控制植物病原线虫有一定作用。

⑤ 在农田污染物降解方面的应用。许多 PGPR 的微生物具有降解土壤污染物的作用。有人发现肠杆菌科、假单胞菌科的一些种中，通过谷胱甘肽的结合作用，可以去除除草剂中的氯。

# 第四节　生物有机肥料

## 一、生物有机肥料的定义

生物有机肥料是指特定功能微生物与主要以动植物残体（如畜禽粪便、农作物秸秆等）为来源冰晶无害化处理、腐熟的有机物料复合而成的一类兼具微生物肥料和有机肥效应的肥料，是近年来随着城乡固体有机废弃物数量的不断增加和微生物技术的发展，在有机肥商品化使用的基础上研制而成的新型肥料。

生物有机肥料区别于仅利用自然发酵（腐熟）所制成的有机肥料，其原料经过生物反应器连续高温腐熟，有害杂菌和害虫基本被杀灭，起到一定的净化作用，生物有机肥料的卫生标准明显高于传统农家肥，也不是单纯的菌肥，是二者有机的结合体，兼有微生物接种剂和传统有机肥的双重优势。

## 二、生物有机肥料的优点

生物有机肥料除了含有较高的有机质外，还含有具有特定功能的微生物（如添加固氮菌、磷细菌、解钾微生物菌群等），具有养分完全、肥效稳而长、含有机质较多，这是此类产品的本质特征。生物有机肥料具有增进土壤肥力，转化和协助作物吸收营养、活化土壤中难溶的化合物供作物吸收利用等作用，或可产生多种活性物质和抗、抑病物质，对农作物的生长具有良好的刺激和调控作用，可减少或降低作物病虫害的发生，改善农产品品质，提高产量。生物有机肥产品的技术指标见表 4-4，生物有机肥产品的无害化指标见表 4-5。

**表 4-4　生物有机肥产品的技术指标**

| 项目 | 剂型 | |
|---|---|---|
| | 粉剂 | 颗粒 |
| 有效活菌数(cfu)/[亿/g(mL)] | ≥0.20 | ≥0.20 |
| 有机质(以干基计)/% | ≥25.0 | ≥25.0 |
| 水分/% | ≤30.0 | ≤15.0 |
| pH 值 | 5.5～8.5 | 5.5～8.5 |
| 有效期/月 | ≥6 | ≥6 |

**表 4-5　生物有机肥产品的无害化指标**

| 参数 | 标准极限 |
|---|---|
| 粪大肠菌群数/[个/g(mL)] | ≤100 |
| 蛔虫卵死亡率/% | ≥95 |
| 砷及其化合物(以 As 计)/(mg/kg) | ≤75 |

续表

| 参数 | 标准极限 |
| --- | --- |
| 镉及其化合物(以 Cd 计)/(mg/kg) | ≤10 |
| 铅及其化合物(以 Pb 计)/(mg/kg) | ≤100 |
| 铬及其化合物(以 Cr 计)/(mg/kg) | ≤150 |
| 汞及其化合物(以 Hg 计)/(mg/kg) | ≤5 |

生物有机肥料本身矿质营养元素含量较低，纯粹的生物有机肥氮、磷、钾总量通常不超过10%，有些农民朋友不了解这一点往往只施这一种肥料，结果使生长季中后期发生脱肥现象。微生物的生长繁殖需要消耗有机物质已提供所需的能量和营养，所以在施用生物有机肥料的同时，应增加有机肥、农家肥的施用量，最好把生物有机肥料与有机肥混合后做基肥施用。生物有机肥料在存放过程中，菌体处于休眠状态，当施入土壤后，如温度、湿度、营养等环境条件适宜，微生物便开始大量生长繁殖。但如果与化肥、石灰、杀菌剂一起施用会杀死解除休眠状态的菌体，达不到原本施肥的目的。

## 三、生物有机肥料的施用

生物有机肥料适用于各种作物，宜做基肥施用，最好是与农家肥等有机肥混合施用。

生物有机肥料施用应注意以下几个方面：

① 在高温、低温、干旱条件下的农作物田块不易施用。

② 生物有机肥料中的微生物在25～37℃时活力最佳，低于5℃或高于45℃时活力较差。

③ 生物有机肥料中的微生物适宜的土壤相对含水量为60%～70%。

④ 生物有机肥料不能与杀虫剂、杀菌剂、除草剂、含硫化肥、碱性化肥等混合使用，否则易杀灭有益微生物。还应注意避免阳光直射到菌肥上。

⑤ 生物有机肥料在有机含量较高的田地上施用效果较好，在有机含量少的瘦地上施用效果不佳。

⑥ 生物有机肥料不能取代化肥，是与化肥相辅相成的，与化肥混合使用时应特别注意其混配性。

# 第五节　微生物肥料使用方法和注意事项

现在社会上对微生物肥料的看法，存在两个极端。一种看法认为它肥效高，把它当“万能肥料”，甚至认为可完全代替化肥；另一种看法，则认为它根本不能算作肥料，不使用或者仅作为配肥使用的“无用论”，两种看法都存在片面性。首先，微生物肥料与富含氮、磷、钾的化学肥料不同，微生物肥料是通过微生物的生命活动直接或间接地促进作物生长，抗病虫害，改善作物品质，而不仅仅以增加作物的产量为唯一标准。其次，从目前的研究和试验结果来看，微生物肥料不能完全取代化肥，但在同样有效产量构成的情况下，可不同程度减少化肥使用量。除此之外，每一种肥料都有其使用作物和地区，目前还没有一种肥料可以用到哪里都有效。只有科学、正确、合理使用微生物菌肥才能使得作物丰收高产。

## 一、选购微生物肥料的注意事项

在选购微生物肥料时，应注意以下事项：

首先，微生物肥料产品的质量必须得到保证。国家规定微生物肥料必须经农业部指定单位检测和正规试验田试验，充分证明其效益、无毒、无害后由农业部批准登记，而且现发给临时登记证，经三年实际应用检测可靠后再发给正式登记证，正式登记证有效期五年。没有获得农业部登记证的微生物肥料，质量有可能有问题，建议不要购买和使用。

其次，微生物肥料的核心是起作用的微生物，必须含有大量纯的和有活性的微生物特定菌种。微生物的数量和纯度是衡量微生物肥料质量好坏的重要标志。有效活菌数达不到标准的微生物肥料不能购买。国家规定微生物菌剂有效活菌数2亿/g（颗粒1亿/g），复合微生物肥料和生物有机肥有效活菌数2000万/g。如果达不到这一标准，说明产品质量达不到要求。

微生物肥料有一定的有效期，存放时间超过有效期的微生物肥料不要使用。目前，我国微生物肥料有效菌存活时间超过一年的不多，所以选购的微生物肥料要尽快使用，过期的微生物肥料效果肯定不好。另外，存放条件和使用方法须严格按规定操作。微生物肥料中很多有效活菌不耐高、低温和强光照，通常微生物肥料产品的贮存温度以不超过20℃为宜，以4～10℃为最好，没有低温贮存条件的单位和个人，购买产品后应在短时间内尽快用完。

应严格按照使用说明书的要求使用，微生物肥料产品不耐强酸、碱，不能与某些化肥和杀菌剂混合，在使用微生物肥料时，必须按产品说明书进行科学保存与使用。

## 二、使用微生物肥料的注意事项

随着越来越多的人认识到生物菌肥在农业生产上的重要性，生产中很多人表现出了过分地依赖和使用菌肥的情况，并逐渐进入使用误区，那么应该如何合理使用生物菌肥呢？

**1. 微生物肥料使用的注意事项**

① 避免开袋后长期不用。开袋后长期不用，其他菌就可能侵入袋内，使微生物菌群发生改变，影响其使用效果。因此最好是现开袋现用，一次性用完。

② 避免在高温干旱条件下使用。在高温干旱条件下使用微生物肥料，它的生存和繁殖就会受到影响，不能发挥良好的作用。应选择阴天或晴天的傍晚使用这类肥料，并结合盖土、盖粪、浇水等措施，避免微生物肥料受阳光直射或因水分不足而难以发挥作用。

③ 避免与未腐熟的农家肥混用。这类肥料与未腐熟的有机肥堆沤或混用，会因高温杀死微生物，影响微生物肥料肥效的发挥。同时也要注意避免与过酸、过碱的肥料混合使用。

④ 避免与强杀菌剂、种衣剂、化肥或复混肥混合后长期存放，应随混随用。化学农药都会不同程度地抑制微生物的生长和繁殖，甚至杀死微生物。若需要使用农药，也应将使用时间错开。需要注意的是，不能用拌过杀虫剂、杀菌剂的种子拌微生物肥料使用。

⑤ 不要减少化学肥料或者农家肥的用量。有些人认为，菌肥不能与化学肥料混用。混用后，高浓度的化学物质就会杀灭菌肥中的活性菌，因而致使菌肥失去效果。其实菌肥可与化肥混合使用。大多数微生物肥料依靠微生物来分解土壤中的有机质或者难溶性养分来提高土壤供肥能力，固氮菌的固氮能力也是有限的，仅仅靠固氮微生物的作用来满足作物对氮素的需求是远远不够的。如过磷酸钙等施入土壤后易被固定，与生物有机肥混合施用，可减少养分固定、流失。而且单独施用较大量的化肥或化肥施用不均匀时，容易对作物产生有毒副作用，如果与生物菌肥混合施用，则会减少此类问题发生。同时，因为化肥只能为作物提供一种或几种养分，长期施用，作物会产生缺素症，而微生物菌肥含有大量的有益微生物，能够改善土壤理化性状和微生态区系，增强土壤中酶的活性，有利于养分转化。要保证足够的化肥或农家肥与微生物肥料相互补充，以发挥更好的效益。

⑥ 要注意营造适宜的土壤环境。土壤不能过酸、过碱，注意土壤的干湿度，积极通过农艺措施改良土壤，合理耕作，使得微生物肥料能够充分发挥其效果。有机生物菌肥内含有大量的土壤微生物菌剂，这些微生物能够释放土壤中的不可溶性磷、钾等肥料元素，施用后增效显著。但是，这类微生物多是好气性菌类，它们的一切生命活动，都需要适宜的温度、水分和适量的氧气。

⑦ 要注意微生物肥料的施用方法，不同的肥料和作物有最适宜的方法。微生物肥料使用方法主要有拌种、穴施、基肥、追肥、蘸根、种肥、淋芽、沾蔓等。不同肥料对不同的作物有最适施用方法、施用量和施用时间，并不是越多越好。因此，应根据不同作物的需要和土壤养分状况，科学地确定生物菌肥施肥

量，才能达到增产增收的目的。微生物肥料的施用提倡“早、近、匀”的施用技术，“早”一般基施，“近”要浅施，离根近，入土深度5～8cm为好，不可深于10cm，防止深层土壤氧气不足，影响微生物的活性，降低使用效果。

**2. 微生物肥常见的使用方法**（表4-6）

**表4-6 常用微生物肥料的施用量和方法**

| 微生物肥料 | 适用作物 | 施用方法 | 使用剂量/亩 | 备注 |
|---|---|---|---|---|
| 根瘤菌菌剂 | 豆科和其他结根瘤植物 | 拌种(随拌随播) | 30～40g | 避免和速效氮肥及杀菌剂同时使用 |
| 固氮菌菌剂 | 大田作物、经济作物、果树、蔬菜类等 | 基肥、追肥、种肥 | 液体菌剂100mL<br>固体菌剂200～500g<br>冻干菌剂500～1000亿活菌 | 避免和杀菌剂同时使用 |
| 硅酸盐细菌菌剂 | 大田作物、经济作物、果树、蔬菜类等 | 拌种、蘸根、种肥、追肥等 | 1000～2000g | 避免和杀菌剂同时使用 |
| 解磷类微生物肥料 | 大田作物、经济作物、果树、蔬菜类等 | 拌种、蘸根、种肥、追肥等 | 1000～2000g | 避免和杀菌剂同时使用，也不能和石灰氮、过磷酸钙、碳酸氢铵混合使用 |
| 复合微生物肥料 | 大田作物、经济作物、果树、蔬菜类 | 基肥、种肥、蘸根、追肥、冲施等 | 1000～2000g | 避免和杀菌剂同时使用 |
| 生物有机肥 | 大田作物、经济作物、果树、蔬菜类 | 基肥、追肥 | 100～150kg | 避免和杀菌剂同时使用，不能与碳酸氢铵等碱性肥料和硝酸钠等生理碱性肥料混合使用 |

**(1) 拌种** 将微生物肥料用清水调成糊状，把种子放入充分搅拌，拌匀后在阴凉干燥处晾干，然后播种。

**(2) 做基肥** 和其他肥料如有机肥、土杂肥混匀后撒施（避免阳光的直射），翻耕入土。

**(3) 蘸根** 用适量的清水将微生物肥料调成糊状，将秧苗放入蘸根，然后移栽，覆土浇水，或者将微生物肥料施入苗穴中，移栽覆土浇水。

**(4) 追肥** 沟施，在作物种植行一侧，距植株茎基部15cm处开深宽约10cm的沟，施肥入沟，覆土浇水。穴施，距植株茎基部15cm处开深约10cm的沟，施肥入沟，覆土浇水。冲施，每亩施用肥料3～5kg，随浇水时均匀冲施。

生物肥料是以有机质为基础，配以菌剂和无机肥混合而成的。它能够在无污染、无公害、减轻环境污染的前提下增强土壤活性和肥效，提高作物产量，促进现代生态农业的发展。同时，要注意不要忽视了其他防治措施。例如，死棵是近年来棚室蔬菜相对比较突出的病害。随着菌肥的不断推广应用，很多菜农穴施菌肥有效地控制住了蔬菜死棵的发生发展。于是，生产中不少菜农就将使用菌肥作为抑制蔬菜死棵的唯一措施，其实这种做法并不是太正确。菌肥的确可以起到抑菌的防病效果，但是菌肥并不是农药，不能达到农药防治病害的所有效果。一旦发生病害，特别是根茎部病害，还是要使用药剂对症用药进行防治，不可过分依赖菌肥的防病功效。

从一定程度上来讲，菌肥的效果很多来自承载菌肥的载体物质，其含有丰富的次生代谢物质，具有较好的抑菌防病作用，而因为微生物本身的活性还受到土著微生物的影响，常常在实验室中效果显著的菌剂在生产上应用效果不佳。

# 第五章

# 功能性肥料

## 第一节　功能性肥料概述

随着农业生产的发展，科学技术水平的不断提高，人们对功能性肥料的研究越来越引起国内外学者的重视。进入 21 世纪以来，科学家们提出了科学使用肥料的新观念，在不增加肥料施用量的同时提高肥料利用率，即在不增加肥料使用量的同时增加粮食作物的产量。这一趋势现在无论在理论研究还是在实际生产应用中已是当今肥料发展的主流。功能肥料也随之产生。功能性肥料是除了能为作物提供营养外，还具有肥料以外的某种或多种功能的产品。可在肥料中添加农药及具有农药功能的物质，如植物生长调节剂、微生物及其代谢产物、海洋生物、植物提取物及化学合成物质等。

### 一、什么是功能性肥料

功能性肥料是除了肥料具有为植物提供营养和培肥土壤的功能以外的特殊功能的肥料。包括高利用率肥料、改善水分利用率的肥料、改善土壤结构的肥料、适应于优良品种特性的肥料、改善作物抗倒伏特性的肥料、具有防治杂草的肥料以及具有抗病虫害的功能肥料等。除了有植物营养的功能以外，另外所具备的其他功能，都应该称为功能性肥料。

### 二、功能性肥料的优点

功能性肥料有很多类别，有除草、杀虫、治病作用的药肥值得我们关注。药肥是功能性肥料的一部分，所谓药肥，大家公认的概念的是，含有杀虫/抑虫、杀菌/抑菌、除草/抑草一种或一种以上的功能，且能为农作物提供营养或同时具有提供营养和提高肥料利用率的产品。简单地说，就是把某种农药与某种营养物质混在一起制作成的产品，此产品既可以有农药的作用，又可为农作物提供营养。药肥的作用有很多，它可以调节植物、促进养分吸收，使之延缓生长、改变特性、保花保果、控旺、防倒等；还可以调节土壤，改变土壤的酸度、盐碱和结构；也具有提高作物抗逆、克服不利环境的功能，可以抗药害、抗病、抗毒害、抗寒、抗旱、抗热、抗涝等。

随着农业的发展愈发进步，我国的除草药肥也被广为关注。除草药肥是指将化学除草剂与化学肥料相混合，并通过一定工艺生产而成的除草型的化学肥料。研究开发除草药肥，把肥料作为除草剂的载体使用，生产集供肥、除草为一体的多功能除草专用肥是目前农药与肥料混用的一个重要发展方向。除草药肥的优越性体现在：肥药结合、互作增效，除草药肥中肥料和除草剂混合后一般可使肥效增加6%～8%，药效可增加10%以上；操作简便、使用安全，除草专用肥一般可作浅层基肥使用，施用以后除草剂便分布在3～4cm的土层中，能把杂草封杀在萌芽状态，对农作物的生长无不良影响；省工节本，增产增收，使用除草专用肥，将施肥与除草田间作业合二为一，既简化了农事操作程序，又减轻了劳动强度，同时还能使农作物增产增收。

## 三、功能性肥料的类型

### 1. 高利用率肥料

该功能性肥料在不增加肥料施用总量的基础上，提高肥料的利用率，减少肥料的流失，减少肥料流失对环境的污染，达到增加产量的目的。最近发展起来的有底施功能性肥料，如在底施（基施、冲施）等肥料中添加植物生长调节剂，如复硝酚钠、DA-6、α-萘乙酸钠、芸苔素内酯、甲哌鎓等，可以提高植物对肥料的吸收和利用，提高肥料的利用率，提高肥料的速效性和高效性。还有控释（缓释）肥料，也可以提高肥料的利用率，减少肥料的使用量。菌肥也属于功能性肥料的一个类型。叶面喷施功能性肥料有缓（控）释肥料，如微胶囊叶面肥料、高展着润湿肥料，均可以提高肥料的利用率。一些植物生长调节剂与叶面肥混施，能提高植物对肥料的吸收和利用，比较成熟的配方有复硝酚钠与叶面肥混用和DA-6与叶面肥混用。根据中国农业大学及河南农业大学的各项研究证明，微量元素与DA-6混合使用可以增加豆类植物对氮的吸收利用，较单独使用DA-6或单独使用肥料增产效果更明显。叶面螯合肥料是功能肥料的另外一种，它能增加植物对肥料的吸收，尤其促进植物对同价态肥料的吸收，如EDTA、柠檬酸、氨基酸等整合肥料，可以使植物同时对$Cu^{2+}$、$Fe^{2+}$、$Mn^{2+}$、$Zn^{2+}$等离子的吸收，解除了肥料之间的拮抗问题。根据2003年、2004年和2005年的市场调查显示，市场上销售较好的叶面肥料品种均为功能性肥料。

### 2. 改善水分利用率肥料

即以提高水分利用率解决一些地区干旱问题的肥料。随着保水剂研究的不断发展，人们开始关注保水型功能肥料。华南农业大学率先开展了保水型控释肥料的研究，利用高吸水树脂与肥料混合施用，制成保水型肥料，产品在我国西部、北部试验，取得了良好的效果，并占领了一部分市场。最近几年保水性肥料的研究刚刚起步，很多科研机构和生产企业进行了相关的研究，也投入了一定的生产，取得了一定的成果，它是一种应用前景非常好的新型肥料品种。

### 3. 改善土壤结构的肥料

20世纪70～80年代，随着我国人口的增加，粮食生产的任务加大，导致人们对土壤的掠夺性开发，造成了土壤毁灭性损害，如土壤、土壤胶体被破坏，有机质降为有史以来最低点，微生物群降低等，严重影响了土壤的再生能力。为此，在最近10年，土壤结构改良、保护土壤结构成为国家农业的一项重大课题，随之产生了改善土壤结构的功能性肥料。如在肥料中增加有机或无机复合肥，日本、美国做得较好，我国已着手研究。在肥料中增加表面活性物质，使土壤变得松散透气，增加微生物群也属于功能肥料的一个类型，如最近两年市场上流行的“免耕”肥料就是其中一例。伴随高效农业的发展，改善土壤结构的肥料在温室大棚、果园等的应用也会越来越广泛。

**4. 适应优良品种特性的肥料**

随着生物技术的发展，转基因工程已成为农业发展最强劲的方向，一批新的优良品种的应用，大大提高了农业产品的质量和产量，但也存在一些问题，需要有与之配套的专用肥料和相关的农业技术。如转基因抗虫棉在我国已大面积推广应用，但抗虫棉苗期的根系欠发达、抗病能力差，导致了育苗时的困难。2003年，中原地带由于抗虫棉苗期病害死株，造成一些棉农种不上棉花，带来了巨大的经济损失。所以随后研究出了针对抗虫棉的苗期肥料，进行苗床施用和苗期喷施，2004年和2005年收到了很好的效果。今后还会遇到转基因大豆、转基因玉米、转基因土豆等新的优良品种，它们同样会存在不同缺陷，同样需要肥料行业生产出相对应的肥料，使这些良种的优良性能发挥出来。

**5. 改善作物抗倒伏性的功能肥料**

小麦、水稻、棉花等多种农作物在不断提高产量，但其秸秆的高度和承重能力是一定的，控制它们的生长高度、提高载重能力、减少倒伏已经成为肥料施用技术的一个关键所在。施用肥料的目的是增产，假若发生倒伏就适得其反了。最近中国农业大学、厦门大学和河南农业大学都做了很多研究工作，也取得了很大成绩。如小麦、水稻应用的功能性肥料多效唑＋甲哌鎓和肥料混用，DA-6＋甲哌鎓和肥料用于大豆，乙烯利＋DA-6和肥料在玉米上应用，均达到了理想的效果，在施肥的同时，有效地控制株高、防止倒伏，使农作物稳产、高产、优产。

**6. 防治杂草的肥料**

具有防治杂草的功能性肥料在国外已有二十多年的历史，在国内尚未有应用的报道，国内相应的研究工作尚处在起步阶段，在芽前除草和叶面喷施除草与肥料混合施用，可以提高肥料利用率，减少杂草对肥料的争夺，且在施用上减少劳动付出，提高劳动生产率，因此，它必将成为肥料发展的一个重要品种。同时，近五年来肥料和除草剂的销售量在国内均处于上升阶段，若强强联合，势必更为强劲，但需要我国的政策法规做出相应的调整，才能给除草剂性功能的肥料以发展的空间。

**7. 抗病虫害功能肥料**

抗病虫害功能肥料在功能性肥料中应属于最老的成员，少则上千年的历史，大量应用也有百年的历史了。具有防病虫害的多功能肥料是指将肥料与杀菌、杀虫农药或多功能物质相结合，通过特定工艺而生产的新型多功能肥料，是目前农药与肥料混用的重要发展方向。种子处理、苗床处理等均是抗病虫害功能肥料应用的典范。如很多种衣剂均由杀菌剂、杀虫剂、植物生长调节剂、种肥等混合而成。浸种剂也是这类肥料，在苗床喷施、浇灌中应用也是此类功能性肥料，并且该类肥料已是培养壮苗、齐苗、争得丰收必不可少的肥料了。现在发展为后期施用的追肥、叶面喷施也有该功能肥料。如根线虫的防治，病毒病的防治，立枯、枯萎病的防治，等，均是该类功能肥料的用武之地。该类功能肥料也是应用最广、发展最为成熟的一种功能性肥料。

按生产工艺分类，功能性肥料可分为以下几种。

**1. 颗粒掺混型肥料**

颗粒掺混型肥料是指用物理方法将几种单一或复合的颗粒肥料及功能性物质掺混在一起，也称 BB 肥。与复合肥相比投资低、生产出的产品针对性强。

**2. 干粉混合造粒型**

这种肥料是采用两种以上粉状基础肥料和功能性物质，在黏结剂、水、蒸汽肥料浆、酸等的作用下，在造粒机内形成颗粒后，经干燥、冷却、筛分等过程制成的一类产品。造粒方法有圆盘造粒、转鼓造粒和挤压造粒，是目前我国功能性肥料的主要造粒方式。

**3. 包裹型**

包裹型肥料是以尿素、硫酸钾等为核心，以微量元素、氮肥增效剂、植物生长调节剂、农药等为包裹层，经过黏结剂的作用制成的肥料。包裹型肥料具有缓释、控释的性质。以颗粒氮肥为核心，钙镁磷肥等缓溶性肥料为主要包裹层，同时在包裹物中加入磷肥、钾肥、植物生长调节剂、氮肥增效剂等。该肥料氮肥利用率高，作物增产幅度大。而以磷酸或磷酸化磷矿粉为包裹层的肥料可降低生产成本。以多种二价金属离子、磷酸铵等为例，由于不同包裹层中形成不同类型微溶性化合物，可制成控制养分释放速率不同的肥料。

**4. 流体型**

流体型肥料又称液体功能肥料。肥料中含有两种或三种作物必需的大量营养元素和适量的微量元素，同时可以加入中量元素、除草剂、杀虫剂和植物生长调节剂等。流体型肥料又可分为清液或悬浮液。清液产品中的物料是全水溶的，不含分散性固体颗粒，所含营养元素的浓度较低；悬浮液中液相分散有不溶性固体微粒，所含养分浓度高。

**5. 熔体造粒型**

这种肥料是熔融态的高温物料经喷射装置直接喷浆造粒。含水量低，不需要设置干燥设备，可以有效节省投资。熔体造粒型肥料分为高塔喷淋造粒工艺和油冷造粒工艺。高塔造粒需要有一定的高度让熔体的液滴受冷固化，与物料性质、颗粒大小和塔内通风方式有关。油冷造粒的冷却介质是矿物料，与高塔造粒相比投资少、流程简化。

**6. 叶面喷施型**

叶面喷施型肥料有固体和液体两种类型。施用时用水稀释，用于叶面喷施或灌根、拌种。叶面喷施肥的有效成分有微量元素、杀菌剂、杀虫剂、植物生长调节剂等。也可以加入氮、磷、钾等养分元素。叶面喷施肥生产工艺比较简单，实用性强，是多功能肥料主要类型之一。

# 第二节　保水型肥料

## 一、什么是保水型肥料

保水型肥料是将保水剂与肥料复合，把水、肥两者调控，集保水与供肥于一体，以提高水分利用率。随着保水剂研究的不断发展，抗旱保水型功能肥在保水的同时有另一种功能，就是保肥。

## 二、保水型肥料的优缺点

保水型肥料的优点是具有良好的保水性能的同时也保肥。同时在肥料的使用过程中不破坏土壤的团聚体结构，改善土壤水肥耦合环境。保水型肥料具有改善土壤物理性质、提高种子出苗发芽率、增加作物小苗成活率、降低灌溉需求次数及提高养分利用率的作用。然而，由于保水型肥料复合技术和工艺的限制，肥料与保水剂复合使用的最简单的办法是将固体肥料和保水剂固体粉末掺混使用，很难混匀，易产生分离现象，降低保水剂和肥料协同作用效果。采用化学合成方法由于工艺限制，要么是养分浓度难以提高，要么保水剂达不到改善土壤水分的作用。

## 三、保水型肥料的选择和施用

保水型肥料可以作为基肥，逐渐向追肥方向发展。保水型肥料构成的关键材料之一是保水剂，保水剂按来源可分为天然保水剂，如蛋白质、淀粉、纤维素、果胶类、藻酸类等。能够吸收自身质量十倍到数十倍的水；合成保水剂是通过聚合反应合成的高吸水性树脂，可吸收超过自身质量数百倍至千倍的水。其特殊的化学成分、物理结构和吸水保水性能，使其在农田抗旱保水、保肥增效、作物保苗等方面具有广阔的应用前景；半合成保水剂是用化工有机单体接枝天然高分子物质或与无机矿物共聚或混合得到的混合物。保水剂主要施用方式有撒施、沟施、穴施、喷施等。近年来水肥调控的产品如在保水剂中加入某些矿物、腐植酸和作物所需养分，制成有机-无机复合保水肥等。

# 第三节 有益元素肥料

## 一、什么是有益元素肥料

有益元素一是某些植物类群中的特定生物反应所需，如钴是豆科植物根瘤固氮所必需的；二是在某些植物生长在某一有益元素过剩的环境中，在长期进化过程中形成对该元素的依赖性，如水稻对硅（Si）元素、甜菜的生长过程中对于钠的需求。有益元素肥料中含有植物生长所需的钴、硅、钴、钛、镍等。

## 二、有益元素肥料的优缺点

### 1. 硅肥

硅肥最早是以一种含硅酸钙为主的玻璃体、矿物肥料，其外观根据原料的不同，呈白色、灰褐色或黑色粉末，具有无毒、无臭、无腐蚀性、不变质及不易流失等特征。硅肥有水溶性硅肥、硅钾肥、天然硅肥等。

硅肥能提高磷肥利用率和活化土壤中磷的作用，施用硅肥后可以提高作物对磷肥的吸收利用率；硅肥有利于提高农作物抵抗病虫害的能力，特别是对稻瘟病、纹枯病、稻胡麻斑病、稻粒黑粉病等具有显著作用；硅肥有利于提高农作物的光合作用，水稻吸收硅之后，能使植株挺拔、茎叶直立，有利于提高作物叶面的光合作用，从而增加作物的产量；能够提高水稻抗倒伏能力；能增强水稻抗寒、抗低温以及抗旱能力；硅肥能够改良盐碱地。硅肥中所含的硅酸根离子与重金属的化学反应，形成植物难以吸收的化合物，从而减轻重金属对于植物的污染，硅的另一个重要作用是它能够防治和减轻土壤重金属污染。硅肥作为调节性肥料、品质肥料以及保健肥料，还能够明显改善农作物果实的色、香、味等感官效果。

### 2. 硒肥

硒对植物生长具有重要的作用。施硒能够提高作物产量，在调节植物生长方面，低浓度促进植物生长，高浓度时抑制植物生长。外源硒可能会影响土壤中微生物的种类、数量或酶的活性，进而影响作物生长的养分环境，通过影响植物对养分的吸收，最终对作物产量产生作用。

硒还拮抗重金属。硒对重金属的拮抗作用表现在三个方面：硒可以促进种子萌发，与浓度有密切关系，适宜浓度的硒处理种子，能够促进其萌发，浓度高时反而会对种子产生毒害作用；硒与重金属结合，生成难溶的沉淀物质，减轻重金属对植物体内抗氧化酶的抑制作用，从而减轻自由基对植物的伤害；参与调控植物螯合肽酶的活性，该酶可与重金属离子形成螯合蛋白，缓解重金属对植物的毒害。

硒可促进和调控植物叶绿素的合成代谢，在植物体内硒可能参与了能量代谢过程，在一定范围内（0.10mg/L 以下），硒增强了线粒体呼吸速率和叶绿体电子传递速率，而当硒处在较高质量浓度（≥1.0mg/L）时则导致其速率降低。施硒能够提高作物品质，主要是通过影响作物体内某些有机化合物水平来实现。在白菜的水培试验中发现，适宜浓度的外源硒增加了白菜地上部可溶性总糖、还原糖含量，提高了植株体内总蛋白的含量，降低了蔗糖、淀粉及纤维的含量；而且，添加外源硒后增加白菜地上部游离氨基酸总量和钠、钙、镁、锰、锌含量；提高白菜地下部钠、硫元素的含量，降低地下部磷、钙、镁、铁、锰、锌元素的含量，大大改善了白菜的品质。

硒能够影响植物对其他营养元素的吸收。硒对硫既具有拮抗作用又具有协同作用，研究发现，硒可以和硫竞争细胞膜上的硫转运蛋白。施硒能够减轻除草剂药害、提高作物抗逆性、抑制真菌。硒对植物体内多种酶都有影响，且对酶活性的影响与其浓度有关。低浓度硒（1.0mg/L 亚硒酸钠）能明显提高水稻分蘖期、孕穗期谷胱甘肽过氧化物活性；高浓度硒（10.0mg/L 亚硒酸钠）处理明显抑制分蘖期谷胱甘肽过氧化物酶活性，但对水稻孕穗期谷胱甘肽过氧化物酶活性有促进作用。

硒对作物抗氧化作用的影响，以小麦、玉米、大豆和油菜为材料的试验证明了硒对高等植物具有抗氧化作用，从而增强了植株体内抗氧化能力，提高了植株的抗逆性和抗衰老能力，保证了植株的正常生长。

**3. 钴肥**

钴是维生素 $B_{12}$ 的组成成分，是一种独特的营养物质，是人体必需的微量元素。人、畜所需要的钴主要来源于植物，而植物需要的钴又主要来源于土壤。水溶态钴最容易被植物吸收利用。影响植物在土壤中钴有效性的因素可分为三类：一是植物对土壤中钴的吸收能力，不同种类植物钴的吸收能力是很不相同的。通常豆科植物的吸收能力较大，钴的含量也较高；禾本科植物对于土壤中钴的吸收能力相对较弱，钴的含量低。此外，植物不同的生长时期对土壤中钴的吸收能力也有差异。二是土壤中钴的存在形态。通常可以分为水溶态、交换态、铁锰氧化物结合态、有机结合态和矿物结合态。不同形态钴的植物可利用性是很不相同的，其中水溶态是最易被植物吸收的。三是土壤性质，如土壤 pH 值等。

钴能促进作物提质增产。钴作为豆科植物固氮及根瘤菌生长所必需的元素，一旦缺乏就会出现植物生长受阻。研究表明，充足的钴元素可使得大豆根瘤中维生素 $B_{12}$ 和大豆血红蛋白含量增高，固氮能力也就越强；钴可以提高植物光合作用。试验数据表明，施用钴肥能够提高甜菜光合作用，增加甜菜产量；钴对小麦生长发育具有一定的促进作用。此外，钴与种子中某些水解酶和作物体内某些酶的活化有关，能促进植物细胞生长，从而使得作物籽粒饱满、提高产量、改善品质。

一般来说，钴肥的最基本原料是硫酸钴，含钴量在 21%以上，桃红色至红色结晶，易溶于水；氯化钴亦可作为原料，含钴量在 25%以上，结晶为红色。以上两种原料可直接用作钴肥施用，也可以生产出 EDTA-螯合钴肥、腐植酸-螯合钴肥、黄腐酸-螯合钴肥、糖醇型钴肥等。

**4. 镍肥**

自 1885 年 Forchhamer 首次发现植物中存在镍以来，人们对镍进行了许多研究。20 世纪 70 年代，人们明确了镍是低等植物如细菌、蓝藻、绿藻必需的微量营养元素。1983 年 Eskew 等人发现，如果大豆生长镍不足，大豆体内脲酶活性会受到抑制，叶片中的尿素大量积累，会产生坏死现象。正是尿素过多引起的毒害作用，使得人们发现镍是高等植物必需的营养元素。到了 20 世纪 80 年代中期，Brown 等人发现镍在植物体内主要参与种子萌发、氮素代谢、铁的吸收和衰老过程。许多植物缺乏镍时，不能够完成生命周期，证明镍是植物生长必需的微量营养元素。

我国土壤中镍的含量在地区之间有比较大的差异，土壤镍含量在 3～162mg/kg，土壤平均值在 29.3mg/kg，约高于土壤背景值 26.9mg/kg。土壤背景值的镍主要来自岩石风化而来的成土母质。成土母质中镍的含量，很大程度上决定了土壤中镍含量。发育在酸性火成岩、砂岩和石灰岩的土壤镍含量一般在 50mg/kg 以下；发育在泥质沉积岩和基性火成岩的土壤镍含量在 50～100mg/kg 以上；发育于超基性岩火成岩的土壤镍含量高达几千毫克/千克(mg/kg)。

镍能够对植物起到促进生长的作用，通过对一些禾本科植物大麦、小麦、燕麦等的研究，得出镍对禾本科植物生长和代谢方面的作用，证明了缺乏镍导致许多植物早衰及生长受阻，镍可以使大麦产量提高。同时，镍对植物根系吸收铁有影响，可以促进豆科和禾本科作物生长。研究表明，豆科植物中根瘤里的含镍量比根系多，在低镍土壤中施用镍可以提高大豆根瘤重量 83%，使得大豆增产 25%。镍是脲酶和其他含镍酶的组成成分，镍在植物体内含量为 0.05～0.5mg/kg，不同植物体内的含量差别很大。关于镍在植物体内的生理功能，研究较多的是镍在脲酶中的作用。脲酶是一种普遍存在于植物中的镍金属酶，镍对于氨基酸水解形成的尿素和核酸代谢都是必要的，缺乏镍酶都将导致叶片坏死损伤。镍是脲酶结构和动力所必需的，在脲酶里它与N-O-配合基纵向结合。多数高等植物都含有脲酶，尿素一般来自于酰脲和胍的代谢过程。缺乏脲酶活性的植物会在种子中累积大量尿素，或者在种子萌发时产生大量尿素，会严重影响种子出芽。植物体内的氮代谢过程中，脲酶起到非常重要的作用。

**5. 锌肥**

锌是作物生长发育所必需的营养元素之一。需锌较多的植物有玉米、水稻、棉花、大豆、甜菜、番茄、柑橘等。由于多年来施肥的不均衡性，导致许多作物出现缺锌症状，补施锌肥能够减轻或消除缺锌状况，达到高产优质的目的。

作物缺锌症状：正常植株中锌的分布是顶芽含锌量最高，叶中次之，茎中最少，整个作物的含锌量则是由下而上逐渐递增。植物缺锌时常表现小叶病和簇叶病，植物体内色氨酸含量减少，生长素的合成数量也随之降低，因而植株生长缓慢、矮小、叶少。

作物对锌的吸收特点：作物对锌的敏感程度常因作物种类不同而有很大差异。禾本科植物中以玉米和水稻对锌最为敏感，双子叶植物中马铃薯、番茄、甜菜等对锌都比较敏感。多年生果树对锌也很敏感。除从外形观察其症状外，还可通过叶片分析的方法进行诊断。

**6. 铜肥**

铜在植物体内的功能是多方面的。它是多种酶的组成成分。铜与植物的碳素同化、氮素代谢、吸收作用以及氧化还原过程均有密切联系。

**(1) 铜有利于作物生长发育** 铜素的存在能促进蔗糖等碳水化合物向茎秆和生殖器官的流动，从而促进植株的生长发育。铜肥有利于花粉发芽和花粉管的伸长。在缺铜情况下，常因生殖器官的发育受到阻碍，而使植株发生某些生理病害，引起各类作物的穗和芒的发育不全，甚至不能结穗，空秕粒很多，产量显著降低。

**(2) 影响光合作用** 植物叶片中的铜几乎全部含于叶绿体内，对叶绿素起着稳定作用，以防止叶绿素遭受破坏。可见，铜素供给充足，能提高植物的光合作用强度，能减轻晴天中午期间光合作用所受到的抑制。铜素能增加叶绿素的稳定，对蛋白质的合成能起良好作用。铜素不足，叶片叶绿素减少，出现失绿现象。铜与铁一样能提高亚硝酸还原酶和次亚硝酸还原酶的活性，加速这些还原过程，为蛋白质的合成提供较好的物质（氨）条件。

**(3) 铜能增强植株抗病能力** 铜能提高植物抗病能力的作用最为突出。铜对许多植物的多种真菌性和细菌性疾病均有明显的防治效果。在果树上，使用含硫酸铜的波尔多液来防治作物的多种病害，已成为普遍采用的植保措施之一，从这一侧面可以看到铜素对提高植物抗病力的重要作用。目前国内对铜肥的试验及大田应用较少。铜对大麻、亚麻、桃、杏、李、苹果、柑橘等也十分敏感，都可因缺铜而降低产量和品质，正常的作物含铜 5～20mg/kg，主要集中在幼嫩部分。铜肥有以下几种：五水硫酸铜是最主要的铜肥。一水硫酸铜、碱式碳酸铜、氯化铜、氧化铜、氧化亚铜、硅酸铵铜、硫化铜、铜烧结体、铜矿渣、螯合铜等均可作为铜肥施用。据实验表明，土豆施用铜肥，不仅可提高整个生长发育期包括块茎形成期以及贮存期对晚疫病的抗性，而且能减轻细菌病、疮痂病、粉痂病和丝核菌病的感染，甚至在施铜后第二年，仍有作用。如果连续施用 2 年铜肥，其块茎经贮藏后，细菌性软腐病可得到彻底根除。施用铜肥可使菜豆炭疽病、番茄的褐斑病以及亚麻的立枯病、炭疽病和细菌病的感染率显著降低。

**(4) 铜能提高作物的抗寒、抗旱能力** 铜能提高冬小麦的耐寒性，而且还能增强茎秆的机械强度，起到抗倒伏的作用。用硫酸铜来处理种子，在低温条件下，对提高棉花种子的发芽率有极好的反应，对玉米发芽率也有明显影响，并能增强其抗御冻害能力。同时，铜对柑橘类的耐寒性也有一定的作用。铜能提高植株的总水量和束缚水含量，降低植物的萎蔫系数，因此，铜素营养充足有利于抗旱性的提高。一旦缺乏铜肥，就会破坏作物的水分平衡，促进植株吐水量增多，严重者会显著增加萝卜等作物萎蔫病的发病率。

**7. 钼肥**

钼是一种微量元素，是作物硝酸还原酶的组成元素，参与作物体内硝酸还原过程，促进作物体氮的代谢，有利于蛋白质的形成。钼是固氮酶的组成元素，对固氮菌和根瘤菌的固氮作用有良好的影响。施用适量的钼肥，能够提高固氮量 5～7 倍。同时钼还能降低过量锰、铜、锌等元素对作物的毒害，如叶部缺绿病等。缺钼时植株矮小，叶色褪黄，逐渐枯萎坏死。但各种作物失绿情况不一，如豆科作物缺钼，叶色黄绿、生长不良、根瘤不发达且呈细长形、数少、色黄。而正常根瘤为圆形、数多、呈粉红色；柑橘缺钼会出现黄斑病；番茄缺钼，叶边缘向上卷曲，形成白色或灰色斑点而枯落等。一般土壤不缺钼能满足作物的需要。但在强酸性土壤中，钼常和活性铁、铝化合而沉淀，降低有效性，造成缺钼。所以，酸性土壤施用石灰，可减少钼的固定，提高有效性。稻田淹水期中钼的有效性增大。

**8. 铁肥**

由于高产作物的应用、微肥投入不足以及北方石灰性土壤自身碱性反应及氧化作用，使铁形成难溶性化合物而降低其生物学有效性，致使植物缺铁黄化病连年发生，涉及的植物品种较为广泛，植物这种缺铁黄化病害的后果不但影响作物的生长发育、产量及品质，更重要的是影响人体健康，如缺铁营养病、缺铁性贫血病等。而合理施用铁肥有助于提高植物性产品的铁含量，改善人类的铁营养。

施肥是补充铁营养最易实现的措施，而铁肥品种及其合理施用尤为重要。

铁肥的种类主要有以下几种。

**(1) 无机铁肥**

① 氧化铁-硫酸铁的混合物　是用具氧化作用的浓硫酸成氧化亚铁或氧化铁反应制成的混合物，主要成分为 $Fe_2O_2$-$Fe_2(SO_4)_3$，通常加入锰、硼氧化物。混合物中铁的有效性取决于加工过程中硫酸的用量，硫酸用量大，则其有效性高。

② 能增加铁有效性的酸化物质　黄铁矿、元素硫、硫酸。黄铁矿（$FeS_2$）和元素硫在通气良好的氧化土壤中，可缓慢氧化生成硫酸，提高土壤酸性，增加土壤铁的溶解性，从而提高土壤铁的植物有效性。

③ 金属硫酸盐　硫酸亚铁盐（$FeSO_4 \cdot xH_2O$），有一水、二水及七水化合物，含铁量因结晶水含量而异，其有效性因氧化作用而降低，使用时不如氧化物-硫酸盐混合物经济，不可与许多杀病农药混用，因易对作物产生烧害。

**(2) 有机铁肥**

① 络合、螯合、复合有机铁肥　乙二胺四乙酸（EDTA）、二乙酰三胺五醋酸铁（DTPA-Fe）、羟乙基乙二胺三乙酸铁（HEEDTA-Fe）、乙二胺二-（*O*-羟苯乙酸）铁（EDDHA-Fe）、乙酰二胺-二（2-羟基-4-甲酰酚基）乙酸铁（EDDHMA-Fe），这类铁肥可适用的 pH 值、土壤类型范围广，肥效高，可混性强。但其成本昂贵、售价极高，多用作叶面喷施或叶肥制剂。

② 羟基羧酸盐铁肥　柠檬酸铁、葡萄糖酸铁十分有效。柠檬酸土施可提高土壤铁的溶解吸收，可促进土壤钙、磷、铁、锰、锌的释放，提高铁的有效性。柠檬酸铁成本低于 EDTA 铁类，可与许多农药混用，对作物安全。

③ 有机复合铁肥　由造纸工业副产品制得的木质素磺酸铁、多酚酸铁、铁代聚黄酮类化合物和铁代甲氧苯基丙烷，作为微量元素载体成本最低，但其效果较差，与多种金属盐不易混配。

**(3) 生物分泌物质**　包括植物根系分泌物和土壤中微生物分泌物质，它们能提高土壤难溶铁的溶解性，从而提高铁的有效性。

目前，我国市场上销售的铁肥仍以价格低廉的无机铁肥为主，无机铁肥以硫酸亚铁盐为主。有机铁肥主要制成含铁制剂在销售，很少有标明成分的纯螯合铁肥化合物销售。如 EDDHA、HEETA、EDDHMA 类螯合铁、柠檬酸铁、葡萄糖酸铁等主要用于含铁叶面制剂肥。而生物铁肥正在研究，尚未进入商业化生产销售阶段。

在防治植物缺铁失绿症时，土壤施用的铁肥仍以硫酸亚铁为主，造纸下脚料制成的铁有机化合物也用于土壤施用。而螯合铁肥、柠檬酸铁、葡萄糖酸铁及生物铁肥因其价格昂贵，土壤施用成本过高，主要用作叶面喷施，少量用于土壤施用，以矫正严重的植物缺铁症。

植物缺铁原因及症状：

石灰性土壤的铁含量一般并不低，石灰性土壤上植物易缺铁主要是由于石灰性土壤中铁的植物有效性非常低，土壤中的铁在一般情况下均会氧化为溶解性极差的氧化铁或沉淀为氢氧化铁，使植物难以吸收利用。因此，生长在石灰性土壤上的许多植物存在着潜在性缺铁，并易发生缺铁失绿症。而近年来高产作物品种的推广使用，铁肥的投入不足以及土地单一种植模式的发展（如果园、大棚温室），使得植物缺铁病害发生日益普遍而严重。缺铁的土壤不仅局限于石灰性土壤，高位泥炭土、砂质土、通气性不良的土壤、富含磷或大量施用磷肥的土壤、有机质含量低的酸性土壤、过酸的土壤上易发生缺铁。

## 三、有益元素肥料选择和施用

### 1. 硅肥

目前，硅肥的品种很多，按形态可以分为固体硅肥、液体硅肥；按施用方法分类有叶面喷洒硅肥、基施硅肥、水冲硅肥等；按水溶性主要可以划分为两大类：枸溶性硅肥、水溶性硅肥。枸溶性硅肥除含二氧化硅之外，还富含碳酸钙、碳酸镁以及植物需要的许多微量元素，硅肥可以有效地防治土壤重金属污染。水溶性硅肥以其运输方便、植物吸收快、有效硅含量高的特点，早在20世纪80年代就开始施用。现今，水溶性硅肥存在成本高、综合改良土壤的效果次于枸溶性硅肥的局限性。

**（1）硅肥的种类** 硅肥的种类分缓效硅肥和水溶性高效硅素化肥两大类。缓效硅肥是利用铁钢渣、黄磷熔渣、粉煤灰等工业废渣或硅矿石，经粗加工、磨细、过筛制成硅肥，是含硅酸钙为主的枸溶性矿物肥料。每亩施用40～100kg，作基肥一次性施入水溶性高效硅肥主要成分是硅酸钠，含水溶性硅20%～50%以上，每亩施用5kg，可作基肥、追肥和叶面肥使用。谷壳与稻草也是硅的主要来源。水稻吸收的硅素大多集中在稻草和稻壳中。稻草腐解出的二氧化硅能维持硅的收支平衡，代替硅肥。实施稻草还田，可在相当程度上缓解或消除水稻土壤供硅不足。

**（2）硅肥的作用** 硅肥是一种新型肥料，被国际土壤界列为继氮、磷、钾之后的第四大元素肥料。主要用于水稻、小麦、玉米等喜硅作物，尤以水稻对硅最敏感。水稻素有硅酸植物之称，在缺硅土壤上施用硅肥可以增强水稻抗病能力、提高结实率、促进干物质的累积进而增加产量，并有改善米质的作用。硅肥抗稻瘟病的效果最显著，白浆土、草甸土、老稻田都属缺硅性土壤，在稻瘟病重发地区，更应注意对硅肥的施用，水稻施用硅肥后，能够促进水稻生长发育，提高抗逆性。主要表现增加分蘖率，提高有效收获穗数；增加水稻自身抗病能力，即使水稻感染上病害，也可以使病斑硅质化，控制病斑发展。其次是抗褐变穗、纹枯病。

随着施肥水平的提高，高量氮肥的施入必须要有硅肥的配合。氮、磷、钾、硅科学配方施肥，才能达到高产的效果。应该客观地认识硅肥。首先，硅肥不能代替氮、磷、钾肥，必须氮、磷、钾、硅配合施用；其次，硅肥具有增强水稻抗病虫害的能力，但是不能代替农药。稻草还田是补充土壤硅的最简单有效的方法。配合农业生态建设，强化硅在农业内部的循环，坚持稻草还田。

硅肥主要用于水稻，有时也用于甘蔗、竹等。施入土壤后能为植物提供硅养分，提高土壤中有效硅的供应水平。属碱性物质，兼有提高土壤 pH 值的作用。多用作基肥。田间施用的硅肥主要是含硅酸盐的工业废渣。施用硅肥的效果与土壤中硅的含量和形态有关。土壤中二氧化硅的含量虽然占土壤重量的 20%～80%，但绝大部分呈结晶态，不能被植物吸收利用。土壤中的有效硅，即能溶于 pH 值为 4 的醋酸缓冲液的硅，其含量因土壤的成土母质类型而异。凡成土母质中含易风化矿物多的土壤，有效硅含量较高；发育于花岗岩、石英砂岩、凝灰岩风化物上的土壤，含硅量较低；质地较轻、土层较薄、淋溶强烈、酸性较强以及有机肥料用量少的土壤，其有效硅含量也低。缺硅的水稻土多为低 pH 值或砂质土壤。水稻茎叶中的二氧化硅含量不及茎叶干重的 10%时，即可视为缺硅，需要施用硅肥。

**(3) 硅肥作用机理**

① 硅是植物体内的重要组成部分。在水稻、小麦、大麦、大豆、扁豆、茴香六种作物灰分中，硅氧化物占 14.2%～61.4%。

② 施硅肥有利于提高作物的光合作用。作物在施用硅肥后，可使表皮细胞硅质化，茎叶挺直，减少遮阴，促使叶片光合作用。

③ 硅肥可增强作物对病虫害的抵抗力，减少病虫危害。作物吸收硅后，在体内形成硅化细胞，使茎叶表层细胞壁加厚，角质层增加，从而提高防虫抗病能力。

④ 硅肥可提高作物抗倒伏能力。由于作物茎秆直，抗倒伏能力可提高 80% 左右。

⑤ 硅肥可使作物体内通气性增强。作物体内含硅量增加，使作物导管刚性加强，促进通气性，这对水稻、芦苇等水生和温生作物有重要意义。

⑥ 提高作物抗逆性。施硅肥后，产生的硅化细胞可有效地调节叶片气孔的开闭，挖掘水分蒸腾作用，提高作物的抗旱、抗干热风和抗低温能力。

⑦ 硅肥中含有较多的钙、镁。硅肥含有一定量的锌、镁、硼、铁等微量元素，对作物有复合营养作用。

⑧ 硅能减少磷在土壤中的固定。硅肥能活化土壤中的磷，并促进磷在作物体内的运转，从而提高结实率。

⑨ 硅肥是保健肥料。硅肥能改良土壤、矫正土壤的酸度、提高土壤盐基、

促进有机肥分解、抑制土壤病菌。

⑩ 硅是品质元素。硅肥有改善农产品品质的作用，并有利于贮存和运输。

**(4) 硅肥的施用原则**

① 施用范围　土壤供硅能力是确定是否施用硅肥的重要依据。土壤缺硅程度越大，施肥增产的效果越好，因此，硅肥应优先分配到缺硅地区和缺硅土壤上。不同作物对硅需求程度不同，喜硅作物施用硅肥效果明显。经试验，施硅效果显著的作物主要有水稻、小麦、玉米等禾本科作物，其中水稻属于典型的喜硅作物；大豆、花生等喜硅钙肥作物；黄瓜、冬瓜、西瓜、甜瓜等葫芦科以及番茄、草莓、棉花等作物。由于硅肥具有改良土壤的作用，硅肥应施用在受污染的农田以及种植多年的保护地上。

② 施用方法　硅肥不易结块、不易变质、稳定性好，也不会有下渗、挥发等损失，具有肥效期长的特点。因此，硅肥不必年年施，可隔年施用。其施用方法可以与有机肥、氮、磷、钾肥一起作基肥施用；养分含量高的水溶态的硅肥，既可以作基肥也可作追肥，但追肥时期应尽量提前些。例如，在水稻生产中应在水稻孕穗之前施用。

③ 用量　应根据不同地块土壤有效硅的含量与硅肥水溶态硅的含量确定硅肥施用量。严重缺硅的土壤可适量多施，而轻度缺硅的土壤应少施。有效硅含量达到50%～60%的水溶态硅肥，每亩可施用6～10kg；有效硅含量为30%～40%的钢渣硅肥，每亩可施用30～50kg；有效硅含量低于30%的，每亩可施用50～100kg。

④ 硅肥施用的注意事项　必须与其他肥配合。硅肥不能代替氮、磷、钾肥，氮、磷、钾、硅肥科学配合施用，才能获得良好的效果。硅肥不能与碳酸氢铵混合或同时施用。硅肥会使碳酸氢铵中的氨挥发，降低氮肥的利用率，造成不必要的浪费。硅肥能改良土壤，价格便宜，最好每季连续施用。

### 2. 硒肥

硒肥品种按照施用方法分类有叶面喷洒硒肥、水冲硒肥、有机硒肥等，主要是用硒酸钠或者亚硒酸钠通过氨基酸、腐植酸、EDTA等络合而成的，制成让植物更加容易吸收的剂型，既可以单独施用，也可以与有机肥、微生物肥料混合而成施用。特别要注意的是，无论用作底肥、追肥、叶面喷洒或者水冲施用，浓度不能过量，过量会导致植物生长不良。

### 3. 钴肥

钴肥从形态上主要划分为固体钴肥、液体钴肥两类。目前钴肥的施用方法主要有液面喷洒、冲施、基施、浸种或拌种。施用方式要与施用量“对号入座”。叶面喷洒20%含量的钴肥时，每亩用量在10g左右，兑水稀释2000倍；冲施含量20%的钴肥，建议每亩用量30～50g；基施每亩30～50g，可以单独施用或与有机肥混合均可；在浸种、拌种时，施用含量20%的钴肥，需要加水稀释1000倍，每千克种子用2～4g。

**4. 镍肥**

镍肥施用方式灵活多样。目前，常见的镍肥有氯化镍、硫酸镍、硝酸镍。氯化镍是绿色结晶性粉末，在潮湿环境下容易潮解，受热脱水，溶于酒精、水和氢氧化铵，其pH值约为4；硫酸镍是蓝绿色结晶，正方晶系，溶于水，其水溶液pH值大约为4.5；硝酸镍是碧绿色单斜板状晶体，潮湿空气里易潮解，易溶于水、酒精、液氨，水溶液pH值约为4。镍肥是微量元素肥料，可以进行土壤施肥，具有用量少、专用性强等诸多优点；也可以与大量元素肥料混合或者配合均匀施用于土壤表面，然后耕地入土，作为基肥，供应植物整个生育期需要；镍肥还可以直接喷施植物。譬如叶片施肥，可以把镍肥配成稀溶液，一般浓度在0.1%，喷洒在植物叶片和茎上，也可与农药混用，更加方便。同时，镍肥能用作根部处理，将镍肥调成稀泥浆，根部蘸上镍肥泥，或者用营养钵时添加镍肥，有利于植物苗期生长。除此之外，镍肥还用作种子处理，在播种前将镍肥附着在种子表皮上，采取镍肥拌种、浸种和包衣等方法。

**5. 锌肥**

锌肥施用技术主要有以下几点。

**(1) 改造土壤条件** 首先查清土壤中有效锌的含量，针对某些需锌量较多的作物，如玉米、大豆、甜菜等，一般每亩增施优质有机肥4000kg以上，改善土壤物理性质，使土壤的各种肥力因素——水、肥、气、热等得以协调。

**(2) 配方施肥** 在以有机肥为主的前提下，根据配方施肥的原理，适当增施化学锌肥。化学锌肥有硫酸锌、氯化锌、氧化锌、螯合态锌，均易溶于水。施用方法如下：①基肥。亩施用1～1.5kg，与碳铵、硫酸钾混合做底肥，但不能与过磷酸钙混合施用。②追肥。喜锌作物，苗期对锌最敏感，追肥越早越好。玉米可穴施，距苗7～10cm，果树可撒施后浇水，水稻可与碳铵混合施用。③喷肥。当作物出现缺锌症状时，可喷施。玉米出苗后7～10d喷1次；水稻在分蘖期、扬花期各喷1次，浓度为0.2%～0.5%。④浸种、拌根、蘸根。浸种浓度为0.02%～0.05%，浸泡12h。拌种，每千克种子用锌肥4～8g，锌肥用少量水溶解后，喷在种子上，边喷边拌均匀。水稻蘸根，亩用硫酸锌300g，蘸根时间为30s（秒）为宜。

**(3) 锌肥使用注意事项** 无论采取哪种方式施用锌肥，千万不可过量，基肥、追肥只能选用一种，并隔年施用。

**6. 铜肥**

需铜量最多的作物有小麦、洋葱等；需铜较多的作物有大麦、燕麦、胡豆、向日葵等；需铜中等的作物有土豆、甜菜、苜蓿、蔬菜等；需铜较少的作物有玉米、大豆等豆类和油菜等。因此，铜肥在小麦、洋葱上施用较多。铜肥品种有硫酸铜、碱式硫酸铜、碳酸铜等，多数为蓝色透明结晶或颗粒，粉末状，易溶于水。最常用的铜肥是硫酸铜，含铜 25%。由于价格较贵，一般都作种肥和根外喷施。拌种，每 0.5kg 种子拌 0.5g 硫酸铜。喷洒，可用 0.02%～0.1%浓度的硫酸铜溶液，每亩根据苗大小，喷洒 50～100kg 即可。最好在溶液中加入少量熟石灰，以免产生药害。浸种，浓度为 0.01%～0.05%的硫酸铜溶液为宜，浸 12h（小时）后，捞出阴干再播种。若用黄铜矿渣等难溶性铜肥，一般在早春耕地或冬耕时施入。用量折算含铜量每亩不超过 250g 为宜。根据经验，一般每亩施入黄铜矿渣 30～50kg。有人称黄铜矿渣为硫矿渣，因为是制硫酸后的残渣。若用硫酸铜作基肥，每亩用 1～1.5kg 为好。最好与其他酸性肥料配合使用，每隔 3～5 年施用一次。铜肥使用要十分慎重，多次使用后会在土壤中累积，引起残留，污染水果、作物。铜肥后效很高，在土壤中移动又小，特别是在沙性土施用，沙土缓冲性小，更要注意用量。拌种时，用量要严格控制，弄得不好，会影响发芽。有些果园，为了治虫防病，经常施用波尔多液，这些果园就不必再施用铜肥了。全国对铜肥的肥效研究较少，在生产上我国没有大面积施用，从土壤分析来看缺乏面积也不大。各地可根据自己本地作物、土壤、气候情况进行实验研究。

施用铜肥有哪些增产效果？铜肥是作物正常生长所必需的，供应不足会引起特有的病症，合理施用可使作物产量提高。铜还可增强作物抗病力和抗逆性。河南省农技推广总站 31 处试验，小麦拔节、开花和孕穗期分别喷施 0.1%～0.2%铜肥，增产幅度为 1.9%～36.4%，平均增产 11%，每亩增产在 15kg 以上。水稻喷施铜肥多数有增产作用。

**7. 钼肥**

常用的钼肥是钼酸铵，含钼 50%，氮 6%，易溶于热水，可作种肥和根外追肥。每亩豆科作物 10g，非豆科作物 20g 与过磷酸钙混合作种肥施入。根外追肥可用 0.02%～0.1%的钼酸铵溶液，每亩喷 30～40kg，在豆科作物上显著。钼对人、畜有毒，经钼肥处理过的种子不要食用或做饲料。

**8. 铁肥**

植物缺铁的矫正及铁肥的施用：

（1）铁肥在土壤中易转化为无效铁，其后效弱，因此，每年都应向缺铁土壤施用铁肥，土施铁肥应以无机铁肥为主，即七水硫酸亚铁，价格非常低廉，约 2 元/kg。施铁量一般为 22.5～45kg/$hm^2$。

（2）根外施铁肥，以有机铁肥为主，其用量小，效果好。螯合铁肥、柠檬酸铁类有机铁肥价格极为昂贵，约 12 元/kg 以上，土壤施用成本非常高，其主要用于根外施肥，即叶面喷施或茎秆钻孔施用。果树类可采用叶片喷施、吊针输液，及树干钉铁钉或钻孔置药法。

叶面喷施是最常用的校正植物缺铁黄化病的高效方法，也就是采用均匀喷雾的方法将含铁营养液喷到叶面上，其可与酸性农药混合喷施。吊针输液与人体输液一样，向树皮输含铁营养液。树干钉铁钉是将铁钉直接钉入树干，其缓慢释放供铁，效果较差。钻孔置药法是在茎秆较为粗大的果树茎秆上钻孔置入颗粒状或片状有机铁肥。

(3) 叶面喷施铁肥的时间一般选在晴朗无风的下午 16：00 以后，喷施后遇雨应在天晴后再补喷 1 次。无机铁肥随喷随配，肥液不宜久置，以防止氧化失效。

(4) 叶面喷施铁肥的浓度一般为 5～30g/kg，可与酸性农药混合喷施。单喷施铁肥时，可在肥液中加入尿素或表面活性剂（非离子型洗衣粉），以促进肥液在叶面的附着及铁素的吸收。由于叶面喷施肥料持效期短，因此，果树或长生育期作物缺铁矫正时，一般每半月左右喷施 1 次，连喷 2～3 次，可起到良好的效果。

(5) 土施铁肥与生理酸性肥料混合施用能起到较好的效果，如硫酸亚铁和硫酸钾造粒合施的肥效明显高于各自单独施用的肥效之和。

(6) 对于易缺铁作物种子或缺铁土壤上播种，用铁肥浸种或包衣可矫正缺铁症。浸种溶液浓度为 1g/kg 硫酸亚铁，包衣剂铁含量为 100g/kg 铁。

(7) 对于具有喷灌或滴灌设备的农田缺铁防治或矫正，可将铁肥加入到灌溉水中，效果良好。

# 第四节　药　　肥

## 一、什么是药肥

药肥是将农药和肥料按一定的比例配方相混合，并通过一定的工艺技术将肥料和农药稳定于特定的复合体系中而形成的新型生态复合肥料，一般以肥料作为农药的载体。药肥包括具有除草功能的药肥、防病功能的药肥、防虫功能的药肥、防病虫害功能的药肥和植物生长调节功能的药肥等。

## 二、药肥的优点与缺点

药肥具有几个方面的好处。首先，药肥合一，省工、省时。其次，肥和药之间是相互增效的，把农药和肥料在一起均匀混合和分散以后，能使农药的分散度提高20倍以上，从而能对作物的根系起到一个很好的保护作用，使作物根系免受地下害虫的危害，对作物增产、肥料的吸收有很大的提高，同时肥料又能促进农药的吸收，如在甘蔗田打除草剂的时候，加施硫酸铵或碳酸氢铵，让作物长得嫩一点，除草剂吸收好，除草剂的效果就会好，所以肥料对农药的增效作用是肯定的。

## 三、药肥选择和施用

配制时应严格按照规定的剂量，不得随意添加。配制或存放药肥的地点要远离引用水源、居民区，专人看管，防止药肥丢失或被人、畜误食。施用药肥的田块要树立标志，在一段时间内禁止放牧、割草等，盛放肥料的包装物不能盛放食物。

药肥可以基施、追肥、叶面喷施等。

**（1）基施**　药肥可与作基肥用的固体化肥混在一起撒施，然后耙混于土壤中。对于含除草剂多的药肥，深施会强烈降低其药效，一般应施于3～5cm的土层，如果消灭多年生杂草，深施才有意义。

**（2）种子处理**　具有杀菌功能的药肥可以处理种子。处理种子的方法有拌种和浸种，可以杀死种子表面和内部带菌。生产中使用药物处理也可与化肥或叶面肥混合施用。

**（3）追肥**　药肥可以在作物生长期作为追肥使用。在旱地施用时注意土壤湿度，结合灌溉或下雨施用。

**（4）叶面喷施**　常和农药混用的水溶性肥由于水溶性好，可通过叶面喷施的方法对作物追肥。

**（5）含除草剂的药肥**　可在播前、播后出苗前、出苗后施用。播前施用是把含除草剂的药肥喷洒到土壤中，并拌入土壤中一定深度，以便有利于杂草幼根、幼苗吸收，同时防止和减少除草剂的挥发和光解损失。播种后出苗前施用或小麦立针时进行，对作物幼芽安全。

# 第五节　改善土壤结构的肥料

## 一、改善土壤结构

改善土壤结构是针对土壤的质地和结构，采取相应的物理、生物或化学措施，改善土壤性状、提高土壤肥力、增加作物产量、提高作物品质，以及改善人类生存土壤环境。

## 二、改善土壤结构肥料的优点

我国现在的土壤有机质普遍含量低。施用生物菌肥，生物菌很难成活，特别是中国土壤普遍化肥用量较大，盐渍化超标，生物菌施用到土地里更难成活。

所以就治标先治本来讲，补充土壤中有机质，改善土壤中微生物环境，才是重中之重。但是单纯施用生物肥则需要付出大量的经济成本，因此选用含酶有机肥是更好的选择。如中国寿光地区的蔬菜产量高是因为老百姓每年每亩地用有机肥一吨多，土壤有机质含量高，土地肥沃，这样的土地施用生物菌肥，效果肯定就好，但就大多数中国土地来讲，投入这样大量的生物菌肥不现实，因为种地成本在控制。

## 三、如何施用土壤结构肥料

而用含酶的有机肥，让土地发酵，植物会呼吸就会达到更好的效果。施用含酶有机肥提高作物产量，并且成本低农民更能接受，是一种更现实可行的修复和改良土地的办法。实践证明，如果每亩地用 200～300kg 含酶有机肥，就能修复土壤，改造土地，让生地变熟地，熟地变高产地。如果连年施用，一般 1～2 年就能恢复土地原生态。含酶有机肥是指经过高温发酵的有机肥，并添加内源酶和外辅酶，从而催化养分，发酵土壤，让土壤有生气、让植物会呼吸。

施用含酶有机肥对作物的生长非常有利。建议改善土壤的时候，合理使用含酶有机肥。

微生物松土剂可分为乳液、粉剂两大类，乳液外观呈乳白色液体，粉剂外观呈白色粉末。它含有腐植酸、团粒结构黏结剂、中、微生物元素以及生物活性物质，具有疏松土壤、活化养分、抑菌抗病、加快作物生长发育、水果增产增收、绿色无公害等特点。

**1. 主要功能**

① 疏松土壤，改善土壤环境。连续施用微生物松土剂，可消除因长期施用化肥造成的土壤板结，促进土壤团粒结构的恢复，改善土壤生态环境，在白浆土、低洼地等粘黏型土壤中施用，增产幅度更明显。

② 绿色有机，保证食品安全健康。微生物松土剂是生产绿色、无公害、有机食品的理想肥料。

③ 活化养分，提高肥料利用率。微生物松土剂含有生物活性因子，可激活各种土壤养分，把固定在土壤中的磷、钾、铁、硼、钼、锌等元素活化，供植物二次利用。可增加土壤中有效磷、有效钾及微量元素。提高肥料利用率，延长肥效。

④ 抑菌抗病，提高作物抗逆性。微生物松土剂含有特效抑菌抗病成分，施

用后在植株体内形成抗体，有强大的抗病菌、抑杂菌功能，减少作物病害的发生。提高作物抗低温、抗干旱、抗倒伏能力。防止因土壤低温或缺少微量元素所产生的苗僵、苗黄、无生机、沤根、烂根等生理病害。

⑤ 缓解药害，加速残留农药降解。微生物松土剂可加速残留农药及除草剂的降解，明显减轻残留农药及除草剂对秧苗的伤害。

⑥ 促进早熟，确保增产、增收、增效。微生物松土剂可促早熟 5～10d，提高籽粒成熟度，增产增收。投入少，产出高。一次性施入，省时、省力、省工、省钱。

**2. 应用范围**

微生物松土剂适用于各种土壤、蔬菜、果树、花卉、茶树、草药、绿化苗木特别是果树地效果明显。

**3. 施用量**

根据土壤板结的程度不同用量在 1～2 袋，即每亩 5～10kg。

**4. 施用方法**

**（1）拌种** 将种子放入清水内浸湿后捞出控干，随后将本产品直接扬撒在种子上、混拌均匀，阴干后播种；拌种衣剂的种子应先拌种衣剂，后拌本产品。

**（2）拌土** 播种时，将本品均匀撒在土壤表面，类似撒化肥。

**（3）拌肥** 作种肥或底肥时，可将本产品与化肥或有机肥拌在一起，随肥料一起施入。

# 第六节 促生型肥料

## 一、促生型肥料

植物根际土壤中含有大量微生物，其中根际细菌的含量较高。对植物生长有促进作用或对病原菌有拮抗作用的有益细菌统称为根际促生细菌。有研究表明，从植物非根际土壤中筛选出的细菌同样具有促生作用。利用根际促生细菌诱导植物抗性的提高或激活植物防卫基因的表达，从而实现生防效果的提高，是生物防治策略的一个进步。这使得生防技术摆脱以往单纯依靠定殖与拮抗作用的局面，因而对环境更加友好。根际促生细菌生物肥料可降低根际土壤的 pH 值、提高了根际土壤的电导率和阳离子代换能力、提高了根际土壤养分含量、显著增加了根际土壤中有机碳和胡敏酸的含量、有效改善冬枣根际土壤的微生态环境。施用植物根际促生菌剂能提高根际土壤中养分离子的有效性和养分保持能力，提高了根系活力，促进了表层土壤中根系（主要为0～40cm），尤其是毛细根的生长。

## 二、促生型肥料特点

促进植物根系生长的肥料很少。一直以来，生根剂（粉）与肥料都是分开施用，目前市面上的肥料与生根剂合二为一的产品不多，现在市面上常见的生根剂主要有常见的生根壮苗剂（吲哚乙酸、萘乙酸钠等的单类化合物或者按照科学配比的上述几种化合物的混合）、营养元素与生长促进剂类物质复配的生根剂类（如根块膨等），但大都以单品的形式进行销售，进行浸种、蘸根或者叶面喷施，费工、费时，在使用时也必须做到严格按照说明要求确定好稀释浓度与方法（灌根或随水冲施），否则，不但起不到良好的效果，也容易引起激素中毒、植株早衰等不良状况。生根肥正呈现新的发展趋势，生物生根剂和肥料及微量元素混用，自然源植物生根剂成为研究开发热点，也就是我们所说的生物生根肥。生根肥的特点如下：

① 生根壮根，专生毛细根。扩大根系体积，特别添加的天门冬氨酸，天然调节毛细根的分生、生长，促进根际范围的扩大，水肥营养吸收数量大大提高。克服了一般的生根剂以分生主根、侧根为主的弊端。多生毛细根即营养吸收根，真正提高有效根系，及时供应作物所需营养。

② 大量有益菌能“以正压邪”，减轻病害。喜满地生根肥中的微生物在植物根部大量生长、繁殖，从而形成优势菌群，优势菌群形成局部优势，这样就能抑制和减少病原菌的入侵和繁殖机会，起到了减轻作物病害的功效。

③ 有益菌刺激有机质释放营养。喜满地生根肥含有丰富的有机质、腐植酸、氨基酸和大量的活菌，具有很强的发酵分解能力，含有作物生长必需的氮、磷、钾养分和多种中、微量元素等。大量的有机质通过有益微生物活动后，可不断释放出植物生长所需的营养元素，达到肥效持久的目的。

④ 能松土保肥、改善环境。丰富的有机质还可以改良土壤物理性状，改善土壤团粒结构，从而使土壤疏松，减少土壤板结，有利于保水、保肥、通气和促进根系发育，提高化肥利用率30%～40%，降解化肥、农药、重金属之残留，还可提高地温1～3℃，为作物提供适合的微生态生长环境。

⑤ 减少作物黄叶，使作物生育期延长，不早衰，提前上市。特有的生根、壮根物质、特殊助剂及多种微量元素，可快速恢复根系营养吸收，抵抗黄叶。对僵苗、烂根、立枯、猝倒、不长新根等病害有很好的治疗效果。增加果实光泽度，延长作物生育期，植株不早衰，果实可提前上市，提高作物的香味和口感，使作物产量高、品质好。

# 第七节　腐植酸肥料

## 一、什么是腐植酸和腐植酸肥料

腐植酸广泛存在于自然界中。按来源分为土壤腐殖质和煤炭腐植酸。土壤腐殖质与生俱来，主要是土壤中动植物遗体在微生物作用下腐化形成的一类高分子有机化合物。煤炭腐植酸是微生物对植物分解和转换后，又经过长期地质化学作用，而形成的一类高分子有机化合物。它大量地存在于风化煤、褐煤、泥炭中。

由腐植酸制成的肥料具有增加土壤的有机质和无机养分含量、提高化肥利用率以及提高作物产量、改善作物品质等作用。

腐植酸类肥料是一种含有腐植酸类物质的新型肥料，也是一种多功能的肥料。腐植酸类肥料简称“腐肥”，由于它是黑色的，因此，群众把它叫作“黑化肥”或“黑肥”。这类肥料以泥炭等富含腐植酸物质为主要原材料掺合其他有机-无机肥配制而成，品种繁多，它包括现在各地制造和使用的硝基腐植酸铵、腐植酸铵、腐植酸磷、腐植酸钾、腐植酸氮磷、腐植酸氮磷钾，以及做刺激剂的腐植酸钠，做土壤改良剂的腐植酸钙、镁等，这些统称为腐植酸类肥料。

## 二、腐植酸类肥料资源及其特性

### 1. 泥炭

泥炭又称草炭或泥煤，此外，有些地方还把它叫作漂筏子、草木炭、草煤、土煤、泥炭土等。泥炭是在一定的气候、地形、水文条件下，在沼泽地里形成的。由于沼泽地表长期过度湿润或浅层积水，土层通气不良，每年都有大量死亡的植物残体，不能充分腐烂，堆积于地表。这些未完全腐烂的植物残体，年复一年地堆积起来，经过成千上万年地堆积和发展变化，便形成了泥炭。有的经过地质作用，被沙土埋没在地下。因此，把有沙土覆盖的泥炭叫埋藏泥炭，没有沙土覆盖的叫现代泥炭或裸露泥炭。从成煤作用来看，泥炭又是成煤的第一阶段，属于最年轻的煤。

泥炭的干物质大致包括三部分：

① 没有完全分解的植物残体；

② 植物残体被分解后，丧失了细胞结构的、黑色的、无定形的腐殖质；

③ 矿物质。在自然状态下，泥炭的湿度很大，它的含水量一般都在50%以上。分解较弱的泥炭，纤维多，呈海绵状，疏松并具有弹性，植物残体可清楚辨认，一般色较浅，多为棕黄色、浅褐色；分解较强的泥炭，腐殖质较多，植物残

体用肉眼已很难辨认，较坚实，呈可塑性，风干后易粉碎，色较深，多灰褐色、黑褐色，接触空气以后，能迅速氧化成黑色。风干的泥炭密度较低，可以燃烧。

**2. 褐煤**

褐煤是成煤过程进一步发展的产物。当泥炭被其他沉积物覆盖而与地表氧化环境隔绝时，细菌分解作用便逐渐停止，在压力不断加大和温度不断增高的条件下，泥炭开始变得紧密和坚硬，碳化程度增高，逐渐变成了褐煤。

同泥炭相比，褐煤较为致密，常呈板状，一般不含未分解的植物残体，含碳量增多（60%～75%），水分减少。由于它能使氢氧化钠或碳酸钠等稀碱溶液染成褐色，因而称为褐煤。当褐煤再进一步碳化，变成烟煤时，腐植酸已完全消失，不能使碱性溶液染成褐色，并开始具有较强的光泽。

根据煤化程度（即由植物变成煤的程度），还可以把褐煤分为土状褐煤、致密褐煤和光泽褐煤三种。前者为浅褐色，后者为深褐色，甚至黑色，但它们在没上釉的白瓷板上都能划出褐色条痕，这也是褐煤在外观上与烟煤（其条痕为黑色）的重要区别之一。

土状褐煤是一种煤化程度较浅的褐煤。碳含量较低，腐植酸含量较高，一般腐植酸含量在40%左右，这种类型的褐煤可采用直接氨化法生产腐植酸铵肥料。

光泽褐煤是一种煤化程度较深的褐煤。从外表来看，有些光泽近似烟煤。碳含量高，沥青和腐植酸含量（一般在1%～10%）低，但它有很多与腐植酸相类似的、但结构要比腐植酸复杂的中性物质。所以，可以采用人工氧化方法、自然氧化方法，使这些物质氧化生成再生腐植酸，然后再生产腐植酸类肥料。

致密褐煤是介于土状褐煤与光泽褐煤之间，腐植酸含量比土状褐煤低。一般原生腐植酸含量大于30%，可采用直接氨化法生产腐植酸铵肥料；小于30%的，也可采用直接氨化法，但产品质量较差，施肥量较大，宜就地生产使用。

褐煤除了上述几种类型外，还有一个比较特殊的变种，就是木煤。木煤也叫柴煤，主要是由木质部构成的，呈棕褐色。它的化学组成和性质具有褐煤的特征。可能由于某种特殊的条件，或成煤作用进行得差一些，木煤中常保存有植物残体，甚至有年轮清晰的整块木杆。含碳量较低，腐植酸和沥青含量也低。因此，也有人把木煤视为泥炭和褐煤之间的过渡类型。

**3. 风化煤**

**(1) 风化煤性质** 风化煤即露头煤，俗称“逊煤”，又称引煤等。有些地方叫“炭苗”“煤苗”。这是煤层长期暴露在地表的部分，一般可深达十米至数十米，也有深达100m的。风化煤外观呈黑至黑褐色，无光泽，质地酥软，硬度小，可以用手指捻碎。吸湿性大，又不易点燃（即不好烧）。地表面的煤（包括褐煤、烟煤、无烟煤）经过空气和水长时间氧化、水解作用，形成了大量的腐植酸。风化煤中的这种再生腐植酸，含量一般在5%～60%。这种再生腐植酸与泥炭、褐煤中的原生腐植酸有所区别，它在生成过程中，常与钙、镁、铁、铝等盐类作用，生成了不溶于水的腐植酸钙、镁、铁、铝盐（也可能以它们的络合物形式存在）。作物吸收利用相对较难，过去一直把这种风化煤视为“废物”，很少利用。

**(2) 风化煤的分布** 风化煤的蕴藏量极为丰富，遍及我国各矿区，以山西、内蒙古、河北、河南、四川、贵州、宁夏、新疆等省（自治区）储量多，特别是山西、河南的风化煤储量大，腐植酸的含量高，适宜作腐植酸肥料。

## 三、腐植酸肥料应用效果

腐植酸肥料具有以下五大作用：改良土壤、增进肥效、刺激植物生长、增强植物抗逆性、改善产品品质。

① 以腐植酸为载体的肥料是一种多功能有机肥料，施入土壤中后能够改良土壤，提高土壤的保肥供肥能力，加强土壤微生物的活性，活化土壤养分，使N、P、K等营养缓慢释放，减少营养元素的固定和流失。

② 与单纯化肥相比，腐植酸肥料能够增加和活化土壤中的微量元素，促进作物对微量元素的吸收，对微量元素缺乏症状有很好的改善作用。

③ 腐植酸肥料能够提高作物的抗逆性，尤其以抗旱作用明显。腐植酸类物质可缩小叶面气孔的开张度，减少水分蒸发。使土壤保持较多的水分。促进根系发育，提高根系活力，使根系吸收较多的水分和养分。因此施用腐植酸类肥料对提高作物的抗旱能力有十分巨大的作用。

④ 腐植酸肥料是一种植物生长调节剂，刺激植物生长，可增强植株体内氧化酶活性及其他代谢活动。还可以降解农药残留毒性，减少环境污染。

⑤ 腐植酸肥料在果菜方面应用，除了增产幅度高以外，可防治苹果的腐烂病，防止果菜缺铁黄化症、斑点落叶病、黄瓜霜霉病等。还可提高果菜的糖分和维生素C的含量，改善农产品品质。

## 四、施用说明及注意事项

### 1. 施用说明

① 在一年生大田作物上，腐植酸颗粒肥料主要用作底肥，也就是在作物播种之前，结合整地施入底肥。对于有机质缺乏、有效氮肥含量少的土壤，使用腐植酸肥料的效果好，碱性土、板结土施用效果最好。

② 在多年生果树上，腐植酸颗粒肥料一般在果树冬季落叶后，作为基肥使用，通常可以使用腐植酸有机无机复混肥。腐植酸有机无机复混肥所含养分充足，营养全面，能满足果树发芽、生长和结果所需要的养分。在果树上使用的时候，可以采用穴施的方法，也可以采用沟施的方法。施肥的位置，要选择在树冠

投影的边缘，因为树冠的下面，是根系分布最密集的地方，在树冠下的边缘施肥，既不会伤及根系，又有利于肥料的吸收。挖沟的深度要在30～40cm，肥料不能埋得太浅，太浅了不利于根系的吸收。

③ 肥料用量，建议用户根据所选肥料品种施用说明确定，也可根据具体需要及经济条件稍作变动。

**2. 施用注意事项**

各类腐植酸肥物料投入比不同，制造方法不同，养分含量差异很大，在施用时需适当掌握，浓度低达不到预期效果，浓度高起抑制作用，要在试验的基础上使用。腐植酸肥不能完全替代无机肥和农家肥，必须与农家肥、化肥配合使用，尤其与磷肥配合使用效果更好。

钙、镁等含量高的原料煤，不宜作腐磷肥料，防止磷被固定。腐铵肥料只有土壤水分充足、灌溉条件好的地方，才能充分发挥肥效。腐植酸钾、钠为激素类肥料，一般在18℃以下温度使用，温度过高会加速作物的呼吸作用，降低干物质积累，造成减产，此外，其溶液碱性很强，需稀释后调节其pH值至7～8。腐植酸系列有机复合肥，各品种间的养分功能、改土功能和刺激功能的差异很大，互相间不能代替，施用时，根据要达到的目的，选择使用。

# 第六章

# 其他新型肥料

# 第一节 氨基酸类肥料

## 一、氨基酸原料资源

氨基酸的原料资源广泛，畜禽屠宰场下脚料（废弃的碎肉、皮、毛、蹄角、血液等），制革厂的碎皮下脚料、人发渣，油脂加工的饼粕，海产品加工含蛋白的下脚料，味精厂的废液，淀粉厂的蛋白粉，绿肥作物的紫云英、沙打旺、毛叶苕子等。含粗蛋白质在20%以上的物料，均可作为氨基酸的生产原料。

## 二、复合氨基酸的生产方法

目前，氨基酸的生产方法主要有三种：微生物法（含酶法、发酵法）、水解提取法（分碱解提取法和酸解提取法）、化学合成法（部分氨基酸）。肥料用氨基酸一般多采用水解提取法，其生产工艺见图 6-1。

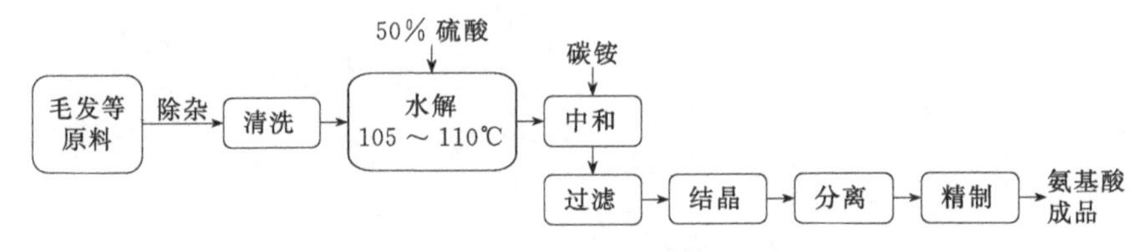


图 6-1 复合氨基酸的生产方法

## 三、氨基酸在作物生长中的作用

氨基酸是作物有机氮养分的补充来源，构成和修补作物体组织；氨基酸具有螯合金属离子的作用，容易将作物所需的中量元素和微量元素（钙、镁、铁、锰、铜、钼等）携带到植物体内，提高作物对各种养分的利用率；氨基酸有内源激素的作用，可调节作物生长；氨基酸是作物体内合成各种酶的促进剂和催化剂，对作物新陈代谢、促进作物生长起着重要作用；氨基酸能增强作物光合作用；氨基酸分子中同时含有氨基和羧基，能调节作物体内酸碱平衡；氨基酸是生理活性物质，具有极其重要的生理功能，可增强作物的抗逆性能。

## 四、氨基酸肥料及功能

凡是能够提供各种氨基酸类营养物质的物料，统称为氨基酸类肥料。氨基酸肥料是利用动物毛、皮、蹄角、人发渣和农、副、渔业含蛋白质的下脚料经水解或微生物发酵生成混合氨基酸，再与微量元素等无机养分螯（络）合或混合而成的肥料。经多年在我国南方和北方各类作物上的应用，其生态效益、经济效益和社会效益都很显著，是一种很好的新型肥料。

**（1）肥效好** 据试验统计结果，多种氨基酸混合，其肥效高于等氮量的单种氨基酸，也高于等氮量的无机氮肥。大量氨基酸以其叠加效应提高了养分的利用率。

**（2）肥效快** 氨基酸肥料中的氨基酸可被作物的各个器官直接吸收（无机肥、有机肥需降解，在光合作用下被动吸收或渗透吸收），使用后期即可观察到明显效果，同时可促进作物早熟、缩短生长周期。

**（3）改善农产品品质** 氨基酸肥料主要是氨基酸和配合料以及氨基酸络合物等，有机物占一定比例。因而可以提高农作物品质。如粮食蛋白质含量增加，棉花纤维长，蔬菜适口性好、味道纯正鲜美、粗纤维少、有害残留少，花卉花期长、花色鲜艳、香气浓郁；瓜果类果大、色好、糖分增加、可食部分多、耐贮性好。

**（4）改善生态环境** 氨基酸肥料无残留，能够改善土壤理化性状，提高保水保肥力和透气性能，起到养护、改良土壤的作用。

**（5）代谢功能增强，抗逆能力提高** 氨基酸肥料可强化作物生理生化功能，使茎秆粗壮，叶片增厚，叶面积扩大，叶绿素增多，功能期延长；叶的光合作用提高，干物质形成和积累加快，作物能够提早成熟；也由于作物自身活力增强，抗寒、抗旱、抗干热风、抗病虫害、抗倒伏性能提高，从而实现稳产高产。

**（6）可与多种营养元素和多种农药混合施用** 氨基酸肥料能与多种营养元素和多种农药混合施用，提高了肥料利用率，增加药效。是多功能肥料的重要原料。

## 第二节 腐植酸类肥料

近几十年来，国内腐植酸类肥料的应用已经逐步进入了快速发展的轨道，并在众多的科研机构和知名腐植酸企业的共同努力下，在利用腐植酸类肥料改良土壤、提高化肥肥效等方面已取得了很大的进展。随着无公害绿色农业的兴起和发展，腐植酸在农业上科学、合理地应用及腐植酸产品的开发与生产，是我国发展有机-无机复混肥料切实可行的途径，并成为肥料领域一个不可忽视的产业。实践表明，利用腐植酸生产的复合肥在提高化肥利用率、改良土壤、增加作物的抗逆性能和改善农产品品质方面已逐步受到人们重视，被人们称为是“第三代化肥”。

腐植酸类肥料是以腐植酸为主体成分，加入一定量的氮、磷、钾或某些微量元素所制成的肥料。了解腐植酸的基本性质是生产腐植酸类肥料的基础。

## 一、腐植酸的元素组成

腐植酸（humic acid，简称 HA），又名胡敏酸，是动植物（主要是植物）的遗骸。经过微生物分解和转化以及一系列化学过程形成和积累起来的一类有机物质。腐植酸不是纯物质，而是类型物质、复杂混合物，其组成随来源不同而差异很大，近年来通过发酵制取腐植酸的性质仍在界定之中。把这类性质接近的物质统称为“腐植酸”。现在通常认为，腐植酸是一组含芳香结构、性质类似、无定形的酸性物质组成的混合物。

腐植酸的主要元素组成为碳、氢、氧、氮、硫。

## 二、腐植酸的理化性质

腐植酸为黑色或黑褐色无定形粉末，密度为 $1330 \sim 1448 g/m^3$。具有很大的比表面积，在稀溶液条件下像水一样无黏性。

腐植酸的化学性质主要有以下几点。

**(1) 溶解性** 腐植酸能或多或少溶解在酸、碱、盐、水和一些有机溶剂中，因而可用这些物质作为腐植酸的抽提剂。这些抽提剂一般分为碱性物质（如 KOH、$NH_4OH$、$Na_2CO_3$、$Na_4P_2O_7$等)、中性盐（NaF、$Na_2C_2O_4$)、弱酸性物质（如草酸、柠檬酸、苯甲酸等)、有机溶剂（如乙醇、酮类、吡啶等）和混合溶液（NaOH 和 $Na_4P_2O_7$）五类。

**(2) 胶体性** 腐植酸是一种亲水胶体。低浓度时是真溶液，没有黏度，高浓度时则是一种胶体溶液，或称分散体系，呈现胶体性质。当加入酸类或高浓度盐类溶液时可产生凝聚，一般使用稀盐酸或稀硫酸，保持溶液 pH 值在 3～4 时，此溶液经静止后就能很快析出絮状沉淀。

**(3) 酸性** 腐植酸分子结构中有羧基和酚羟基等基团，使其具有弱酸性，所以腐植酸可与碳酸盐、醋酸盐等进行定量反应。腐植酸与其盐类组成的缓冲溶液可以调节土壤酸碱度，使农作物在适宜酸碱条件下生长。

**(4) 离子交换性** 腐植酸分子上的一些官能团如羧基（—COOH）上的 $H^+$ 可以被 $Na^+$、$K^+$、$NH_4^+$ 等金属离子置换出来而生成弱酸盐，所以具有较高的离子交换容量。腐植酸的离子交换容量与 pH 值有关，当 pH 值从 4.5 提高到 8.1 时，其离子交换容量从 1.7mmol/g 增加到 5.9mmol/g。

**(5) 络合与螯合性能** 由于腐植酸含有大量的官能团，可与一些金属离子（如 $Al^{3+}$、$Fe^{2+}$、$Ca^{2+}$、$Cu^{2+}$、$Cr^{3+}$ 等）形成络合物或螯合物。腐植酸结构中参与金属络合或螯合的官能团一般是羧基和酚羟基，可能还有羰基和氨基。

**(6) 生理活性** 腐植酸还具有很好的生物活性，具有促使活的生物体在生理上起反应的能力。腐植酸的直接生物活性表现为腐植酸对植物生长的影响，如促进植物根系活力、增进植物体内有益元素的积累与转化、促进呼吸作用和酶活性、提高抗逆能力等；间接生物活性指腐植酸通过土壤介质对植物生长的影响，如改良土壤物理性质、增进肥效、对金属离子的络合、减少磷的固定、对土壤盐的缓冲、对土壤微生物和酶的影响等。腐植酸具有生物活性的机理主要归结为腐植酸本身的氧化-还原性、对植物酶和生长素的影响、提高细胞透性促进营养吸收、与其共生的某些物质本身就是激素或类激素等方面。但腐植酸生物活性充分发挥的一个重要条件是腐植酸必须可溶，并能进入植物组织内部。

## 三、腐植酸在农业上的应用

腐植酸的研究实际上是从土壤腐殖质（humus）开始的。1761 年由华莱士（Wallerius）发表的世界上第一部农业化学著作《农业化学原理》一书中，首先提出“腐殖质”这一名称。1786 年德国的阿查德（Achard）第一次用碱溶液提取再用酸沉淀的方法从泥炭中制得腐植酸，奠定了腐植酸生产的基础。在此后的 200 多年中，腐植酸的研究经历了以腐殖质的起源、命名、分离、分类、组成、性质研究为特征的快速发展阶段；以生成腐植酸类物质的微生物酶解-合成理论、腐植酸的形成机理假说、腐植酸的作用、分离、提纯为特征的理论研究阶段，从 20 世纪 60 年代腐植酸的研究进入现代研究和应用阶段，初步实现了产业化和商品化。

腐植酸类产品已在工业、农业、环保和医药领域得到较广泛的应用，有的已成为重要的增效剂、稳定剂、促进剂或抑制剂等活性物质。

腐植酸与氮、磷、钾及各种微量元素复配，可制备 30 余种专用有机液肥；作为保水剂，施用腐植酸可松散土壤，促进植物根系吸收水分，对土壤湿度和水蒸发率有稳定作用；同时游离的腐植酸可促进植物叶面毛孔的收缩，减少水分的丧失。作为土壤改良剂，腐植酸可改善土壤的结构和质地，从而提高土壤的通气性和保水性，活化土壤养分。

**1. 改良土壤**

腐植酸是多孔性物质，可改善土壤团粒结构，调节土壤水、肥、气、热状况，提高土壤交换容量，调节土壤 pH 值，达到酸碱平衡。腐植酸的吸附、络合反应能减少土壤中的有害物质（包括残留农药、重金属及其他有毒物）、提高土壤自然净化能力、减少污染。同时，腐植酸具有胶体性状，可改善土壤中微生物群体，适宜有益菌的生长繁殖。

**2. 刺激植物生长**

腐植酸含有多种活性基因，可增强作物体内过氧化氢酶、多酚氧化酶的活性，刺激植物生理代谢。促进种子早发芽。出苗率高，幼苗发根快，根量多，根系发达，茎、枝叶健壮、繁茂，光合作用加强，加速养分的运转、吸收。

**3. 增加肥效**

腐植酸含有羧基、酚羟基等活性基团，有较强的交换与吸附能力，能减少铵态氮的损失，增施腐植酸，能提高氮肥特别是尿素的利用率。腐植酸与尿素作用可生成络合物，对尿素的缓释增效作用十分明显；腐植酸还能抑制脲酶的活性，减缓尿素分解，减少挥发，可使氮利用率提高 6.9%～11.9%，后效增加 15%。

腐植酸对磷肥具有增效作用。一是与磷肥形成腐植酸-金属-磷酸盐络合物，从而防止土壤对磷的固定，磷肥肥效可相对提高 10%～20%，吸磷量提高 28%～39%；二是能够提高土壤中磷酸酶的活性，从而使土壤中的有机磷转化为有效磷。

腐植酸对钾肥具有增效作用。腐植酸是一系列酸性物质的复杂混合物，其酸性功能可吸收和贮存钾离子，减少其流失，并可避免因长期使用无机钾遗留阴离子对土壤造成的不良影响。腐植酸可促使难溶性钾的释放，提高土壤速效钾特别是水溶性钾的含量。同时还可减少土壤对钾的固定。腐植酸还能提高土壤中微量元素的活性，一些微量元素如硼、钙、锌、锰、铜等多以无机盐形式施入土壤，易转化为难溶性盐，使其利用率降低，甚至完全失效。腐植酸可与金属离子间发生螯合作用，使其成为水溶性腐植酸螯合微量元素，从而提高植物对微量元素的吸收与运转，这种作用是无机微量元素所不具备的。

腐植酸还能促使固氮菌、真菌型芽孢杆菌、黑曲霉菌、灰绿青霉菌等微生物的生长。

**4. 提高农药药效，减少药害，保护环境**

腐植酸对某些植物病菌有很好的抑制作用。施用腐植酸在防治枯萎病、黄萎病、霜霉病、根腐病等方面效果达 85%以上。而且，腐植酸的无毒、无副作用是许多农药望尘莫及的，有助于提高蔬菜自身的抗逆防衰能力。

腐植酸对农药的缓释增效作用，可降低农药的使用量。腐植酸不仅可单独作为农药，还可以与农药混用。其与有机、无机磷农药复合可使有机磷分解率大大降低。这是由于腐植酸分子中含有较多的亲水基团，与农药混合能有效发挥其良好的分散、乳化作用，从而有助于提高农药活性。此外，腐植酸具有很大的内表而积，对有机、无机物均有很强的吸附作用，与农药配伍，会形成稳定性很高的复合体，从而对农药起缓释作用。腐植酸与农药复合，可使农药用量减少 1/3～1/2，药效延缓 3～7d。而且，腐植酸与农药复配后，其毒性大大降低。这对于减少环境污染、发展无公害农作物生产具有重要的意义。

**5. 抗旱、抗寒、抗病，增强作物抗逆特性，提高产量**

腐植酸可缩小叶面气孔的开张度，能减少叶面水分蒸发，调整水量，使植物体内水分状况得到改善，保证作物在干旱条件下正常生长。节水能力可以提高30%，节水保墒的效果仅次于地膜覆盖所产生的效果。

腐植酸被植物吸收后易被细胞膜吸附。改变细胞膜的渗透性，促进无机养分的吸收。同时，由于腐植酸是两性胶体，表面活性大，使细胞渗透性和膨胀压增加，提高细胞液浓度而增强作物抗寒性。

腐植酸能强烈刺激愈伤组织细胞的繁殖，促进愈伤组织生长，同时还有对真菌的抑制作用，因此防治腐烂病、根腐病比化学药物有显著疗效。腐植酸的存在为土壤有益微生物提供了优良的环境，有益种群逐步发展为优势种群，抑制有害病菌的生长，再加上植物本身由于土壤条件优良而生长健壮，抗病能力加强，因而大大减少病虫害特别是土传病害的发生和危害。

腐植酸一般可使作物增产10%以上。

**6. 改善作物品质，提高农产品质量**

腐植酸可与微量元素形成络合物或螯合物，调节常量元素与微量元素的比例，加强酶对糖分、淀粉、蛋白质及各种维生素的合成和运转，使多糖转化成可溶性的单质糖，使淀粉、蛋白质、脂肪物质的合成积累增加，使果实丰满、厚实、增加甜度。

## 四、腐植酸肥料的生产技术

我国生产腐植酸类肥料，原料来源广、种类多。由于原料中腐植酸含量和存在形态（游离态或结合态）不同，所采用的生产方法亦有所不同。一般采用的生产方法主要包括直接氨化法（碳化氨水法）、发酵法、酸析-氨化法、碱化-酸析法以及各种氧化法（空气氧化法、臭氧氧化法、硝酸氧化法）等。

**1. 腐植酸类肥料的生产原理**

**(1) 腐植酸类肥料的原料** 生产腐植酸类肥料的原料极为广泛，主要有泥炭、褐煤、风化煤等。各种原料煤的形成阶段和相互关系如图6-2所示。

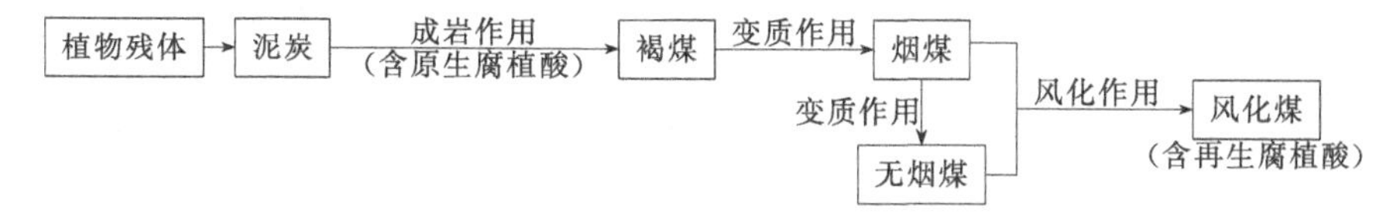


图6-2 腐植酸原料煤的形成阶段与相互关系

（引自《农业化学》，孙羲主编，1980年版）

各种原料煤腐植酸含量的高低与煤的形成阶段有关，一般沉积年代较晚的原料煤，腐植酸含量较多，沉积年代越久，埋藏越深，其腐植酸含量越少。泥炭是成煤过程的最初阶段，含有大量有机质和腐植酸，是生产腐肥的好原料。褐煤是泥炭经过成岩作用而形成的，是成煤过程第二阶段的产物。褐煤呈层状或板块状，腐植酸含量一般为10%～40%，且含有机质和矿质养分较高，适宜作为生产腐肥的原料。褐煤经过变质作用形成的烟煤和无烟煤都是工业价值较高的优质资源，不宜作为生产腐植酸的原料。但其经风化作用后形成的风化煤，暴露于地表，基本失去燃烧价值，形成再生腐植酸，其腐植酸含量一般为10%～60%，可作为生产腐肥的原料，变废为宝，增加肥源。

**(2) 腐植酸的活化与提取** 腐植酸肥料的品种很多，一般按照其形态不同可分为两大类：一类是固体腐植酸肥料，如腐植酸铵、腐植酸磷及腐植酸氮磷复合肥等；另一类是液体腐植酸类肥料，如腐植酸钠、腐植酸铵和腐植酸钾等。其主要活化原理如图6-3所示。

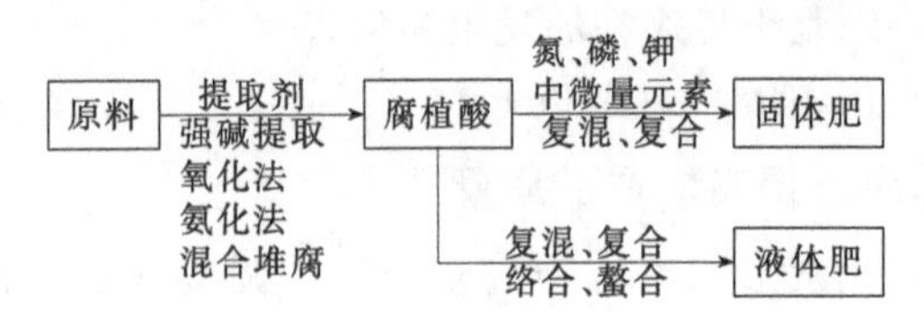


图6-3 腐植酸的活化与腐植酸肥料的生产原理示意图

① 强碱提取法生产原理。强碱提取法是利用强碱（NaOH）与腐植酸的中和反应。反应式如下：

$$R(COOH)_2 + 2NaOH \longrightarrow R(COONa)_2 + 2H_2O$$

碱性强，对原料中腐植酸的提取率高。碱量的确定因原料中所含腐植酸的量不同而存在差异，一般在大量生产前，要通过试验，确定不同原料适宜的碱量。

腐植酸钠的生成就是利用腐植酸能消解于碱的原理，用烧碱或纯碱处理原料煤，生成酱油色的腐植酸钠溶液，在腐植酸钠溶液中再加酸而生成腐植酸沉淀，沉淀经干燥即得固体腐植酸。

② 氧化法生产原理。高温高压液相氨氧化法是将煤粒和氨液的料浆，在升温和加压的条件下，使煤粒与氧（$O_2$）反应，生成氧化煤或腐植酸。然后再与共存的氨反应，生成液相腐植酸铵盐。

该工艺得到的产品含氮形态除了铵态氮、还有酰胺态氮、硝态氮和杂环结构中的氮。

硝酸氧化法是利用硝酸的氧化性，将原料（煤粒）与硝酸在85～90℃下氧化反应制取粗硝基腐植酸，然后再与氨水在70～85℃下氨化反应制取硝基腐植酸铵等肥料。

③ 氨化法生产原理。直接氨化法就是将处理好的风化煤拌入氨水或碳铵直接制取腐植酸铵。

生产原理：风化煤中含有40%左右的游离腐植酸。腐植酸分子中的羧基（—COOH）羟基（—OH）等活性基团中的氢能和一、二价的碱金属性离子发生代换反应生成腐植酸的盐类，使腐植酸盐溶于水被作物吸收利用，其生产腐植酸的反应示意如下：

以氨水为氨化剂时的反应式：

$$[R]—COOH + NH_4OH \longrightarrow [R]—COONH_4 + H_2O$$

腐植酸　　　　氨水　　　　腐植酸铵　　　　水

以碳酸氢铵为氨化剂时的反应式：

$$[R]—(COOH)_2 + 2NH_4HCO_3 \longrightarrow [R]—(COONH_4)_2 + 2H_2O + 2CO_2\uparrow$$

腐植酸　　　　碳酸氢铵　　　　腐植酸铵　　　　水　　二氧化碳

式中［R］代表腐植酸本体。

④ 混合堆腐法生产原理。混合堆腐法是利用微生物分解有机物质的特性，将人、畜粪尿，鱼汁、鱼粉、磷矿粉、草木灰、秸秆等物质与泥炭（褐煤或风化煤）混合堆腐，经过微生物的“加工”“制造”（分解），使复杂的有机物质转化为植物可吸收利用的腐植酸类肥料。

## 五、常用的腐植酸肥料

### 1. 腐植酸铵

腐植酸铵简称腐铵，是腐植酸的铵盐，是以含腐植酸较高的原料煤经氨化而成的一种多功能有机氮素肥料。内含腐植酸、速效氮和多种微量元素，是目前腐植酸肥料中的主要品种。

腐铵是用氨水和原料中腐植酸的酸性基团中和反应生成的。根据原料煤中所含腐植酸量的不同和钙、镁离子量的差异，可以分为直接氨化法和先酸洗，再用氨水或碳铵中和法。

**（1）腐植酸铵的生产工艺流程**　现将氨化法生产腐植酸铵的工艺过程简述如下：利用氨水或碳铵直接与原料（泥炭、褐煤和风化煤）作用，使其中的腐植酸转化为可溶性的腐植酸铵。凡原料中腐植酸含量在40%以上，而钙、镁等物质含量在2.5%以下的可采取直接氨化法；当原料中钙、镁含量>2.5%，腐植酸含量在30%以上者，则采取碳化氨水或碳酸氢铵与腐植酸钙、镁复分解氨化法制取。生产工艺流程见图6-4。

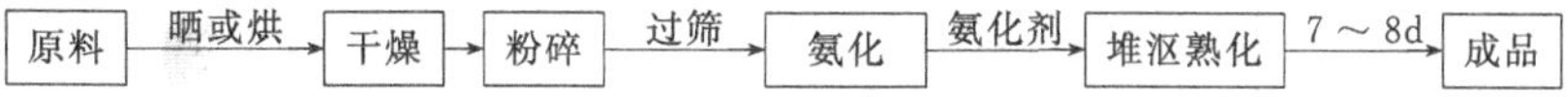

原料 —晒或烘→ 干燥 → 粉碎 —过筛→ 氨化 —氨化剂→ 堆沤熟化 —7～8d→ 成品

图6-4　腐植酸铵的生产工艺流程示意图

先将泥炭等原料晒干或烘干，粉碎、过筛（细度250～380μm）、加入适量氨水（或碳酸氢铵）和水分，搅拌均匀后，压紧成堆，让其进行氨化反应。然后将材料装入塑料袋或大缸中密闭，或用塑料薄膜严密封堆，经7～8d后即得成品。氨水的用量要适当，氨水不足，生成的腐植酸铵少，氨水太多造成氨的挥发损失，水太多产品物理性不好。加水量一般加到原料最大持水量的40%～50%。加氨水量主要是根据原料中腐植酸含量来计算。一般可参考表6-1。

表 6-1　腐植酸原料与碳酸氢铵、氨水配合比例

| 原料中腐植酸含量/(g/kg) | 原料吸氨量/% | 每 100kg 混合碳铵的质量/kg | 每 100kg 混合 15%氨水的质量/kg |
|---|---|---|---|
| >40 | 2.2～2.7 | 11.0～12.5 | 13～16 |
| 30～40 | 1.5～2.2 | 7.5～11.0 | 10～13 |
| 20～30 | 1.0～1.5 | 5.0～7.5 | 8～10 |

另外，也可用简易的方法测定氨水用量。方法是：分别称取 20g 原料 4 份，放于 4 个烧杯中，然后按原料重量的 1/6、1/8、1/10、1/12 加入氨水量，边加边搅匀，加完后再加少量水使原料达到饱和水状态，搅匀后立即盖紧。30min（分钟）后用酸碱指示剂测定其 pH 值，其中 pH 值为 8～9 的即可作为大量生产时的推荐氨水用量。氨水可用碳酸氢铵代替，比例为 15% 的氨水 100kg，用 70～75kg碳酸氢铵，需将碳酸氢铵用 3～4 倍水溶解后再与原料粉拌匀堆腐。

该工艺生产的腐植酸铵一般含游离腐植酸 15%～20%，全氮量 3%～5%，速效氮含量 0.5%～3%。

**(2) 腐植酸铵的质量指标**　腐植酸铵为黑色有光泽颗粒或黑色粉末，溶于水，呈微碱性，无毒，在空气中较稳定。腐植酸铵的质量指标如表 6-2 所示。

表 6-2　腐植酸铵的质量指标

| 项　目 | | 指标 | | | |
|---|---|---|---|---|---|
| | | 粉状 | | 粒状 | |
| | | 一级品 | 二级品 | 一级品 | 二级品 |
| 水溶性腐植酸铵(干基)/% | ≥ | 35 | 25 | 35 | 25 |
| 速效氮(干基)/% | ≥ | 4 | 3 | 4 | 3 |
| 水分(应用基)/% | ≤ | 35 | 35 | 35 | 35 |
| 粒度(3～6mm)/% | ≥ | — | — | 90 | 80 |
| pH 值 | | 7～9 | 7～9 | 7～9 | 7～9 |

## 2. 硝基腐植酸铵

硝基腐植酸铵又称硝基腐铵，是一种质量较好的腐肥，腐植酸质量分数高达 40%～50%，大部分溶于水；除铵态氮外还含有硝态氮，全氮可达 6% 左右。

**(1) 硝基腐植酸铵的生产原理**　腐植酸与稀硝酸共同加热时，会发生氧化分解，使分子变小，羧基和羟基数目增多。并发生硝代反应，使芳香环上引进硝基，生成分子量较小的硝基腐植酸。对于钙、镁含最较高的原料煤，先用硝酸进行氧化降解，再进行氨化处理，即得硝基腐植酸铵。

**(2) 硝基腐植酸铵的生产方法**　硝基腐植酸铵的生产一般采用硝酸氧化法和节约硝酸用量的综合氧化法。其工艺原理是以硝酸为强氧化剂，加热时易分解出原子态氧，使原料中大分子芳香结构发生氧化降解，羧基、羟基活

性基团增加。同时在降解过程中也进行硝化反应，使腐植酸结构中引入硝基，产生硝基腐植酸。经气流干燥后的硝基腐植酸，送氨化反应器进行氨化，产生硝基腐植酸铵。

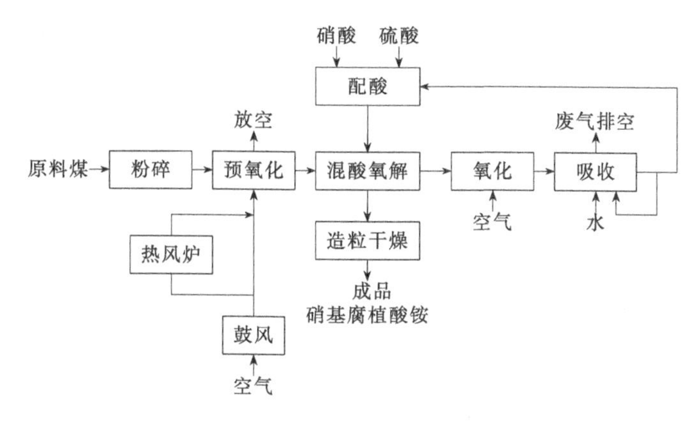


图 6-5 综合氧化法生产工艺流程示意图

（参照《植物营养与肥料》，孙羲主编，1991 年版）

为了减少硝酸用量，以硫酸代替部分硝酸作为氧化剂。并用空气氧化作为原料的预处理，这叫做综合氧化法。其工艺流程示意图如图 6-5 所示。其工艺过程：原料（泥炭、褐煤）经粉碎过筛（<0.18mm）后，装入氧化反应器，按比例[原料：硝酸＝1：(0.20～0.25)]加入 40％的硝酸在 85～90℃下进行硝化反应，时间为 5～6min，然后烘干粉碎即为粗硝基腐植酸。然后，再将粗硝基腐植酸装入氧化反应器，按比例[粗硝基腐植酸：氨水＝1：(0.1～0.2)]加入 15％氨水在 70～85℃进行氨化反应，时间为 4～6min，即得硝基腐植酸铵成品。

**(3) 硝基腐植酸铵的质量指标** 硝基腐植酸铵为黑色有光泽颗粒或黑色粉末，溶于水，呈微碱性，无毒，在空气中较稳定。腐植酸铵的质量指标如表 6-3。

**表 6-3 硝基腐植酸铵的质量指标**

| 项目 | 指标 | 项目 | 指标 |
|---|---|---|---|
| 水溶性腐植酸铵(干基)/％ ≥ | 45 | 总氮/％ ≥ | 5 |
| 速效氮(铵态氮)/％ ≥ | 2 | 水分/％ ≤ | 30 |

**3. 高氮腐植酸**

高氮腐肥的生产是利用高温高压液氨氧化法。其工艺过程：氨和氧在一定温度、压力下对煤进行氨化和氧化，其含氮量高达 15％～20％。高氮腐肥是一种速效和缓效兼有的肥料，产品中 2/3 为缓效氮，1/3 为速效氮。

不同腐植酸肥料生产技术得到的产品养分存在较大差异，以上三种腐植酸氮肥的产品质量列于表 6-4。

表 6-4 三种腐植酸氮肥产品的质量

| 肥料 | 加工方法 | 加工材料 | 游离腐植酸/% | 水溶性/% | 全氮/% | 速效氮/% |
|---|---|---|---|---|---|---|
| 腐植酸铵 | 直接氨化 | 草炭 | 15～20 | 4～5 | 3～5 | 0.5～1 |
| 硝基腐铵 | 硝酸氧化 | 褐煤 | 45～55 | — | 6 | 3 |
| 高氮腐肥 | 加压氨化 | 草炭褐煤 | 50～57 | — | 15～16 | 7～8 |

### 4. 腐植酸钠

腐植酸钠（又名胡敏酸钠或腐钠，humic acid，sodium salt）是泥炭、褐煤、风化煤加氢氧化钠和水，加热制成。腐植酸结构中的羧基，酚基等酸性功能团与氢氧化钠反应生成腐植酸。腐植酸钠的生产工艺流程如图 6-6 所示。腐植酸钠肥是黑色有光泽的颗粒或粉末状，溶于水，微碱性，其成分符合 HG/T 3278—2011 规定，以干基计：腐植酸＞40%，水分＜15%，pH 值为 8～11，灼烧残渣＜20%，水不溶物＜10%，1.0mm 孔经筛筛余物＜5%。

生产方法：原料加水（1∶10 的质量比）进行湿法球磨成煤浆，输入配料槽，加入氢氧化钠，控制反应槽内 pH 值为 11 左右，温度控制在 85～90℃，搅拌反应 40min 输入沉淀池沉淀过滤，滤液浓缩，干燥、粉碎即为成品腐植酸钠肥。

用途与效果如下：

① 用于拌种、蘸根和喷施等增产效果显著，水稻每公顷（$hm^2$）用 1/10000、2/10000、3/10000 浓度蘸秧根，与对照相比可分别增产 14.4%，29.3%，15.6%；小麦根外喷施比对照也增产 14%。

② 可作基肥每公顷浓度为 0.05%～0.1%水溶液 3750～6000kg 与农家肥一起施用，追肥每公顷（$hm^2$）用 0.01%～0.05%的水溶液 3750kg。

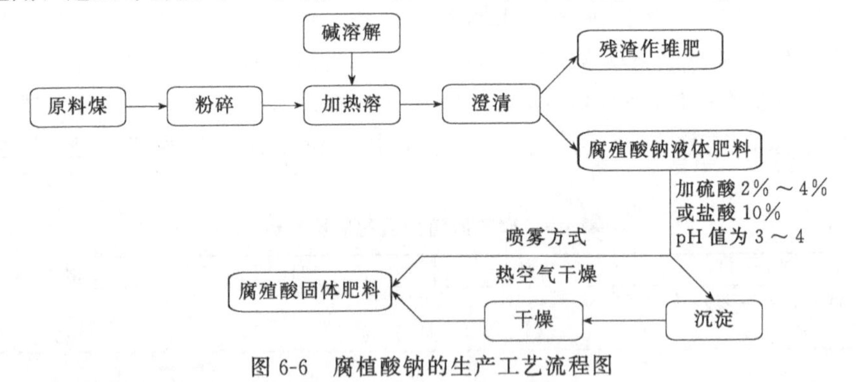


图 6-6 腐植酸钠的生产工艺流程图

### 5. 腐植酸复合肥

腐植酸复合肥制备时，原料主要采用硝基腐植酸、硫铵、磷铵、氯化钾和尿素等。日本的腐植酸复肥如特 8 号，其含腐植酸 10%～15%，含 N、P、K 各占 8%，适用于果树、蔬菜。复肥 30 号，含腐植酸 9%左右，N、P、K 各占 10%，适用于水稻、蔬菜。此外，还有黑色粒状的硝基腐植酸铵类复混肥，三要素成分各占 12%，适用于旱田植物等。生产工艺和设备如图 6-7、图 6-8 所示。

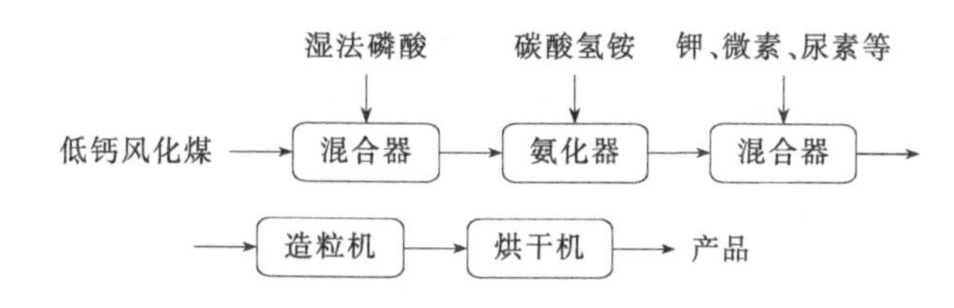


图 6-7　腐植酸复合肥的生产工艺及设备示意图（低钙原料）

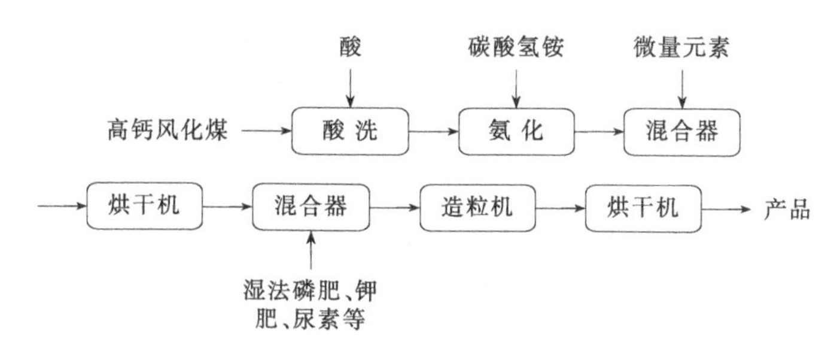


图 6-8　腐植酸复合肥的生产工艺及设备示意图（高钙原料）

**6. 腐植酸磷**

腐植酸磷的生产是利用腐植酸可以促使磷矿粉中的不溶性的磷酸盐转化成磷酸一钙、二钙或络合物的性质，使不溶性的磷转化为水溶性的磷和枸溶性磷，为植物吸收利用。其具体反应式为：

$Ca_3(PO_4)_4 + [R](COOH)_2 \longrightarrow 2CaHPO_4$（枸溶性磷）$+ [R](COO)_2Ca$

$2CaHPO_4 + [R](COOH)_2 \longrightarrow Ca(H_2PO_4)_2$（水溶性磷）$+ [R](COO)_2Ca$

生产上，一般采用含腐植酸原料（泥炭粉或煤粉）与磷肥混合堆腐法。其工艺过程：将泥炭或褐煤干燥粉碎，过 40 目筛（380μm），每 100kg 原料粉加过磷酸钙 15～20kg，加水 30kg 混合均匀，堆腐 7～10d 即得成品（图 6-9）。

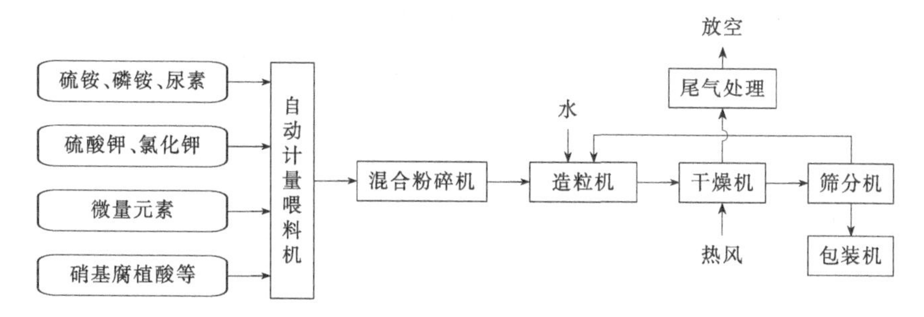


图 6-9　腐植酸复合肥料生产系统示意图

（引自《植物营养与肥料》，孙羲主编，1991 年版）

**7. 腐植酸钾**

腐植酸钾是腐植酸结构中的羧基、酚羟基等酸性基团与氢氧化钾（或碳酸钾）起中和反应生成的腐植酸盐类，示性式为R—COOK。

固体腐植酸钾呈棕褐色。易溶于水。水溶液呈强碱性，腐植酸含量50%～60%。液体腐植酸钾为酱油色溶液，pH值为9～10，液体腐植酸钾腐植酸含量0.4%～0.6%，腐植酸钾主要起生长刺激素作用。

腐植酸钾可提高土壤速效钾含量，促进难溶性钾的释放，改善土壤钾元素的供应状况，增加作物对钾的吸收，与植物所需的氮、磷、钾元素化合后，可成为高效多功能复合肥，具有改良土壤、促进植物生长、提高肥效的特点。

**(1) 腐植酸钾生产方法** 腐植酸钾是易溶性的腐植酸肥料，是用一定比例的氢氧化钾溶液萃取风化煤中的腐植酸，与残渣分离后，浓缩，干燥，得到固体的腐植酸钾成品。具体过程：风化煤先进行湿法球磨，得到粒度小于830μm（20目）的煤浆，放入配料槽，加入计算量的氢氧化钾，控制pH值为11，并按液固比9∶1混匀后送到抽提罐，夹套蒸汽加热，使罐内温度升到85～90℃，搅拌反应0.5h，卸入沉淀池使固液分离，上清液转移到蒸发器浓缩到10波美度，泵至喷雾干燥塔干燥。

其化学反应方程式为：

$$R—COOH+KOH \longrightarrow R—COOK+H_2O$$

**(2) 腐植酸钾的生产工艺流程** 腐植酸钾的生产工艺流程与腐植酸钠相似，其主要原料为氢氧化钾，具体流程如图6-10所示。腐植酸钾的质量指标如表6-5所示。

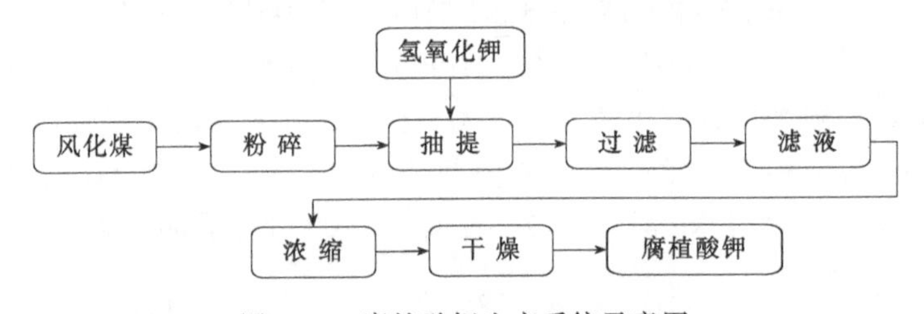


图6-10 腐植酸钾生产系统示意图

**表6-5 腐植酸钾的质量指标**

| 项 目 | | 指 标 |
|---|---|---|
| 腐植酸(干基)/% | ⩾ | 70 |
| 氧化钾($K_2O$)/% | ⩾ | 8～10 |
| 水不溶物/% | ⩾ | 5～10 |
| 水分/% | ⩽ | 10 |

### 8. 黄腐酸

黄腐酸又称富里酸、富啡酸等，有时也将其归类为微肥或叶面肥。

**(1) 物化性质** 黄腐酸是腐植酸溶于碱、酸、水等溶剂中呈黄色的部分（是腐植酸中生物活性最高的成分)。黄腐酸为黑色或棕黑色物质，含有碳(50%左右)、氢(2%～6%)、氧(30%～50%)、氮(1%～6%)、硫(1%)等，密度1.33～1.448g/$cm^3$，可溶于水、酸、碱。水溶液呈酸性，无毒，在自然环境中稳定，遇高价金属离子易絮凝。

**(2) 农化特性** 黄腐酸能被植物根、茎、叶吸收，可促进生根，提高植物的呼吸作用。减少叶片气孔开张度，降低作物的蒸腾作用，调节某些酶的活性，如促进过氧化氢酶，抑制吲哚乙酸氧化酶等。黄腐酸可以改良土壤；用于水稻浸种，可促进生根和生长；用于葡萄、甜菜、甘蔗、瓜果、番茄等，可不同程度地提高含糖量或甜度；用于杨树等插条，可促进插枝生根；小麦在拔节后喷洒叶面，可提高其抗旱能力，提高产量。

**(3) 制法** ①离子交换法：反应器中预置水和经再生的氢型强酸型离子交换树脂，加入磨细到149μm(100目)以下的风化煤粉，反应后出料。卸入沉淀池，使煤粉渣和树脂沉降。上部含黄腐酸的水溶液，经过离心进一步脱灰后，流入蒸发器浓缩，输入喷雾干燥器干燥，即得成品。其工艺流程如图6-11所示。

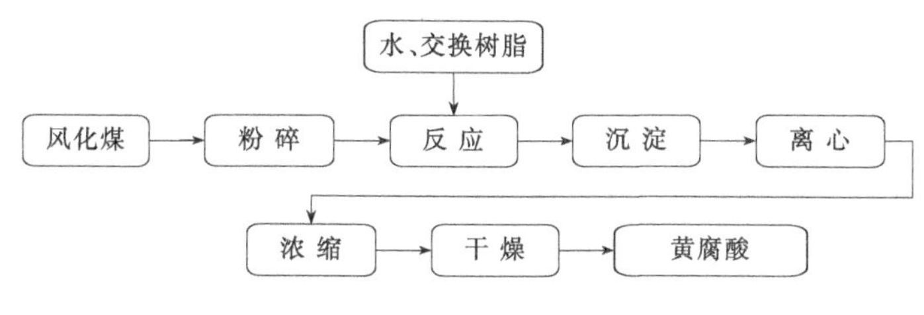


图6-11 黄腐酸生产系统示意图

② 硫酸-丙酮法：将250～425μm(40～60目)的风化煤和含水10%～20%的丙酮按一定比例加人反应罐中，在搅拌下逐渐加入浓硫酸，使黄腐酸游离并溶入溶剂中。反应后，把物料卸入沉淀池中，自然沉淀8h。澄清的提取液移入夹套加热蒸发器，蒸去大部分溶剂，浓缩物注入浅盘放入烘箱烘干后即得产品。

化学反应方程式：

$$R—COOCa+H^{+} \longrightarrow R—COOH+Ca^{2+},$$
$$R—COOMg+H^{+} \longrightarrow R—COOH+Mg^{2+}$$

其工艺流程如图6-12所示。

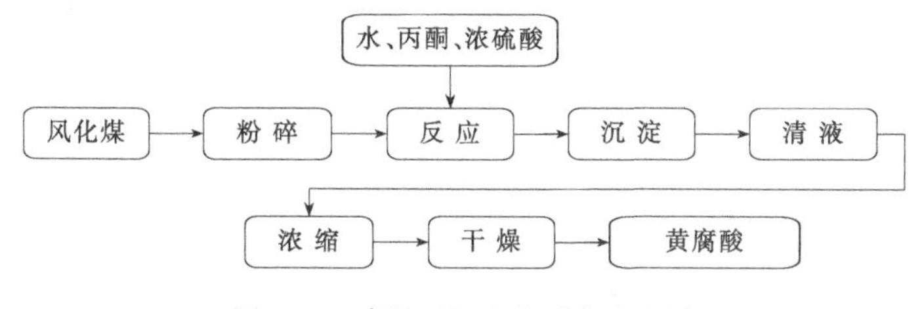


图6-12 腐植酸钾生产系统示意图

黄腐酸的质量指标如表 6-6 所示。

表 6-6　黄腐酸的质量指标

| 项　　目 | | 指　　标 |
|---|---|---|
| 黄腐酸含量(干基)/% | ≥ | 70 |
| 水分/% | ≤ | 5 |
| 灰分/% | ≤ | 30 |
| 水不溶物(干基)/% | ≤ | 8 |
| pH 值 | < | 4.5 |
| 粒度/目 | ≤ | 60 |

# 第三节　海　藻　肥

## 一、海藻肥概述

海藻肥（seaweed fertilizers），是从海洋藻类中采用国际领先的生化酶工程萃取工艺等新技术提取海藻中的活性成分，能够促进作物生长，增加产量，减少病虫害，并增强作物抗寒、抗旱能力的一类天然农用有机肥料，又称海藻抗逆植物生长剂、海藻精、海藻粉、海藻灰等。其产品涵盖叶面肥、基施肥、冲施肥、有机-无机复混肥、生根剂、拌种剂、瓜果增光剂、农药稀释剂、花卉专用肥、草坪专用肥等多个类型。应用在作物上具有明显的促生长效果，增产幅度达7.1%～26%，抗寒、抗旱和抗病等抗逆效果明显，保护生态环境。

## 二、海藻肥应用情况

海藻肥在英国、美国、加拿大、南非等国家大量应用于农业及园艺等方面，已有 30 多年的历史，被列入有机食品生产专用肥料，是天然、高效、新型的有机肥。我国仅大型经济海藻就有 100 多种。其中不乏高肥效的海藻种类，资源十分丰富，由于与化学肥料相比，在增产、抗逆、天然性和无毒副作用等方面具有不可比拟的优势，已经成为化肥新的发展的趋势，国内从 20 世纪 90 年代开始研究，生产厂家和产品日见增多、有些已出口，国内市场正处于前期开发阶段，市场前景看好。

## 三、海藻肥主要特点

**(1) 营养丰富**　海藻肥以天然褐藻-海带为原料，含有大量的非含氮有机物，有陆生植物无法比拟的钾、钠、钙、镁、锰、钼、铁、锌、硼、铜、碘等多种矿物质和丰富的维生素，所特有的海藻低聚糖、甘露醇、海藻酶、甜菜碱、藻阮酸、高度不饱和脂肪酸，完整保留下有益特殊菌株在发酵繁殖过程中分泌的促进作物生长的各种天然激素，可刺激植物体内非特异活性因子和调节内源素的平衡，增强作物根系活力。提高根系吸收养分能力，促进作物生长发育。保花保果。

**(2) 易被吸收** 海藻肥中的有效成分经过特殊处理后，呈极易被植物吸收的活性状态。在施用后 2～3h 进入植物体内。并具有很快的吸收传导速度。海藻肥中的海藻酸可以降低水的表面张力，在植物表面形成一层薄膜，增大了接触面积，水溶性物质比较容易透过茎叶表面细胞膜进入植物细胞，使植物有效地吸收海藻提取液中的营养成分。

**(3) 肥药合一** 海藻肥含有防治作物病害的特殊菌株，可有效抑制减少土壤中的病杂菌数量，以菌治菌。增加土壤中有益菌的数量，改善土壤的微生态环境，对经济作物重茬造成的枯萎、黄萎、根腐、病毒等死棵的防治效果显著。甘露醇、碘、甜菜碱等成分具有天然抗菌、抗病毒的作用。甜菜碱、碘、菇酚、低聚糖等对蚜虫、根结线虫等具有驱赶作用。

**(4) 改良土壤** 海藻肥是一种天然生物制剂，可与植物-土壤生态系统和谐地起作用。直接使土壤或通过植物使土壤增加有机质，激活土壤中的各种微生物。海藻肥含有的天然化合物，如藻朊酸钠是天然土壤调整剂，能促进土壤团粒结构的形成、改善土壤孔隙空间。协调土壤中固、液、气三者比例，恢复由于土壤负担过重和化学污染而失去的胶质平衡，增加土壤生物活性及速效养分的释放速度，有利于根系生长，提高作物抗旱、抗寒、抗涝的能力，诱导作物产生防御机制。

**(5) 肥效持久** 海藻肥中激活的各种有益微生物能充分分解利用土壤中残留的氮、磷、钾等养分，提高有机肥的利用率，并将有机物中的蛋白、脂肪、核酸及多糖类分解成植物生长所需的天然氨基酸、脂肪酸、核糖酸、核苷酸与葡萄糖，为植物提供更多的养分。同时海藻多糖及腐植酸等形成的螯合系统可以使营养缓慢释放，延长肥效。

**(6) 安全无害** 海藻肥的主要原材料采用天然海藻和优质菌株，通过先进的生化提取技术与深层液体发酵工艺生产而成。整个生产过程中不添加任何激素。海藻肥不但能显著促进作物生长，而且其成分中的海藻提取物及有益菌株，既可稳定及降解土壤中的有毒物质，又可抑制作物对亚硝酸盐等有害物质的吸收，对人、畜无毒无害，对环境无污染。

## 四、海藻肥主要功效

**(1) 调节生理代谢** 提高开花、坐果率。使作物早开花、早结果，提早上市 5～7d。

**(2) 改善作物品质** 使果实着色好，畸形果少。口味好，不裂果，提早成熟，耐贮运，使叶菜叶色鲜绿，有光泽。纤维少，质脆嫩，味道鲜。使根菜类蔬菜脆嫩多汁，表皮光滑，形状整齐。

**(3) 增强作物抗逆性** 对作物有明显的生长促进作用，增产幅度达10%～30%。能有效提高作物根系发育，激发作物细胞活力，增强光合作用，营造强壮苗，提高作物抗寒、抗旱能力。并对蚜虫、灰霉病、花叶病有明显防效。

**(4) 促进生根发芽** 弱苗变壮苗，能迅速恢复僵苗、黄叶、卷叶、落叶等；提高矿物质养分的吸收利用，促进根系发育，利于壮苗育成；促进植株生长旺盛、健壮。

**(5) 改良土壤** 培肥地力，促进作物根系发育，有效预防土传病害发生。

**(6) 养分全面均衡** 迅速纠正缺素症状，使叶菜作物叶型丰满。叶片肥壮浓绿，防治脆叶、烧叶及干尖。

**(7) 提高抗逆性** 缓解病虫害、肥害、药害，无毒、无公害、无副作用。

# 第四节 甲壳素肥料

## 一、概述

甲壳（chitosan）是一种多糖类生物高分子，在自然界中广泛存在于低等生物菌类、藻类的细胞，节肢动物虾、蟹、昆虫的外壳，软体动物（如鱿鱼、乌贼）的内壳和软骨，高等植物的细胞壁等。甲壳素是一种天然高分子聚合物，属于氨基多糖，甲壳素的化学结构与植物中广泛存在的纤维素结构非常相似，故又称为动物纤维素，是目前世界上唯一含阳离子的可食性动物纤维，也是继蛋白质、糖、脂肪、维生素、矿物质以外的第六生命要素。

甲壳类动物经过处理后生成甲壳素和衍生物壳聚糖，在农业生产上的应用主要表现为可作生物肥料、生物农药、植物生长调节剂、土壤改良剂、农用保鲜防腐剂、饲料添加剂等，作为新一代的肥料产品。甲壳素肥料可谓多种功能融为一体、各种优点集于一身，特别适合生产无公害、绿色、有机农产品，对于提升国内农产品的市场竞争力、改善农业生态环境具有重要的意义和广阔的应用前景。21世纪是甲壳素的大研究、大开发、大应用时代。

## 二、作用机理

### 1. 对土壤生态环境的改善作用

**(1) 培养基作用** 甲壳素是土壤有益微生物的营养源和保健品，是土壤有益微生物的良好培养基，对土壤微生物区系有良好的识别作用。灌根 1 次、15d 后，纤维分解细菌、自生固氮细菌、乳酸细菌等有益菌增加 10 倍；放线菌增加 30 倍；常见霉菌等有害菌减少到 1/10，其他丝状真菌减少到 1/15。

**（2）有益微生物的综合作用** 放线菌分泌出抗生素类物质可抑制有害菌（腐霉菌、丝核菌、尖镰孢菌、疫霉菌等）的生长。纤维素分解菌可加速土壤中有机质的矿化分解速度，分解成氮、磷、钾、微量元素及形成黄腐酸、褐腐酸等有机物质，为植物生长提供充足营养；自生固氮细菌可固定空气中的氮素，提高土壤中的氮素水平，减少氮肥的使用量。

**（3）改良土壤** 微生物的大量繁殖可促进土壤团粒结构的形成，改善土壤的理化性质。增强透气性和保水保肥能力，为根系提供良好的土壤微生态环境。使土壤中的多种养分处于有效活化状态，可提高养分利用率，减少化学肥料用量。

**（4）螯合微量元素** 甲壳素分子结构中含有—$NH_2$（氨基），与微量元素铁、铜、锰、锌、铂等能产生螯合作用，使肥料中的微量元素有效态养分增加，同时使被土壤固定的微量元素养分释放出来，供作物吸收利用，从而提高了肥效。

**2. 对植物本身的整体调节和对细胞的活化作用**

**（1）诱导抗病抗逆性** 甲壳素诱导植物的结构抗病性，如使植物的细胞壁加厚或木质化程度增强；可迅速活化细胞，短时间内诱导植物自身产生多种抗性物质；诱导植物一系列防御反应，提高植物的抗病能力和抵御不良环境条件的能力。

**（2）对细胞的活化作用** 诱导内源激素的整体调节，喷施于植物叶面具有透气、保水之功效；喷施于叶面或施入土壤可促进根系细胞的分生，使根系发达，增强植物抗旱抗倒伏能力，茎节缩短粗壮，叶片浓绿润泽，显著提高光合作用，促进光合产物的定向运输。

## 三、产品特点

**1. 增产突出甲壳素对作物的增产作用十分突出**

这是因为甲壳素可以激活其独有的甲壳质酶、增强植株的生理生化机制，促使根系发达、茎叶粗壮、使植株吸收和利用水肥的能力以及光合作用等都得到增强。用于果蔬喷灌等可增产 20%～40%或更多。果实提早成熟 3～7d、黄瓜增产可达 20%～30%，菜豆、大豆增产 20%～35%。

**2. 具有极强的生根能力和根部保护能力**

黄瓜使用甲壳素后 3d，畦面可见大量白根生成，7d 后植株长势健壮。甲壳素区别于普通生根肥的关键在于甲壳素可以促进根系下扎，抵御低温对根系造成的损伤，使根系在低温条件下仍能很好地吸收营养，正常供给作物所需。有效避免了黄瓜花打顶现象。另外，甲壳素的强力壮根作用对根茎类增产效果尤为突出，是根茎类作物增加产量的又一新的途径，像马铃薯、生姜等增产幅度都很大。

**3. 促进植株具备超强抗病能力**

甲壳素可诱导防治的作物主要病害有：大豆的菌核病、叶斑病；油菜的菌核病、炭疽病；菜豆的褐斑病、白粉病、炭疽病、锈病；西瓜的镰刀菌根腐病、丝核菌立枯病、叶枯病、白粉病、菌核病；黄瓜的霜霉病、白粉病、枯萎病、红粉病、叶点霉叶斑病；番茄的根腐病、酸腐病、红粉病、斑点病、煤污病、白粉病、果腐病、炭疽病；茄子的褐斑病、果腐病、黄萎病、赤星病、斑枯病、褐轮纹病、煤斑病、黑点根腐病等；甜椒、辣椒的苗期灰霉病、根腐病、黄萎病、白绢病等。

**4. 显著提高抗逆性**

甲壳素可以在植株表面形成独有的生态膜，能显著提高作物的抗逆性。施用甲壳素以后，作物的抗寒冷、抗高温、抗旱涝、抗盐碱、抗肥害、抗气害、抗营养失衡等性能均有很大提高。

**5. 节肥效果明显**

甲壳素可以固氮、解磷、解钾，使肥料的吸收利用率提高，其独有的成膜性可以在肥料表面形成包衣，使肥料根据作物所需缓慢释放，隔次水配肥，冲施甲壳素，每年每公顷（$hm^2$）可以节约不必要的肥料投入200元左右。

**6. 具有极强的双向调控能力**

作物在旺长时甲壳素可以促进营养生长向生殖生长转化，而植株长势较弱时，甲壳素可以促进生殖生长向营养生长转化，使作物能平衡分配营养。

**7. 可防治线虫病**

甲壳素中所含的营养通过刺激放线菌的大量增殖，能够有效地控制线虫病的发生，从苗期连续冲施甲壳素，可以完全控制线虫的危害，还能提高作物品质、提高产量、改良土壤。对于发病较重的植株，配以阿维菌素类农药灌根，可以达到很好的防治效果，防效可达60d左右。连续施用药肥防治线虫病害，第一年可以减轻发病率40%，产量增加45%，品质明显改善；第二年可减轻发病率60%。产量增加32%，微生物区系明显改善。

**8. 可作果蔬保鲜剂**

甲壳素在植株表面形成薄膜，对病菌的侵害起阻隔作用，而且这层膜有良好的保湿作用和选择性透气作用。这些特性决定了甲壳素可以成为果蔬保鲜剂的最好原料。目前应用最多的是水果、蔬菜的保鲜。虽然甲壳素的保鲜效果不如气调、冷藏等传统的储藏方法，但是它应用方便、价格低廉、无毒无害，作为一种辅助的储藏方法是大有应用空间的。

## 四、简易识别要点

### 1. 看证件

2002年5月，农业部首次将甲壳素批准为有机可溶性肥料，并对企业申请产品开始登记。作为甲壳素肥料，目前需要两证即可，即农业部登记号和产品标准，产品的两证齐全表明该产品合乎国家的法规，已经被许可进入市场。

### 2. 看含量

甲壳素肥料的有效成分指标以甲壳胺或壳聚糖的含量来表示，市场上的甲壳素产品，甲壳胺或壳聚糖含量高低直接决定产品的使用倍数，即甲壳胺或壳聚糖含量越高，证明产品的技术含量就越高，稀释倍数越大，效果就越好。正规产品的外观应当是：液态，分散均匀、无残渣、无沉淀；固态，静置5min内完全溶于水，无残渣、无沉淀、液体均一，上浮一层油膜。

### 3. 看品牌和服务

甲壳素属高新技术产品，一般企业不具备生产合格产品的技术和能力，目前，我国较大的、较正规的高新技术企业才具备生产合格甲壳素肥料的能力。不同企业在原材料、生产工艺、技术控制等方面的差异会造成产品质量和效果的差异。所以，选购时应特别重视品牌。

### 4. 看注册商标

使用说明是否表述清晰、规范，是否有成套的产品使用技术手册、使用实例、光盘等，产品是否已经经过了多年生产实践的验证。品牌是选购的一个重要依据。

### 5. 看效果

见效快的不一定就是好肥料，见效慢的不一定就是不好的肥料。见效快的肥料里，一般加了激素。短期效果较好、但长期施用，可能使植株过早衰老、品质下降、畸形果多。甲壳素与其他肥料相比，本身无毒无害，不含激素成分，效果较慢。一般应连续使用三次15～30d，才能看出较明显的效果。使用2遍后，可从根系毛细根发生数量，叶片色泽、大小、厚度，茎秆粗度和长度，植株整体长势等看出较为明显的效果，使用三遍后，病害减少、开花坐果质量提高、茎秆缩短粗壮、根系发达等。连续使用两年以上，土壤的生态环境将得到极大的改善，土壤板结、酸化、盐渍化的现象消失，有益微生物数量大幅度增加，根部和土传病害显著降低，土壤得到了修复，重新恢复了生机，作物生长健壮，农药和化肥用量大幅度减少。作物品质大幅度提升，从而改善了自然环境，提升了人们的生活质量。

## 五、注意事项

① 已得病虫害者，应光使用农药治好后，再使用甲壳素。因甲壳素主要功能是防治，无直接快速杀菌或杀虫的效果。

② 高浓度的甲壳素本身具有降解农药残留、絮凝金属离子、破坏某些农药乳化状态的性质。一般不建议将甲壳素与农药或农药乳油原液混配使用。

③ 禁止原液混配。不论是杀菌剂、杀虫剂原液或原粉都禁止与甲壳素原液或原粉混配。要混配使用，必须分别稀释成一定浓度的稀释液后混配使用。

④ 与杀菌剂混用的要求。可以与链霉素、中生霉素、多抗霉素等大多数单一成分杀菌剂混用，只要分别配成母液即可。不能与无机铜制剂混用。

⑤ 甲壳素本身具有“植物疫苗”的作用，能够诱导作物对病害的抵抗力。与杀菌利交替使用，杀菌剂使用次数减半，能够达到同样的防治效果，并且产量增加 20%以上。

⑥ 与杀虫剂混用的要求。应先将甲壳素产品与杀虫剂分别稀释到相应的倍数后进行混配试验，如无反应才可使用。不和带负电的农药混合使用，因甲壳素带正电，会和某些带负电的农药起凝胶沉淀现象（类似蛋花汤一样），使药效消失且阻塞喷雾器的喷雾孔。

⑦ 不宜与其他的植物生长调节剂混配使用。

# 第五节　微生物复合缓释肥

## 一、概述

土壤是复杂的有机和无机体混合物，经由粗估，在 1 公顷土表 15cm 的耕作层内，细菌、霉菌、藻类、原虫与病毒等微生物总重量达数百至数千吨。而每吨土壤中的霉菌菌丝如相连，其长度可来回地球和月球上百次。肉眼观察丰富微生物含量的土壤，土质色泽深、通透性良好，闻起来芬芳（放线菌特殊气味）。土壤微生物世界，究竟在作物栽培生长的环境中扮演了什么角色？以下概略解析。

根系为作物支撑固定、摄取营养的唯一器官。在复杂的根圈环境中，微生物、无机盐、气体、土壤动物、水分等的物质，随时和根圈互动，更直接主导了作物根系吸收肥料养分的效率。从微观的角度分析，根毛细胞壁上的蛋白质解离后，根毛表面形成负电荷，吸引带正电荷离子移动至根毛表面，再经由主动运输（须消耗植物本身能量的生理反应）将养分转运至细胞内，到达维管束时，再经由维管束形成的蒸腾拉力，由水将无机盐往上输送至叶片等器官生长发育。

微生物决定了根圈的土壤环境复杂的生化、生理、物理现象协同作用。而在根圈环境的角色，更是重中之重。首先在常态性耕作的土壤微生物，在代谢过程中释放出有一、二级代谢物，包括有机酸、蛋白质、糖类、脂质、维生素、酚类、几丁质酶、葡聚糖酶、抗生素等物质，有的可供根毛直接利用，有者则影响了土壤环境中的微生物生态。其次，除活菌贡献代谢物外，死菌在分解过程中也贡献了蛋白质、氨基酸等并影响根圈的动态平衡。因此，微生物的动态活动可说对作物的生长和发育起了决定性的作用。

应用菌肥的诸多效果，包括对果实发育中的可溶性固形物（即糖分）、风味、产量等都有明显的增加，对于粮食作物而言，抗病性、增产等。这些直观的效益，来源于微生物增加了肥料的利用率、提升了植物光合作用的效率和光合产物的累积。除了生理生化的层面，土壤微生物也奉行丛林法则，即“菌海战术”，也常在数量上“占领”布满细胞壁表层，使病原菌无从接触植物根系。我们可常从发黑、发臭、软腐、不正常肿胀的根系或植物维管束中判断植物被病原菌入侵，直接阻碍了植物吸收水分和养分而死亡。

土壤同时存在有益菌和病原菌，有益菌（常指酵母菌、乳酸菌、芽孢杆菌、放线菌等）和其也随时处于竞争拉锯的状态，常年使用化肥又缺乏有机质的补充，将导致微生物多样性下降，有益菌没法发挥上述生理和物理功能时，病原菌往往也有机可乘，引发病害。根据中国国家标准界定，微生物肥料是指含有特定微生物活体的制品，应用于农业生产，通过其中所含微生物的生命活动，增加植物养分的供应量或促进植物生长、提高产量、改善农产品品质及农业生态环境。

## 二、分类

目前常见的微生物肥料主要包括 3 类，分别为微生物接种剂（microbial inoculant）、复合微生物肥料（compound microbial fertilizer）和生物有机肥（microbial organic fertilizer）。但三者因生产制造、销售价格、应用目的和方式等因素的差异而所有不同。

### 1. 微生物接种剂

多为同类的高纯度单一微生物，以粉体或液体的形式存在，施用时需额外配合提供其营养源（如有机质、糖类），以利快速持续在土壤中增殖。该类产品中最常见的为植物根际促生菌（plant growth promoting rhizobacteria，PGPR）于土壤或附生于植物根面，可促进植物生长，提高植物对营养元素的吸收和利用。甘肃农业大学草业学院 2015 年即利用复合微生物接种剂替代部分化肥 20%并在玉米上表现出增产的效果。中国虽出台了微生物肥料的相关管理办法，但目前微生物接种剂类产品依然面临着一些挑战，这包括：①法规上对微生物制品仍有许多的限制，尤其是肥料在作为跨国贸易商品时较为敏感，往往是无法明确的宣称的；②土壤性质、作物类别、气候外在影响层面广大，农民使用有感与否，主观性很大；③微生物接种剂或是复合肥的生产工艺有一定的门槛，非仅作掺混；④反应在高技术加工的售价上，农民的使用意愿不大。

**2. 复合微生物肥料**

主要的形态有固态和液态。通常为两种或两种以上的有益菌或功能性菌种，如根瘤菌、固氮菌、解磷菌和解钾菌，并选择性加入大量元素、微量元素、植物生长素、腐植酸、海藻萃取物等物质复合而成。在生产工艺上需同时考虑各菌种之间、菌种和元素之间的交互作用，在实际应用时需要兼顾使用目的和使用时机的特殊性，如催芽、催花、催果、催甜等，使用的技术含量高。销售成本也因产品的技术含量提升而相应增加。

**3. 生物有机肥**

以粉状或粒状或圆柱状为主，生产工艺包括介质配方混合、发酵翻堆、熟成降温、挤压造粒（或不造粒），产品原料多源自农产副资或就地取材，无特别外加菌种，而靠农副资上原有的微生物，价格相对的便宜。但该类产品可贡献的N、P、K大量元素总量一般在5%以下。该类产品施到土壤后，可为土壤微生物提供“粮食”，以确保微生物持续繁衍。相对未腐熟的生物有机肥用到土壤中后，需靠微生物来分解，不但消耗微生物族群，分解过程中产生的高温或中间代谢物，对根系有直接的伤害。未经高温程序发酵完成的材料，往往带有许多病原菌和草籽等，会对土壤造成直接威胁。目前，市场上常见的微生物肥料产品均归属于上述三个产品类别，而兼具养分缓、控释功能的特殊微生物肥料却十分罕见。因为一般在加工裹覆性肥料时，微生物常因包覆过程中的高温而被直接杀灭。

**4. 其他类微生物缓释肥**

应用其他机理生产的微生物缓释肥，如沸石缓释肥，由于沸石多孔性的特性，不同的研究表明，使用沸石可成功地吸附微生物和铵离子，作为生物反应器。韩国某大学在2015年的研究当中，更利用复合了硫化菌（sulfate reducing bacteria）的沸石，来去除海水中的重金属铜、镍和六价铬。以上研究表明沸石和微生物具有一定的吸附性。新疆某市发表的研究表明，可使用膨润土（bentonite）和海藻酸钠（alginate）来包覆N、P、K和PGPR，达到缓释的效果，但仍处研发阶段。马来西亚的某公司在2000年量产沸石复合缓释化肥，近一年来也将触角延伸至含微生物复合缓释肥，因沸石孔隙可提供微生物休眠状态下物理空间上的“庇护所”，真正实现“施肥即补菌”的省工目标，二者一旦施用到土壤后，便会各司其职，相辅相成。2015年在“修复性肥料”技术研发上取得了众多突破，实验室已优化了产品组分的混配比例，并稳定了各项沸石参数指标。从而为量产囊括沸石、微生物、氨基酸、腐植酸、磷肥等有效成分的综合性产品打下坚实基础。此外，还针对受淹水、冻害、旱害等极端气候影响的作物，进行“救根、养土、补元气”，通过配合腐熟性的有机肥料开沟埋入“含微生物复合缓释肥”的方式，同时满足作物养分需求、恢复土壤微生物多样性、省工、省时、省成本。

## 第六节　纳米碳肥

纳米碳肥料或许大家都有听说，它是利用纳米碳材料的变异特性研究开发出来的一种增效肥料，业内人士都普遍看好，认为其在农业领域的应用前景十分广阔，对化肥农药使用零增长也有着重大意义。

纳米碳肥料的特点：

① 纳米碳肥料能在光合作用下使土壤中养分增加，促进植物根系活性化，提高植物生命力；

② 纳米碳的高吸附性和缓释放性，使纳米碳肥料进入土壤后能溶于水，增加植物根系吸收水分和养分的潜能；

③ 植物还可以通过根系吸收纳米碳粒附着的养分，进入植物根、茎、叶，缩短植物生长周期并达到增产效果；

④ 纳米碳肥料可以使土壤中有益噬碳微生物、小生物大量繁殖，促进土地生态循环，逐渐改善土壤状况，长远带动减少肥料施用；

⑤ 微纳米碳肥料是一种高活性物质，能通过高度活化植物所需的各种养分，促使植物吸收，提高肥料利用率，肥料利用率由不足30%提高至50%～70%；

⑥ 在水产养殖方面，使用纳米碳液水产养殖剂可使水中富氧分子大幅增加，能够有效增强对水产养殖生物的免疫力，从而杜绝抗生素的施用。

目前，纳米碳肥料在玉米、水稻、黄瓜、草莓、花卉等种植试验上均已获得成功。将微纳米碳以0.5%比例添加到尿素中，可显著降低水稻田面水氮素径流流失量，仅占普通尿素氮素径流流失量的71.1%，提高了水稻氮肥的利用效率；施用纳米碳肥的玉米，抗旱、保水；花卉，可提高花卉品质，缩短成品花卉的种植周期，节约温室费用。将微纳米碳与肥料相结合研制出的纳米缓/控释肥可使水稻增产30%、玉米增产15%、白菜、西红柿等蔬菜增产20%～40%，同等产量水平可节肥30%～50%。

通过多年努力，我国的纳米碳增效肥料已逐步进入产业化阶段，一些产品生产成本与普通复合肥大致相当，目前已经开发出纳米碳增效碳铵、津瑞微纳米碳长效肥等产品，并相继出现了一些纳米碳肥料的企业。哈尔滨工大集团微纳米产业主要从事微纳米产品的研发、生产、销售与技术服务，并已经形成一体化产业模式。

纳米碳肥料的出现，为农业部实现2020年前农药、化肥零增长提供保证，为从源头控减投入、升级高效农业提供了选择，对于我国发展高效农业、实现参与全球节能减排、服务国家环境治理，具有极强的现实意义。

## 第七节　黄腐酸生物肥

对于黄腐酸生物肥，业内人士认为它是未来极具发展前景的绿色肥料之一，值得大力推广应用。下面我们就来看看各位专家都是怎么说的。

据介绍，黄腐酸、黑腐酸、棕腐酸统称为腐植酸，其中黄腐酸具有分子量小、活性基因高、改良土壤、促使根系发达等独特效果。黄腐酸与其他无机物配合使用，能固氮、解磷、缓释钾，促使有效成分转化，提高各种有效成分利用，如果其与微生物菌剂相螯合，再加入中、微量元素，在改良土壤和提高化肥利用率等方面具有不可替代的作用。

国家微生物肥料技术研究推广中心常务副主任孟庆伟认为，黄腐酸生物肥是近年来在单纯依靠化学肥料让农作物产量增幅减缓、病虫害日益加重的情况下，采用新技术、新工艺将生物菌与黄腐酸螯合在一起研发的一种高效绿色肥料，通常把黄腐酸生物肥又称为“生物有机肥”，该产品兼有菌肥和有机肥的共同特点，因而对多种作物都有良好的增产效果。

南京工业大学生态肥料助剂研究所常务副所长冯小海认为，通过特有低温制备工艺完全可以保留生物菌种的活性，而这种工艺技术已经被国内某些科研院所和肥料企业所掌握，采用这种低温制备工艺生产出的生态肥料，具有保水、保肥等功能。

天津市化肥工业协会会长高贤彪认为，黄腐酸生物肥在促进植物生长、抑制重金属污染和化肥“减肥增效”发挥积极作用。

天津嘉磷丹肥业有限公司董事长张志刚表示，农田使用黄腐酸微生物肥料，不仅可以满足农作物整个生长过程对养分的需求，还能促进植物根系发育，提高根系活力，提高作物体内多种酶的活性、抗病能力及对农药的缓释增效和降低毒性的作用。

## 第八节　二氧化碳气肥

### 一、研究与应用概况

植物体干物质的45%为碳（C）元素，而空气中的$CO_2$是植物碳素的唯一来源，光合作用又是其碳素摄取的唯一方式。但在自然状态下，大气中$CO_2$浓度约为$300\times10^{-6}$(即300mL/m$^3$)，在高密度栽培的温室中，$CO_2$浓度较低，有时甚至低于$100\times10^{-6}$(即100mL/m$^3$)，完全不能满足植物生长的需要。因此在光照强时提高$CO_2$浓度，即施用$CO_2$气肥可以大幅度提高植物光合速率，从而取得明显的农艺效应。

**1. 气肥的含义**

发达国家于20世纪60年代中期开始人工施用$CO_2$气肥，并把$CO_2$气体称之为“气体肥料”，作为温室大棚作物增产的重要措施加以推广普及。我国$CO_2$气肥增施技术已推广20多年，成为目前温室大棚增产技术之一。

**2. 气肥的种类**

**(1) 液体$CO_2$肥**　加压液化的$CO_2$，储存于钢瓶中，直接施用的一种$CO_2$气体肥料。该类型$CO_2$气肥的优点是使用简单易行，施肥浓度易控制，机动性好，气体扩散均匀；缺点是所用气体一般是化工厂副产品，气体纯度不高，一次性投资大，而且只能用于少数城郊和气源充足的地方，在我国广大农村难以获得大规模推广。

**(2) 固体$CO_2$肥制剂**　利用固体$CO_2$（干冰）受热易挥发的性质来进行$CO_2$施肥。早在1960年，美国在玉米田间试验，每隔0.76m（2.5in）施下0.45kg（1lb）干冰可使玉米增产33%以上。此法优点是操作简便，用量易控制，气体纯度高，施肥均匀；缺点是干冰要在低温条件下储存运输，费用较高，并且干冰对人体有害，不安全。该法主要用于苗床内补充$CO_2$育苗。

**(3) 生物酵解法$CO_2$肥**　利用微生物分解生物体产生$CO_2$，常用厩肥、生物残体施入地表以下3～4cm，在微生物的作用下发酵释放$CO_2$。该法优点是不需要设备投资，原材料廉价易得，不需要专人操作看管，气体施肥和根部施肥同时进行，供气时间长；缺点是劳动强度大，气体产生速度慢，气量难以控制，占地多，气体不纯，通常伴有NO、$NO_2$、$NH_3$、$H_2S$、$SO_2$等有害气体，对环境和植物生长造成危害，原材料需求量大。该法只能用于大的牧场和养殖场附近的温室。

**(4) 燃烧法$CO_2$肥**　通过燃烧含碳有机物来生产$CO_2$，可以分为：

① 燃烧酒精、柴油、汽油、天然气、沼气、液化气等气体燃料生产$CO_2$；

② 燃烧木炭、煤炭产生$CO_2$。

方法①生产的$CO_2$通过带小孔的塑料管输入田间，该法优点是启动性好，供气量大，操作方便，气体释放均匀；缺点是能耗高，基础设施投资大、成本高，气量不易控制，生成的气体不纯，需要经过净化处理才能使用，一般在有廉价燃料或靠近天然气的田间比较实用。发达国家使用该法较多，我国只有在燃料资源较丰富的地区使用。方法②通过普通煤炉燃烧煤炭产生$CO_2$，再经过净化之后用于温室施肥。其优点是设备简单，原材料廉价易得，操作方便，广谱性好，产气效率高；缺点是气体不纯，需要专人看管，安全性不好，煤不完全燃烧产生的CO对植物有剧毒，气体释放不均匀，浓度难以控制。在我国农村地区也有燃烧麦秸秆产生气体的习惯，但这种方法产生的气体杂质太多，不宜使用。

**(5) 硫酸与碳酸氢铵反应法$CO_2$肥** 利用碳铵与硫酸反应产生$CO_2$，其优点是可控性好，可根据植物生长需求适时调控$CO_2$量，并且操作简单，只需要按比例将碳铵和硫酸分别加入反应桶和储酸桶即可，产生的气体用带孔的塑料管疏散到温室内各处进行施肥，供气速度较快，气体纯度高，原材料易解决。缺点是所需仪器庞大，必须固定在棚中央，机动性不好，如果用简单设备，安全性不好，将浓硫酸稀释成稀硫酸是一个危险的过程，并且产气速度过快，供气时间短，每日需要多次施肥，劳动强度大，硫酸过度氧化会产生对植物有害的$NH_3$，因而未得到广泛应用。但用固体硫酸和碳铵反应效果相对好一些。以糠醛渣做酸载体，与浓硫酸压模成形，与碳铵按比例装入塑料袋即成产品，使用时将其投入水中反应即可，然而仍未克服产气速度过快、可控性差、$CO_2$利用率低的缺点，并且使用糠醛渣使得成本提高。

**(6) 颗粒$CO_2$肥** 将碳酸盐和硫酸盐、磷酸盐、稀土原料、黏结剂及相应养分粉碎混合造粒然后将产品表施或浅埋地下就可以缓慢释放$CO_2$。该法优点是操作方便，安全性好，广普性好，肥效期长，投资较少，使用方法简单；缺点是气体产生速度过慢，气体浓度难以控制，不能保证植物的最佳光合浓度，而且气体释放率较低。此法是我国所独创的$CO_2$施肥方式，符合我国农业的实际应用条件，但在气体控制释放方面有较大缺陷。

**(7) $CO_2$喷施肥** 将$CO_2$气体溶解于含有$CO_2$增溶剂的水中，使用时将溶液间歇性地喷洒到植株上，使$CO_2$从溶液中释放出来，满足植物光合作用的需要。此法不仅适用于温室内$CO_2$气体的供给，也适合于露天大田作物补充$CO_2$。但由于成本高、劳动量大，目前仅在国外有小规模的使用。而国内做法是用密封的桶体做喷雾器，桶内安装一储液罐储存硫酸，使硫酸与碳铵连续反应，产生的$CO_2$气体通过输气管喷洒到植株表面。优点是机动性好，适时控制性好，可以根据作物需要改变$CO_2$浓度；缺点是桶体密封不易做到，劳动量大，不适于大田施肥，并且使用浓硫酸操作比较危险，因此未得到广泛使用。

**(8) $CO_2$气肥棒** 高效$CO_2$气肥棒是一种新型的燃烧式气肥，它选用高温干馏木炭为碳源，与催化转化剂和活化剂充分混合后成型，再经烘干活化成$\Phi 50/15 \times 50$的成品（100g）。使用时根据大棚面积确定增施量，直接用火点燃后均匀置于棚内即可。产品高效、安全、方便、不需设备投资、成本低，同时CO、$SO_2$、$NO_2$等有害气体得到有效的抑制。与此相类似，为使产品易于点燃，采用蜂窝煤点火的方法，附加一层点火层，在点火层中加入强氧化剂，并掺入锯末和煤。也有将植物秸秆压制成型后直接炭化成产品，但燃烧会产生大量的CO。

**(9) 温室配套 $CO_2$ 智能增补系统** 农业发达国家研制了 $CO_2$ 计算机自动控制系统，建立了用于温室栽培的 $CO_2$ 施肥最佳动态模型。根据安装在温室内的 $CO_2$ 浓度传感器反馈或根据时间来进行浓度调节，使 $CO_2$ 浓度保持在最佳水平，提高群体生产能力。为使 $CO_2$ 浓度分布均匀，温室内一般安装通风机，加速温室内气体的对流。这种方法适时控制性好，能很好调节 $CO_2$ 浓度，使之保持在最佳浓度水平，而且操作方便、快捷，在国外获得大规模使用。但是这种设备造价非常昂贵，而且是大型设备，只能用于大型的温室生产基地，目前尚难在我国大规模推广。

**3. $CO_2$ 气肥的作用**

**(1) $CO_2$ 浓度对光合作用的影响** 植物分为 $C_3$ 和 $C_4$ 植物，它们对 $CO_2$ 浓度的反应不同。$C_3$ 作物对 $CO_2$ 浓度变化比较灵敏，而 $C_4$ 作物反应比较迟钝。大多数温室作物为 $C_3$ 作物。

在 $CO_2$ 的饱和点与补偿点范围内，作物的光合速率随 $CO_2$ 浓度的提高而增强。尤其是在强光照条件下，提高 $CO_2$ 浓度对提高光合速率更有利。$CO_2$ 浓度由 300μL/L 增加到 900μL/L 时，黄瓜叶片的光合速率几乎呈直线上升；大白菜在 350μL/L 和 700μL/L $CO_2$ 浓度下，$CO_2$ 倍增使净光合速率增加 68%，且光合时间延长，光补偿点下降。在高光照条件下，$CO_2$ 浓度由 330μL/L 升至 2000μL/L 时，温室甜瓜的光合速率增加了 50%，而低光照条件下，增加相同的 $CO_2$ 浓度，光合速率仅提高了 33%。

增施 $CO_2$ 提高光合速率的原因有两方面：①$CO_2$ 作为光合作用的底物参与碳同化循环，②提高 $CO_2/O_2$ 值，RUBisco 羧化酶活性提高。但长期增施 $CO_2$ 对光合强度的作用反而减弱，番茄、黄瓜、菜豆等均如此。其原因可能是长期高 $CO_2$ 浓度环境使光合酶系统活力下降，气孔导度下降，暗呼吸增强，糖、淀粉的反馈抑制。

如果能维持 RUBPCO 及 CA 活性，则可提高长期增施 $CO_2$ 的效益，具体措施如增施 N、Zn。

**(2) $CO_2$ 浓度对呼吸作用的影响** $C_3$ 作物是高光呼吸作物，其生活过程起始于 Rubisco 加氧反应，由于 Rubisco 加氧活性大小取决于细胞间隙 $CO_2/O_2$ 值，$CO_2$ 施肥可提高 $CO_2/O_2$ 值，加氧活性就小，因此呼吸作用减弱，$CO_2$ 的同化量也就小。王忠等测定了黄瓜叶片在不同 $CO_2$ 浓度下断光后 $CO_2$ 的同化（光呼吸的可靠指标），结果表明，$CO_2$ 浓度为 890μL/L 和 1250μL/L 时，其同化强度比 330μL/L 浓度下分别降低了 66.7% 和 73.6%。Nederhoff 研究表明，提高 $CO_2$ 浓度也使暗呼吸速率减慢，但这种影响甚微。

**(3) $CO_2$ 浓度对蒸腾作用的影响** $CO_2$ 对叶片气孔运动影响显著，低浓度 $CO_2$ 促进气孔张开，高浓度 $CO_2$ 则使气孔关闭。当增施 $CO_2$ 时，气孔开度减小，叶片界层阻抗加大，导度减小，蒸腾减弱，从而也提高了光合作用的水分利用率。王修兰等的研究表明，$CO_2$浓度 350μL/L 与 700μL/L 相比，大白菜蒸腾系数降低 27.1%。其他研究也表明，$CO_2$浓度增加一倍时，作物水分的蒸腾速率可降低 23%～51%。这在一定程度上提高了作物的水分利用率，减少了水分胁迫的植株产量与正常水分下植株产量的差距。

**(4) $CO_2$浓度对矿质营养的影响** 增施 $CO_2$降低了体内矿质元素含量。菜豆幼苗在 1200μL/L $CO_2$浓度下生长 7d 后，叶片中的矿质元素（N、P、K、Ca、Mg）含量下降约 25%，Porter 认为这是碳水化合物积累对营养元素的稀释作用造成的。生长在 1000μL/L $CO_2$下的黄瓜，叶片 Ca、N 的含量均比生长在 350μL/L 下的低，开花则尤为明显。王忠等也分析了 $CO_2$浓度 1000μL/L 黄瓜叶片的全氮含量，结果比对照下降了 10.7%，认为原因可能是碳代谢增强促进了碳水化合物的合成，生长加速，对各种矿质营养的需要也相应增加，因此在 $CO_2$施肥时必须注意满足作物对矿质营养的需要。

**(5) $CO_2$浓度对营养和生殖的影响** 增施 $CO_2$能促进作物的营养生长，其原因可能是：①增施 $CO_2$促进光合作用，为细胞生长提供了充足的碳源；②诱导细胞的生长。$CO_2$溶于水能降低溶液的 pH 值，释放 $H^+$，而细胞壁中 $H^+$浓度的提高，能激活软化细胞壁的酶类，解除壁中多聚物的联结，而使细胞壁软化松弛，膨压下降，从而促进了细胞吸水膨胀。Reinhold 在 1966 年很早就报道了 $CO_2$能促进向日葵下胚轴的生长；EvanS 在 1971 年曾指出 $CO_2$饱和水溶液能明显地促进燕麦鞘细胞的伸长。王忠等也发现 $CO_2$能快速诱导水稻桨片的吸水膨大，促进开颖的现象。

增施 $CO_2$还加速了花芽分化与花器官的发育，从而加大了对营养物质的需求，尤其是糖分，只有当 C/N 比较大时，才能促进花芽分化。大棚增施 $CO_2$，提高了光合碳素代谢，使植株体内 C/N 增高，有利于花的形成与发育。同时，增施 $CO_2$提高了光合作用，并且也使叶片中蔗糖浓度提高了，从而促进了同化物由源向库的运输，使瓜果、蔬菜坐果率提高。

#### 4. $CO_2$施肥的应用概况

施用 $CO_2$的研究在世界上已有一百多年的历史，日本、荷兰等国有较大的发展。我国从 20 世纪 70 年代开始有一些关于施用 $CO_2$的试验报道，但不是很多。施用 $CO_2$多数情况是在保护地（温室或塑料大棚）内进行的，尤其对蔬菜应用最为广泛。

**(1) 国外发展概况** 根据 Berkel（1984）介绍，在荷兰，20 世纪 60 年代为了预防葛芭的夜间低温霜害，采取在温室内安装煤油燃烧器临时加温的办法，并从中发现了 $CO_2$浓度增加促进作物生长和提高产量的作用。以后伴随燃料的更替，$CO_2$施肥器由蒸汽式煤油燃烧器发展到丙烷自控燃烧器，然后又被改良式直燃雾化自动煤油燃烧器所取代。直到70年代，廉价低硫天然气的出现才使中央供暖系统的尾气利用成为可能。并且，由于较好地解决了供暖与$CO_2$施肥的矛盾，尾气利用技术在荷兰迅速普及。1979年在采用中央供暖系统加温的黄瓜、番茄温室中，同时利用燃气进行$CO_2$施肥的分别占80%和90%。1990年，荷兰98%的加温温室以天然气为燃料。

在北欧，温室作物$CO_2$施肥开始于20世纪20年代的瑞典，最初人们从电热温床和酿热温床育苗效果的差异性发现了$CO_2$促进生长的作用，但由于当时土壤中大量施用有机质以及$CO_2$施肥方法不当阻碍了该技术的发展，直到70年代初仅在温室莴苣生产过程中采用石蜡燃烧法产生$CO_2$。进入80年代，$CO_2$施肥再入高潮，1954年挪威$CO_2$施肥面积超过温室面积50%，1957年达到75%。$CO_2$施肥得到重视和发展主要归因于：①$CO_2$施肥作用效果进一步肯定；②农户科技意识增强；③温室结构密闭性提高；④冬季弱光和人工补光条件下施肥效果明显；⑤温室种植制度的改革减少了有机质施用。

英国虽然从20世纪20、30年代就证实了$CO_2$施肥的效果，但直到60年代，低成本高纯度$CO_2$肥源的发现才使该技术得到迅速推广和应用。与其他肥源相比，人们更倾向于中央燃气锅炉的尾气利用。据1987年统计，温室$CO_2$施肥面积占加温面积的48%，且主要用于黄瓜、番茄、葛芭等蔬菜和鲜切花菊花的生产。此外，在铺有腐烂稻草的床土上栽培或者使用直燃式燃烧器进行临时加温的同时，也可间接实现部分$CO_2$加富（增加和丰富）。

对$CO_2$加富效应的研究在美国主要包括两个方面：一是围绕大气$CO_2$浓度上升问题研究对农业、气候和生态的影响；二是在控制条件下研究$CO_2$施肥和$CO_2$亏缺对作物生长和产量的影响。前者从20世纪70年代末开始，后者最早始于20世纪初。在经过一系列试验研究证明$CO_2$施肥的增产效果以后，80年代又将研究重点转向$CO_2$施肥的生理效应方面。

日本于1962年从北欧引进$CO_2$施肥技术，并很快在温室和塑料大棚中推广应用。20世纪70年代中期，11.2%蔬菜玻璃温室和3%塑料大棚配备了$CO_2$发生装置。在日本，$CO_2$发生机有多种类型，主要以煤油为原料，并可根据栽培面积选择不同机型。针对栽培季节、蔬菜种类和生育阶段开展与$CO_2$施肥技术相关的基础理论研究，明确施肥适宜浓度、时期和时间等指标是日本保护地蔬菜$CO_2$施肥研究与应用的重要特色。

**(2) 国内发展概况**　我国设施蔬菜栽培和$CO_2$施肥研究与应用起步较晚。1976年，北京玉渊潭公社试验站等四家单位首次报道了$CO_2$施肥于黄瓜、芹菜、榨菜的显著增产效果，随后该领域的研究工作逐步展开，但主要集中于作用机理和施肥效果方面。90年代围绕大气$CO_2$浓度增加对作物的影响以大白菜、大豆等为试验材料开展了部分研究。过去的研究结果充分证明了蔬菜$CO_2$施肥的重要意义，并从理论上初步揭示其增产机制，但是针对我国特定的设施、经济、技术和资源条件开展与$CO_2$施肥相关的基础研究（调控机理与原则等）较少，从而限制了该技术的生产应用。

虽然我国冬季大棚和日光温室的种植面积逐年增加，但$CO_2$气肥的使用率并不高。据对大棚蔬菜种植较早、种植技术也较好的山东省寿光市24个乡镇的随机调查结果表明，使用过“$CO_2$气肥”的占18.4%；认为“$CO_2$气肥”有增产效果的占8.5%；而不用“$CO_2$气肥”的原因30%以上与$CO_2$肥源有关（使用成本太高占6.5%，使用起来太麻烦占11.9%，效果不好或不明显占12.4%。）。在目前实际应用的各种气肥中，硫酸碳铵法所占比例较大，气肥机、纯$CO_2$增施、预埋颗粒气肥、气肥棒和固体酸法也占一定比例，其他方法应用较少。

目前国内$CO_2$气肥的特点与我国温室和大棚本身的结构、种植技术水平及大棚的区域分布现状之间的不协调，也是$CO_2$气肥推广普及率低的原因。

根据国内大棚和日光温室的现状和发展趋势、我国能源结构和社会经济情况，结合国外的经验，我国$CO_2$气肥应发展利用工业副产品$CO_2$作为气源，可以同时起到环保节能的作用，尤其是在大棚种植集中的地区可以集中供应。为此，须制定大棚用$CO_2$气体的标准或规范，研究完善从工业废气中以较低成本浓缩提纯$CO_2$的工艺和相应的分装、运输及增施中的有关技术问题，研制廉价、稳定、简便的$CO_2$浓度检测设备。对温室大棚较分散的地区或作为一种过渡形式，燃烧法的综合性能较好，尤其是不需设备投资的$CO_2$气肥棒，菜农更易于接受。

## 二、$CO_2$气肥的生产原理及技术

### 1. 纯$CO_2$法气肥的生产原理及技术

利用纯度高的固体$CO_2$（干冰）的升华或液体$CO_2$的蒸发来产生$CO_2$。酒精发酵过程中产生约为酒精重95%的$CO_2$，纯度可达99.5%，杂质有酒精、酯类、酸，只需经简单的提纯处理，就可得到几乎纯净的$CO_2$。合成氨中的原料气及经脱碳后的回收气体中$CO_2$含量达90%～98%，杂质主要为$H_2S$、CO、$H_2$及溶剂蒸气，$CO_2$纯度稍差，须经进一步提纯才能在大棚内使用。增施时将装于钢瓶中的液体$CO_2$，经减压阀后通过聚乙烯塑料管施放，一般以1.0～1.5m的间距在管上设施放孔，通过称量施放前后钢瓶的量差来确定施放量。干冰按$CO_2$的需要重量直接施放。

该法的优点是$CO_2$气体纯净、施用方便、劳动强度较低，且产气量高达100%；缺点是纯$CO_2$来源有限，成本较高，且有较显著的负温度效应，钢瓶一次性投资大，且运输和使用不安全。

### 2. 化学反应法$CO_2$气肥的生产原理及技术

**(1) 酸/碳酸盐反应法** 利用含$CO_3^{2-}$的物质与酸性物质发生的化学反应来

产生 $CO_2$。含 $CO_3^{2-}$ 的物质如 $CaCO_3$、$MgCO_3$、$NH_4HCO_3$、$(NH_4)_2CO_3$、$Na_2CO_3$ 和 $NaHCO_3$，通常用农用碳铵或石灰石。酸性物质可用 $H_2SO_4$、HCl、$HNO_3$ 等强酸，由于 HCl 和 $HNO_3$ 有挥发性，易于产生有害气体，一般用硫酸。此法分硫酸碳铵法和固体酸法两种。

① 硫酸碳铵法　硫酸碳铵法是化学反应法中应用最普遍的方法。使用前应先将工业浓硫酸稀释。$CO_2$ 的发生器有简易装置和成套装置两种。简易装置是在大棚内悬挂多个塑料或搪瓷容器，放入 2～30d 的硫酸用量，每天将碳铵逐点加入硫酸中即可。

成套装置由塑料制成，一般由稀硫酸储液罐、反应桶、控制器、$CO_2$ 净化吸收桶和输送管道等部分组成，其结构类似于 $CO_2$ 气体保护电弧焊中的 $CO_2$ 发生器。施放量通过计量硫酸和碳铵的重量来确定。

该法的优点是操作简单、成本低廉、还能将反应产物硫酸铵以氮肥还田。缺点是反应缓慢，产气率很低（<34%），同时，其反应产物硫酸铵易使土壤板结，且硫酸为强腐蚀性物质，在储存、运输和稀释使用过程中易造成皮肤和衣物的损坏。

② 固体酸法　针对上述缺点，用固体酸替代硫酸，出现了几种新的反应法固体气肥。一般为双袋包装：一袋为 $CO_2$ 源，通常为 $NH_4HCO_3$ 或 $CaCO_3$；另一袋为固体酸。双袋固体 $CO_2$ 气肥，使用时一起倒入塑料或玻璃容器中，加水后即以一定速度放出 $CO_2$ 气体。固体酸法虽然克服了浓硫酸强腐蚀性的缺点，便于安全运输和使用，但由于酸性降低，产品的 $CO_2$ 含量减少（约 20%），因此成本大幅度提高。

**(2) 燃烧法**　燃烧法是利用含碳物质在空气中的燃烧氧化反应产生 $CO_2$，所以燃烧法的产气率通常高于 100%，而且有显著的放热效应，但易产生对作物有害的燃烧副产物。

① 液体燃料燃烧法　利用液态石化产品的氧化燃烧产生 $CO_2$。燃料为白煤油，在专门的燃烧器内燃烧。为促使煤油燃烧完全，防止产生有害的 CO 和煤油蒸气，最早是使用直燃式燃烧器，但 $CO_2$ 施肥量和施用时间难以准确控制，保养维修费用也很高。后改进为可控直燃式雾化燃烧炉，辅之以热能储存装置，使其应用得到认同。该法的优点是使用方便、易于控制施肥量及时间，而且其理论含气量高达 305%，但需要施肥设备，对燃料白煤油的纯度要求高，成本也相应提高。

② 固体燃料燃烧法　利用含碳量较高的物质，如木材、木炭、植物秸秆、煤和焦炭等在空气中的燃烧反应来产生 $CO_2$。这一方式的原料来源广泛，成本也较低，但是由于这些燃料的化学成分较复杂，燃烧后会产生诸如 $SO_2$、CO、$NO_2$、$H_2S$ 以及烟雾等有害物质。为除去有害物质，一种称为“气肥机”的温室气肥增施装置，由燃烧炉、气体过滤装置和气体输送设备等组成，放在室内或

室外均可。燃烧产生的混合气体经过滤器引入反应室底部，再经爆气管分解为微小气泡，在溶液中充分发生化学反应，吸收其中的有害物质后，使燃烧产物变为纯净的$CO_2$气体，最后经小型空气压缩机送入温室中。

这种方式的优点是原料可就地取材，施肥时间易于控制，使用安全可靠，使用期长；缺点是装置一次性投资大，必须有电源，需定期更换用于滤除有害物质的化学药品。

③ 气体燃料燃烧法　利用气态燃料，如液化石油气、天然气和沼气的燃烧产生$CO_2$。一般将罐装的液化石油气或天然气接入燃烧装置，在棚内点燃后即产生$CO_2$，同时可提供光照，也使温室的温度上升。沼气池可设在棚内或棚外，用管道将沼气与棚内的沼气灯相连。为使燃料气燃烧完全，不产生CO、燃料蒸气和其他有害气体，一般需要专门的燃烧装置，而且燃料质量要高。此法的优点是启动性能好、供气量大、操作方便，而且有增温和照明效应，但消耗能量大、燃料成本较高、气量不易控制，同时易产生CO、$SO_2$和$NO_2$等对蔬菜有害的气体。

**3. 微生物分解法$CO_2$气肥的生产原理及技术**

**(1) 增施有机肥产生$CO_2$气肥**　人和畜禽粪便、农作物的秸秆、杂草茎叶等施入土壤后，在土壤中微生物的活动下，有机质可分解产生$CO_2$。1000kg有机物氧化分解最多能释放1500kg $CO_2$。在施有大量稻草的苗床里，稻草分解发酵所释放的$CO_2$可使空气中的$CO_2$浓度达到10000$\mu L/m^3$左右。尽管多施有机肥可以提高温室内的$CO_2$浓度，而且原料就地取材、成本也低，但是由于释放的$CO_2$量和释放速度无法控制，在植物生长后期$CO_2$的释放量将显著减少，易产生如$NH_3$、$NO_2$、$H_2S$等有害气体，所以多施有机肥不能代替增施$CO_2$。

**(2) 在温室**（大棚内）**内栽培食用菌**　利用食用菌的生产过程来吸收$O_2$，放出$CO_2$，也是一种微生物发酵分解产生$CO_2$的方法。其优点是充分利用温室空间，提高经济效益，缺点是要求较高的食用菌栽培技术，另外产生的气体也不纯，气量无法保证。

**(3) 土壤化学法**　利用$CaCO_3$粉为基料，与其他添加剂、载体和黏结剂一起经高温处理而形成的固体颗粒，一般为颗粒状或粉状。经埋入土中后，在适当温度和湿度条件下，经土壤微生物的生化和物化作用，缓慢放出$CO_2$。它的组成为碳酸钙、硫酸铵、硫黄、稀土元素和非水性黏合剂。上述原料按比例充分混合后，添加黏合剂造粒。使用时将颗粒气肥均匀埋于蔬菜行间，一般亩用量为40～50kg。一次性投资，释放$CO_2$有效期约60d，最高浓度达2000$\mu L/m^3$。

这种气肥的产气速度和产气量受水分和温度的控制，无须专门的装置，操作简单、使用方便、一次施肥有效期长。但是仍为被动式施肥，产气量低，产品对储存条件也苛刻，而且制造成本也较高，施放不受控制。

## 三、$CO_2$气肥的施用技术

### 1. 施肥浓度

在温、光、湿度等条件较为适宜的情况下，一般蔬菜作物在 600～1500μL/L 浓度下，光合速率最快，其中果菜类蔬菜以 1000～1500μL/L 为宜，叶菜类蔬菜以 600～1000μL/L 为宜，并且，晴天应取高限，阴天应取低限。作物生长前期 $CO_2$施用量尽可能大些，生长后期要相应减少施用量，但也要注意 $CO_2$浓度不要过大，避免发生生理障碍。进行 $CO_2$施肥要保证保护地具有良好的密封性。

### 2. 施肥时间

一般作物生育初期施用 $CO_2$效果好。蔬菜幼苗期施用 $CO_2$，可以促进秧苗发育，使幼苗根系发达，壮苗率增加，对果菜类还可提早花芽分化，对提高早期产量作用很显著。从经济效益来讲，以在作物进入光合作用盛期，$CO_2$吸收量急剧增加时开始施用为佳。冬季光照较弱，作物长势较差，$CO_2$浓度低时可提早施用。考虑到棚室内一天中 $CO_2$的变化情况，$CO_2$施用的开始时间一般为晴天日出后 0.5h，停止施用时间为通风前 0.5h。每天施用 2～3h，就不会使植株出现 $CO_2$饥饿状态。由于不同季节间光照时数和光照强度不同，从获得最大经济效益的角度讲，$CO_2$施肥的具体时间为 12 月至翌年 1 月的 9:00～11:00，2～3 月的 8:00～10:00，4～5 月和 11 月的 7:00～9:00。中午日照充分时 $CO_2$亏缺最为严重，但此时施用 $CO_2$往往又和通风降温发生矛盾，Enoch 提出 $CO_2$间歇施肥技术，具体做法是：在需要通风降温时，反复使用短暂的急骤通风，每次不超过 5min，随之以一段较长时间的密闭，增施 $CO_2$，如此反复循环。阴雨天或气温较低时不需施用。林何等报道，茄果类蔬菜结果期为 $CO_2$最佳施用期，一般以连续施 30d 左右为宜，指出晴天日出揭苫后 1h（小时）左右是 $CO_2$最佳施用时间。吴继忠报道，黄瓜以幼苗 7～8 叶后增施 $CO_2$为好，秧苗过小，吸收量少，施用 $CO_2$效果不明显，且施用 $CO_2$须每日进行，不宜间断，以满足黄瓜的适应能力，减少病害发生，阴雨天不施。

### 3. 施肥过程中的环境调控

**（1）光照** $CO_2$施肥可以提高光能利用率，弥补弱光损失，增加光合速率，尤其在人工补光条件下，施肥可充分发挥补光潜力，降低生产成本。研究表明温室作物在正常大气 $CO_2$浓度下光能转换效率为 5～8μg/J，光能利用率为 6%～10%，1200μL/L $CO_2$浓度下光能转换效率为 7～10μg/J，光能利用率为 12%～13%。通常，强光下增加 $CO_2$浓度时，作物光合速率增加幅度大于弱光，因此，冬季设施栽培蔬菜 $CO_2$施肥同时务必注意改善群体见光条件。

**（2）温度** 从光合作用角度分析，当光强为非限制性因子时，增加 $CO_2$浓度提高光合作用的程度与温度有关，高 $CO_2$浓度下光合适温升高。前人研究结果表明，蔬菜$CO_2$施肥效果与生长期平均气温相关，较高气温下施肥才能增产，并且依据光强进行变温管理的施肥效果优于恒温管理；$CO_2$施肥促进生长的作用在一定范围内随根温升高而增强，$CO_2$浓度与根际温度存在明显互作效应；温度不仅影响光合速率，也制约光合产物的分配利用，低$CO_2$环境下生长适温不适于高$CO_2$环境。由此可以认为，$CO_2$施肥的同时提高管理温度是必要的，但实践中尚需进一步研究其可行性或确定理想的温度调控指标。有人主张将$CO_2$施肥条件下的温室通风温度提高2～4℃，并以试验证明此法可使$CO_2$加富，冬茬番茄产量增加52%。延迟通风、增加$CO_2$施肥时间和光合产物积累可能是增产的主要原因。但对全天实施略高于大气浓度$CO_2$加富的夏茬番茄而言，提高通风温度虽然可以减少通风时间、节省$CO_2$投入，但果实产量和商品性却大幅度下降。因为，提高通风温度所带来的高湿环境对作物生育是不利的，可能会间接影响产品的数量和质量；另一方面，高湿诱发病害的发生。高$CO_2$浓度配合高温管理往往会引起植株徒长，尤其育苗阶段易形成徒长苗。据 Woodrow 等（1987）报道，番茄$CO_2$施肥的同时用乙烯利处理可培育出更加紧凑、苗壮的移植苗。关于蔬菜$CO_2$施肥过程中生长调节剂的应用研究较少。

**（3）水分** 空气湿度影响作物蒸腾作用，进而影响矿质吸收。低营养供给水平下，$CO_2$施肥的同时维持过高的空气湿度会大幅度降低蒸腾作用，导致作物营养缺乏，生长不良，丧失$CO_2$施肥效果。尽管提高$CO_2$浓度能增强作物对干旱胁迫的抗性，但施肥过程中仍以保持较高的空气湿度为宜。Sritharan 等（1990）研究证明，$CO_2$施肥可在一定程度上弥补球茎甘蓝由根系干旱带来的生长负效应，但只有在满足其正常生理代谢水分需求的条件下，施肥产量最高，并显著降低产品器官中的$NO_3^-$含量。

**（4）矿质营养** $CO_2$施肥促进蔬菜生长发育，增加矿质营养吸收。生长于8000$\mu$L/L $CO_2$环境中的番茄N、K吸收量分别比对照（3300$\mu$L/L）增加55%和45%。盆栽蚕豆N、P、K营养匮乏时$CO_2$施肥增产作用丧失。因此$CO_2$施肥同时必须增加矿质营养供给。从光合作用角度，提高$CO_2$浓度和增施氮肥均有利于改善大豆叶片的光合作用，并且增施氮肥可以增强$CO_2$浓度，增加对光合功能的改善，这是因为氮是光合碳循环酶系和电子传递体的组成成分。Mortensen 等在1987年也提出，$CO_2$施肥同时应增加营养液浓度，避免营养缺乏，尤其在高湿环境中。这一观点在另外的试验中也得到证实。

**4. 夏季施肥技术**

夏季外界气温升高，温室需通风降温，此时高浓度$CO_2$施肥不再经济，但通风尚不能避免亏缺。据测定，夏至前后全部通风的黄瓜温室内$CO_2$亏缺达5%～10%。一方面，340$\mu$L/L以下，光合速率随$CO_2$浓度降低呈直线下降；另一方面，夏季通风期维持设施内$CO_2$浓度近于或略高于大气水平可显著提高蔬菜产量，并且$CO_2$浓度与最终产量呈线性相关。因此，夏季$CO_2$施肥依然重要。综合各方面因素，夏季$CO_2$施肥浓度不宜过高，维持近于大气水平的$CO_2$可减少温室内外$CO_2$浓度落差，降低渗漏损失，具有最大的吸收利用效率，并能获得5%～10%的增产效果，对多数栽培者更具吸引力。

**5. 交替施肥技术**

交替施肥首先是针对作物长期$CO_2$施肥的光合适应性问题提出的，认为交替施肥可减少长期高$CO_2$施肥浓度的负面效应，具有与连续施肥相近甚至更优的施肥效果。另一方面，伴随外界气温升高，温室通风降温时间延长，通风期增施$CO_2$不再经济，但通风又不能避免亏缺，导致一日中$CO_2$亏缺时间多于施肥时间，据此有学者提出用短时间通风降温和长时间$CO_2$施肥交替进行的方法延长施肥时间，并根据模型测算此法比常规施肥全年增产50%。但也有研究表明，间歇式$CO_2$施肥的甜椒产量低于连续施肥。

# 第七章

# 新型肥料应用中的问题

## 一、液体肥料如何鉴别与选购

液体肥料的种类在市场上有很多，如何鉴别质量好坏，所以如何鉴别液体肥料就非常重要。如何鉴别液体肥料主要从几个方面着手：一看、二称、三闻、四冷冻、五检验。

看物理状态。好的液体肥料产品澄清透明，洁净无杂质，而质量差的产品里可能会有很多固体不溶物。

称产品质量。相同体积液体产品越重，相对密度越大。因此，相对密度大小是衡量液体肥料产品好坏的重要指标，好的产品不一定相对密度很大，但是相对密度很小的肯定含量不充足。

闻产品气味。好的产品没有气味。有浓重氨味的是酸碱度没掌握好，有特殊香味的一般是为遮盖某些气味，有刺鼻气味的一般是加了不该加的物质。

冷冻检验稳定性。好的产品放置在冰箱里速冻24h不会分层结晶。如果分层结晶，则是生产过程中没有选择好原料和没有控制好生产工艺。

## 二、几种新型肥料的施用方法

微生物肥适用于大田作物、蔬菜、果树及其他经济类作物。可以做基肥、追肥，可沟施或穴施，也可用来拌种、浸种、蘸根或叶面喷施，具体因类型而异。注意，微生物肥中的有益微生物是有生命的，因此，在贮存时不能与农药、化肥和过酸、过碱物质混放，不要与大量化肥或酸碱性化肥混施，土壤过酸、过碱或干旱都影响菌肥效果发挥。

土壤调理剂不针对作物种类，主要针对土壤障碍情况施用，建议在施用期间应按照适用该地块特性种植作物。调理剂的选用主要看调理剂的改土目标、改土效果和材料特点等。如果是天然资源调理剂，施用量可以大一些，而且适宜用量的范围较宽；而人工合成的调理剂，因效能和成本均较高，则用量要少得多。市场上主要土壤调理剂品种有土壤保水剂、油菜素内酯等。

腐植酸肥目前主要用于大田作物的小麦、玉米以及其他如棉花等经济作物上；同时在果树和设施经济作物方面也有广泛应用。在施用方法上，水溶性固体或液体产品主要做叶面肥、种肥或浸种、浸根。一般要稀释800倍左右。

新型叶面肥特别适合生长周期短、经济价值高的瓜果、蔬菜，适合在膨大期、上市前追肥。主要品种有大量元素水溶肥料、中量元素水溶肥料、含氨基酸水溶肥料、微量元素水溶肥料、含腐植酸水溶肥料、有机水溶肥料等。

缓/控释肥其特点是养分释放与作物吸收同步、节约资源、保护环境、省时省工。选用时要注意：购买时要特别注意养分含量，氮、磷、钾比例和养分释放期，作为合理施用的依据。适宜做基肥一次性施用，一般每亩施用30～50kg，与种子隔开，侧深施 10～15cm 或进行分层施肥。还要注意氮、磷、钾适当配合和后期是否有脱肥现象发生。做追肥要提前和适量。

二氧化碳肥料主要用于设施农业，不限于特定作物；其分类有固体、液体和气体 3 种形态。固态肥料可以是干冰或颗粒剂。干冰使用时人不能直接与其接触，以防受到低温伤害；颗粒剂可直接撒于地面或埋入土中，每亩用量约 40kg，可在 40d 内连续释放。液态肥料使用时将装有二氧化碳的钢瓶置于保护地内，通过减压阀把二氧化碳气用塑料软管输送到作物能充分利用的部位。瓶口压力在 0.1～0.12MPa 时，每天释放 6～12min 即可。气态肥料每平方米穴施 1 粒，深度 3cm，每亩施用量不少于 6～7kg。一次使用可连续释放二氧化碳 30 多天。

## 三、肥料施用应该避免的问题

① 施肥浅肥料易挥发、流失或难以达到作物根部，不利于作物吸收，造成肥料利用率低。肥料应施于种子或植株侧下方 16～26cm 处。

② 双氯肥用氯化铵和氯化钾生产的复合肥称为双氯肥。含氯约 30%，易烧苗，要及时浇水。盐碱地和对氯敏感的作物不能施用含氯肥料。对叶（茎）菜过多施用氯化钾等，不但造成蔬菜不鲜嫩、纤维多，而且使蔬菜味道变苦、口感差、效益低。脲基复合肥含氮高，缩二脲含氮也略高，易烧苗，要注意浇水和施肥深度。

③ 农作物施用化肥不当，可能造成肥害，发生烧苗、植株萎蔫等现象。施氮肥过量，土壤中有大量的氨和铵离子，一方面氨挥发，遇空气中的雾滴形成碱性小水珠，烧伤作物，在叶片上产生焦枯斑点；另一方面，铵离子在旱土上易硝化，在亚硝化细菌作用下转化为亚硝铵，气化产生二氧化氮气体，会毒害作物，在作物叶片上出现不规则水渍状板块，叶脉间逐渐变白。

④ 过多施用某种营养元素不仅会对作物产生毒害，还会妨碍作物对其他营养元素的吸收，引起病症。

⑤ 新鲜人粪尿直接施用于蔬菜，由于新鲜的人粪尿中含有大量病菌、毒素和寄生虫卵，如果未经腐熟而直接施用，会污染蔬菜，易传染疾病，需经高温堆沤发酵或无害化处理后才能施用。

## 四、肥料相克的防治措施

### 防止“磷锌效应”

如多施磷肥，多余的有效磷与土壤中的有效锌结合形成难溶性的磷酸锌沉淀，而引起土壤有效锌的缺乏。不仅如此，多余的有效磷还会抑制作物对氮的吸收，引起氮的缺乏。又比如多施钾肥，多余的钾会减少作物对氮、镁、钙、硼和锌的吸收，引起农作物体内缺乏这些营养元素。另外，即使是有机肥也不可过多施用。

① 尽可能做到平衡施肥。对农作物偏施或多施单质肥料，不仅造成浪费，增加生产成本，而且易导致其他某种或某些营养元素的缺乏。施肥时，要根据农作物需肥结构的不同和土壤的供肥能力，做到量出为入。

② 根据作物对各种营养元素的需求比例要增同增，要减同减。相对单质肥料而言，复合肥或复混肥营养元素的比例关系比较适当和协调。因此，施肥时应以复合肥为主，以单质肥料为辅，如对于以块茎、块根为收获对象的蔬菜等需钾量大的农作物，可在施用硫基复合肥的基础上，再适当增加硫酸钾单质肥料作补充。

③ 错开施用时期或施用部位。锌肥和磷肥若混施，必然会产生“相克”。因此磷肥应作底肥或基肥施用，锌肥应作追肥施用。氮、磷、钾等大量元素肥料应以根际追肥为主，微肥应采取叶面喷施的方法。

④ 缩小接触范围。氮、钾肥可采用撒施的方法；磷肥可采用集中施肥的方法；微肥可采用拌种、浸种、蘸根等方法，使微量元素局限在根部这一较小的范围内，尽量不与大量元素接触。

## 五、施用沼气肥料应注意的几个问题

沼肥，是一种速缓兼备的优质有机肥料，包括沼渣、沼液等，是一种氮、磷、钾齐全的肥料。产沼气过程中，由于高温发酵和极端的厌氧环境，其中大量的寄生虫和病原微生物被杀死或抑制，因此，沼肥是一种安全、优质、高效的无公害肥料。但是，沼肥中含有较多易挥发的铵态氮，如果施用方法不当，容易损失肥效。因此，在施用沼气肥料时应注意以下几个问题。

① 沼肥应随出随施，不宜久存。一般从沼气池中取出后，就应直接施到田里，实在忙不过来时，最多也只能堆放 1～2d。时间拖得越久，铵态氮损失越多。一时不用的沼肥，应及时存放在有盖的桶中或粪池内，还可以加入 0.1%～0.2%的过磷酸钙，使易挥发的铵态氮变成不易挥发的磷酸一铵和磷酸二铵，以保持肥效。

② 沼渣宜作为基肥深施。施用于水田时，最好是在耕田时使用，使泥、肥混合，每亩施用量大约 2000kg；施用于旱地时，最好是集中施用，如穴施、沟施，然后覆盖 10cm 厚度的土层，以减少养分挥发。

③ 沼液宜作为追肥施用。施用时，应根据沼液的质量和作物生长情况，适当掺水稀释，以免伤害作物的幼根或嫩叶。沼液可按一定比例结合灌溉施用，也可进行喷施。沼液可与尿素等化肥配合使用，沼液能帮助化肥在土壤中溶解，吸附和刺激作物吸收养分，提高化肥利用率。一般每 50kg 沼液中可加入 0.5～1kg 尿素。

④ 沼液还可作为叶面肥喷施，既可补充养分，又可防治病虫害，适用于多种作物。叶面喷施一定要掌握好各种作物不同生长发育期施用的适宜浓度，以防烧坏叶面。一般作物在幼苗期用 1 份新鲜沼液加水 1～1.5 倍，瓜菜类作物幼苗期要加水 1.5～2 倍，作物生长的中后期以及果树的施用浓度，一般用 1 份新鲜沼液加水 0.5～1 倍较为合适。

⑤ 将沼肥按 1∶1 的比例与稻草、飞机草或其他杂肥（要切成 10cm 左右）等混合堆沤 30～40 天，可制成堆肥。

## 六、腐植酸肥料与土壤病害

“土壤病”和“土传病”是困扰种植业的两大难题。“土壤病”是指由于土壤自身不健康而导致农作物不能正常生长；“土传病”是指由于各种病原菌在土壤中生存或寄生并通过土壤传播给农作物，而导致的病害。“土壤病”由于看不见、摸不着、闻不到，所以往往被忽视，而且“土壤病”也是“土传病”发生、加重的诱因。

“土壤病”通常表现为：农作物抗逆性弱；根系不发达以至腐烂；植株矮小或不能正常生长；常发生小叶、黄叶、早期落叶、花而不实或落花落果；果实畸形或失去果品原有的风味，甚至造成农产品不安全。

冰冻三尺，非一日之寒。“土壤病”的形成亦是耕作人长期不科学耕作的后果累积，主要原因为长期不深耕造成土壤耕作层变浅，耕层土壤严重板结；盲目大量使用化肥引发土壤营养比例失调、土壤酸化、次生盐碱化及肥害；施肥结构不合理导致土壤严重缺乏中、微量元素及有机质；化肥、农药残留及重金属为主要污染源的土壤污染以及盲目管理造成的设施农业土壤综合征等。

点滴努力，大地铭记。“土壤病”的防治需要心怀敬畏、目光长远的努力：深耕、深松，使土壤耕作层保持在 20cm 以上，就能显著提高土壤保水保肥和抵御自然灾害的能力；科学平衡施肥，可以防止营养比例失调、土壤酸化和次生盐碱化；控制高残留农药的使用，避免工业废弃物等含重金属和有毒害的物质进入农田，能有效减轻土壤污染；作物秸秆还田将明显提升土壤有机质含量；腐植酸类肥料、土壤调理剂的合理施用，则可以改善土壤结构，提升土壤肥力，钝化重金属、激活微生物。大地不会辜负耕作人的每一份友善与呵护。

据《农业圣典》记载，生长在健康土壤中的植物比生长在贫瘠或营养失衡土壤中的植物具有更强的抗病能力。健康土壤是指富含腐殖质的一种土壤条件，腐殖质能让植物的生长更快速、稳定，也意味着丰产、优质。

腐植酸是腐殖质的重要成分，是土壤的本源性物质。研究证明，腐植酸本身或通过与土壤的一些无机成分作用而形成一种复杂的胶体结构，该结构能适应水分和电解质反应条件的变化，同时，富含腐殖质的土壤有大量的微生物活动。因此，腐植酸肥料在根治“土壤病”，防控“土传病”方面发挥着重要的作用，越来越受到人们的重视。

## 七、如何合理保管肥料

保管肥料应做到“六防”：

① 防止混放。化肥混放在一起，容易使理化性状变差。如过磷酸钙遇到硝酸铵，会增加吸湿性，造成施用不便。

② 防标志名不副实。

③ 防破袋包装。如硝态氮肥料吸湿性强，吸水后会化为浆状物，甚至液体，应密封贮存。

④ 防火。特别是硝酸铵、硝酸钾等硝态氮肥，遇高温（200℃）会分解出氧，遇明火就会发生燃烧或爆炸。

⑤ 防腐蚀。过磷酸钙中含有游离酸，碳酸氢铵则呈碱性，这类化肥不要与金属容器或磅秤等接触，以免受到腐蚀。

⑥ 防肥料与种子、食物混存。特别是挥发性强的碳酸氢铵、氨水与种子混放会影响发芽，应予以充分注意。

## 八、购买肥料要注意广告陷阱

### 1. 好肥料用上当天就见效

蔬菜吸收肥料有一个过程，蔬菜外表显示出肥效应在施肥数天之后，再说对蔬菜的肥效也并不是越迅速就越好。个别肥料中如果加入赤霉素等生长调节剂，菜苗会生长很快，但这种迅速生长对绝大多数蔬菜生产是有害的，常会引发旺长，使其抗性下降，也会使茄果类、瓜类落花落果或造成瓜果生长变慢，枝蔓疯长，使产量受到不应有的损失。所以菜农应警惕这种肥料，千万别用！否则这种当天或快速见效的肥料会使你的蔬菜表现很不正常，急功近利必受损失。

### 2. 用了这种肥不用再追别的肥

众所周知，蔬菜的追肥是补充基肥的不足，也是为了满足蔬菜不同发育阶段的需要。如黄瓜、番茄、茄子、辣椒及豆类，其共同的特点是开花结果后对氮肥和钾肥的需求量会大增，理应多次追肥。不追肥是不能满足蔬菜需要的，不追肥其表现必然是产量低、品质差。

买肥料不要听信这样的宣传“不用再追肥”，表面看来是宣传肥料好，实际是引导菜农违背蔬菜生长发育的需肥规律，如瓜果膨大期急需供肥，供晚了会个头小、产量低，不追肥是不懂蔬菜生理需要的临界期。

### 3. 工厂生产的有机肥可以替代农家有机肥

“完全可以代替鸡粪等有机肥”，这显然是夸大了工厂有机肥的作用，几十斤

(1斤＝500g)、几百斤工厂生产的有机肥是无法取代大量农家有机肥的。首先是量不足，不能改土肥地。其次是一亩地一茬蔬菜要消耗有机质1000kg左右，有的专家曾提出工厂化有机肥的用量要达到800kg以上才能取代大量的有机肥来用。因价格因素，当前菜农还应坚持每亩施用万斤左右的鸡、鸭、猪粪作基肥，不能幻想“以少代多”，以免受损失。目前在我国北方蔬菜有机质尚低的情况下，尤其应注意基肥用量要大，先打好基础，不能轻信传言，破坏了这个基础。

**4. 这种肥富含几十种营养元素**

卖假肥的人常说这种话，似乎元素越多越好。其实植物包括蔬菜所需的营养元素共16种，多了反而是“假”。另外就蔬菜需肥的情况看，也不是每一种都缺乏，都需要补充。在我国北方，氮、磷、钾是必须补充的，铁、锌、硼、钼也常缺乏，故复合肥、复混肥也只是几种肥料元素的配合，基本就能满足我国北方菜农的需要。

**5. 用了这种肥，什么病都不得**

这种宣传是错把肥料当作了农药，是很可笑的。肥好苗壮是一回事，能增加抗病能力，但夸大到蔬菜用了不得病，显然是骗人的。病还是用药、用良种、用改变环境来综合防治为好。

**6. 这种生物肥能解钾、解磷、固氮，能使土壤中的营养大量释放出来，不用别的肥，蔬菜也能长得很好**

生物肥的不少种类能解钾、解磷、固氮，也能使土壤中的一部分营养释放出来，可问题是“解”出来的量能满足蔬菜生产的要求吗？显然是差得很远，充其量解出来的那些营养只能作为蔬菜施基肥和追肥的补充而已，是不能取代施肥的。如果依靠这种“解”，除了量不足以外，还有一个“源”的问题，尤其在我国黄淮海平原，其土壤中有机质含量低，含高磷、钾的土壤基质也很少见，如果依靠施用这种肥料来解决释放氮、磷、钾和其他营养，无疑是“无源之水、无本之木”。正确的办法是要施足农家有机肥。土壤肥力已很高的东北森林土和少数多年大棚地施用这种生物肥是可以的，但应充分考虑把它作为栽培中的一个时间段内应用，不能连年应用。一般地区应把这种肥作为施肥的一种辅助种类来应用。

**7. 今年用多少钱的肥，明年还用多少钱的肥**

施肥量以花钱的数额来确定弊病很多。且不说肥料价格年年会有变化，单就用肥的根据来讲，蔬菜施肥应该是按需供应，需肥情况会因蔬菜的种类不同而不同，也会受到土壤肥力水平的影响，不会年年固定在同一个水平上。再是蔬菜对肥的需要，也按元素的大体比例吸收，满足蔬菜用肥就不能按钱买肥定用量，理应考虑土壤中各种营养元素余缺和蔬菜的实际需要，按钱用肥势必会出现不该用的用过了，出肥害，需要补充的又不一定能补足。有可能需要甲时，却施了乙……

所以，按钱去供肥是典型的盲目用肥，乱用肥。会给蔬菜生产造成不少“隐患”，菜农须力戒这种做法。

## 九、无公害农产品生产选择肥料

无公害农产品生产过程中，必须按照优化配方施肥技术，以有机肥为主，以保持或增加肥力及土壤生物活性为目的。所有肥料，尤其是富含氮的肥料，不应对环境和作物（营养、食味、品质和植物抗性）产生不良后果。允许使用的肥料种类：

① 有机肥：堆肥、沤肥、厩肥、沼气肥、绿肥、作物秸秆、饼肥。

② 无机肥：矿物氮肥、矿物钾肥和矿物磷肥（磷矿粉）、石灰石；按土肥、农技部门指导的优化配方施肥技术方案配制的氮肥（包括碳铵、硫铵）、磷肥（包括磷酸二铵、磷酸一铵、过磷酸钙、钙镁磷肥）、钾肥和其他符合要求的无机复合肥。

微量元素肥料：以铜、锌、铁、锰、硼、钼等微量元素及有益元素为主配制的肥料。

中量元素肥料：以钙、镁、硫等中量元素为主配制的肥料。

③ 微生物肥料：植物生长辅助肥料，用天然有机提取液或接种有益菌类的发酵液，添加一些腐植酸、藻酸、氨基酸、维生素、糖等配制的肥料（包括活性四维肥、土壤活性剂及根瘤菌、固氮菌、磷细菌、硅酸盐细菌等复合微生物肥料）。

④ 复合肥料：以上述肥料中的两种或两种以上，按科学配方配制而成的有机和无机复合肥料。

## 十、肥料能否防治农作物病虫害

利用化肥或者有机肥可以防治农作物病虫害。这种方法不仅经济有效，而且还有施肥、不伤害天敌和不污染环境等作用。肥料是如何防治农作物病虫害的？

**1. 氮肥如何防治农作物病虫害**

尿素具有破坏昆虫几丁质的作用，用尿素、洗衣粉、水按 4∶1∶400 的比例混合配制而成的“洗尿合剂”对为害棉花、蔬菜以及花卉的蚜虫、菜青虫、红蜘蛛等多种害虫具有良好防治效果。在小麦锈病零星发生时，用 50%尿素或 3%硫铵水溶液喷雾效果良好。

碳酸氢铵、氨水等铵态氮肥具有较强的挥发性，对害虫具有一定的刺激、腐蚀和熏蒸作用，尤其对红蜘蛛、蚜虫、蓟马等体形小、耐力弱的害虫效果更好。施用方法：用 1%碳酸氢铵或 0.5%氨水溶液均匀喷雾，每隔 5～7d 喷 1 次，连喷 2～3 次。

### 2. 磷肥如何防治农作物病虫害

棉花嫩头上的腺毛分泌的草酸对棉铃虫蛾具有引诱作用，在棉铃虫成虫发生期用1%～2%过磷酸钙浸出液作叶面喷肥，可使草酸变为草酸钙而失去对棉铃虫的引诱力，从而使棉田落卵量下降33.3%～73.4%。每次喷磷的持效期一般为2～3d。

番茄脐腐病是植株缺钙引起的一种生理病害，从番茄初花期开始用1%过磷酸钙浸出液，每隔半月喷一次，连喷2～3次，可明显预防脐腐病的发生。

### 3. 钾肥如何防治农作物病虫害

钾能增强作物的抗逆性，增施钾肥对多种作物病虫害的发生具有抑制作用。生产上直接用于防治农作物病虫害最多的钾肥是草木灰。

用草木灰10kg对水50kg，浸泡24h后过滤取滤液喷雾，可以有效地杀灭作物上的蚜虫；在棉花幼苗期每亩用草木灰20～25kg顺垄撒施，可以提高地温，减轻棉花立枯病、炭疽病、红腐病等的发生；在葱、蒜或韭菜开沟种植前每亩用草木灰20kg施于沟底或在葱、蒜、韭菜等蔬菜幼苗期每亩撒施草木灰15kg，并接着划锄覆土，可使根蛆为害明显减轻，并使蔬菜增产15%～20%；在小麦纹枯病初发生时每亩用草木灰30～40kg，在上午露水未干时，顺垄撒在麦株基部，对控制病害蔓延有一定效果；对发生根腐病的果树，先挖开根部土壤，刮去发病根皮，稍晾然后每株埋入草木灰2.5～5kg，经1～2个月病树即可发出新根。

### 4. 硅钙肥如何防治农作物病虫害

作物施用硅钙肥后大部分硅素都积聚在作物的表皮细胞中，形成非常坚硬的表皮层，从而增强其抗御病菌及害虫侵害的能力。有资料表明，玉米、大豆等作物每亩施用30～40kg硅钙肥可使玉米螟、豆荚螟的为害明显减轻；水稻施用硅钙肥可提高表皮细胞的硅质化程度，因而抗病虫能力明显增强，粒重增加，增产10%～50%，稻瘟病发生率降低0.3%～19%，发病指数降低0.5%～13.9%。

### 5. 锌肥如何防治农作物病虫害

在甜椒定植缓苗后和结果期用0.05%～0.1%硫酸锌溶液各喷施一次，可以减少病毒病的发生并使坐果率、单果重明显提高，增产15%～37%。

### 6. 锰肥如何防治农作物病虫害

在大白菜播种时用微量元素锰拌种，或在大白菜幼苗期、莲座期和包心期用0.1%～0.2%硫酸锰溶液各喷施一次，对大白菜烧心病具有显着防治效果，可增产10%～18%，且对白菜品质有所改善。

## 十一、远离肥害，肥料施用“禁忌”

肥料可以帮助作物更好的吸收营养，促进自身的生长。但是肥料的施用也是有禁忌的，稍有不慎就会发生肥害，造成损失。下面我们就来介绍一下肥料施用的禁忌。

一忌：酸性化肥不可与碱性肥料混用。碳铵、硫铵、硝酸铵、磷铵不能与草木灰、石灰、窑灰钾肥等碱性肥料混施，会发生中和反应，造成氮素损失，降低肥效。

二忌：含氯的化肥不宜使用在盐碱地和忌氯作物上。忌氯作物有烟草、甜菜、薯类、茶树、桃树、葡萄、柑橘、甘蔗、西瓜等。

三忌：氮素化肥不宜浅施或浇水前施用。氮素化肥施入土壤后一般要转化为铵态氮，容易随水流失或受光热作用而挥发，失去肥效。

四忌：碳铵和尿素不能混用。尿素中的酰胺态氮不能被作物吸收，只有在土壤中脲酶的作用下，转化为铵态氮后才能被作物利用。碳铵施入土壤后，造成土壤溶液短期内呈酸性反应，会加速尿素中氮的挥发损失，故不能混合施用；碳铵也不可与菌肥混用，因为前者会散发一定浓度的氨气，对后者的活性菌有毒害作用，会使菌肥失去肥效。

五忌：氮肥不宜多施于豆科作物上。豆科作物根部都有固氮根瘤菌，过多施用氮素肥料，不仅会造成浪费，还会使作物贪青晚熟，影响产量。

六忌：磷肥不宜分散使用。磷肥中的磷元素容易被土壤吸收固定，失去肥效，应先将磷肥与积肥混合堆沤一段时间，再沟施或穴施于作物根系附近。

七忌：含磷量较高的肥料不宜多用于蔬菜。蔬菜对磷元素的需要量相对较小。

八忌：钾肥不宜在作物生长后期施用。待有缺钾症状时，作物生长已近后期，这时再追肥已起不到多大作用，因此钾肥应提前至作物苗期追施，或作基肥施用。

九忌：稀土肥料不宜直接施于土壤中。稀土肥料用量较小，正确的使用方法是将稀土肥料拌种或用于叶面喷施。

十忌：不宜不分作物品种和生育期滥施肥料。不同作物、不同生育期的作物对肥料的品种和数量有不同的需求，不分作物及时期施肥只会适得其反。

十一忌：硫酸铵忌长期施用。硫酸铵为生理酸性肥料，长期在同一土壤施用，会增加其酸性，破坏团粒结构；在碱性土壤中，硫酸铵的铵离子被吸收，而酸根离子残留在土壤中与钙发生反应，使土壤板结变硬。

十二忌：未腐熟的农家肥和饼肥不宜直接施用。未腐熟的农家肥和饼肥中含有多种虫卵、病菌，还会产生大量二氧化碳气和热量，直接使用会污染土壤、加快土壤水分蒸发、烧坏作物根系、影响种子发芽。正确的使用方法是，先将农家肥和饼肥充分堆沤腐熟，经高温消毒或药剂处理后再使用。

“不仅应该将作物从土壤中取走的营养元素归还土壤，而且应该把土壤肥力提高到与植物生理特性和经济制度相适应的最高水平。”因此要保证中、微量元素需求。

中微量元素肥因量“微”而易被忽视，直到最近十几年来，由于对平衡施肥的重视，人们才更关注它的价值。中国无机盐工业协会为此专门成立了中、微量元素肥行业分会。笔者从该会议上了解到，中、微量元素肥“微”而不“轻”，其研发、生产、推广还将迎来进一步发展。

长期以来，我国农业生产以高产为目标，施肥上重化肥、轻有机肥，重大量元素、轻中微量元素，重氮磷肥、轻钾肥的现象比较普遍，导致土壤养分不能得到持续均衡有效的补充，土壤结构变差，作物养分失衡，部分地区作物严重减产和病虫害发生，农产品品质下降。

针对作物施肥还得从其本身说起。到目前为止，国内外公认的高等植物所必需的营养元素有16种。其中，6种为大量营养元素，如氮、磷、钾；3种为中量营养元素，如钙、镁、硫；7种为微量营养元素，如铁、锰、硼。对于植物而言，各元素之间同等重要且不可替代。

在这16种必需营养元素中，除碳、氢、氧来自空气和水外，其他元素几乎全部来自土壤。“土壤是植物营养的提供者，土壤的理化性状也制约着养分的有效利用率。”中国科学院地质与地球物理研究所研究员刘建明说，“我们不仅要关注植物营养，而且要关注土壤质量和人体健康。”

中国农业大学资源环境与粮食安全研究中心主任张福锁教授在调研柑橘主产区土壤和植株中、微量元素状况时，通过土壤测试和叶片营养诊断发现柑橘缺素的原因有：土壤镁、钙、硼损失量过大，特别是土壤酸化加剧其流失；果园不平衡施肥导致营养间的拮抗作用，尤其是过量施钾引起镁缺乏和过量施磷引起锌缺乏。

柑橘缺素可以通过喷施锌肥、施用钙、镁、硼肥加以改善。合理施用中、微量元素肥，不仅可有效增强作物的抗逆能力，提高产量，还能改善农产品品质。

事实上，人体健康与中、微量元素也有着密切的关系。“粮食作物中、微量元素含量和生物有效性低，不能满足人体生长发育的需要，是人体微量元素缺乏的主要原因。”张福锁举例道，籽粒锌含量为40～60mg/kg才能满足需要，而目前只有10～30mg/kg。

生命体因为缺少中微量元素造成的“隐形饥饿”导致越来越多的病症发生。除了对作物、土壤的贡献，其对人体的作用也不能不引起关注。

棉花“蕾而不花”、油菜“花而不实”、金丝小枣裂果、苹果树粗皮病……当作物身上已经出现了中、微量元素缺乏的症状，施用对症的中、微量元素肥可以改善作物营养状况，提高产量和品质。当这种缺乏是潜在表现时，又应如何？

“目前，我们考虑的只是局部地区中、微量元素的缺乏。如不进行适当的研究和及时预报，在不久的将来就会产生严重的后果，中、微量元素的缺乏将扩展到更大的范围，从而更广泛、更复杂地限制生产。”

2015年2月，农业部制订了《到2020年化肥使用量零增长行动方案》。2015年7月，工业和信息化部发布《关于推进化肥行业转型发展的指导意见》。梳理一下不难发现，文件都强调了调整化肥使用结构，优化氮、磷、钾肥的配比与施用，增加中、微量元素肥和有机质肥比重，倡导开展测土配方施肥，推广高效新型肥料。

早些年，传统复合肥率先起步，中、微量元素肥发展较为迟缓。农业部登记的中量元素肥有30种、微量元素肥有43种。近来随着科学施肥工作的推进，中、微量元素肥以“小”博“大”，发展势头不容小觑，应用初显成效。

“随着农业的发展、作物产量的提高，已经到了大面积应用中、微量元素肥的阶段。”全国农技中心土壤肥料质量监测处处长、推广研究员李荣认为，“土壤养分失衡、土壤障碍因素存在、经济园艺作物发展，都需要科学施用中、微量元素肥。”

现阶段，我国肥料市场极度细分，技术要求高，品种丰富。微量元素肥单质化、高效化、多功能化发展，“不要制作‘十全大补丸’，避免某些微量元素在土壤中的富集，采用螯合、络合等方法，提高微量元素肥的施用效果。”

据业内专家表示“据土壤测试分析，在现有耕地中，中量元素在缺素临界值以下的面积不断扩大，与第二次土壤普查相比，缺素面积增加近一倍。”，“微量元素缺素面积增减互现，锌降、钼、硼升。全国耕地土壤缺锌、缺铁、缺锰、缺铜面积分别减少了26％、5.5％、3.6％和1.8％。”同时，部分地区特定作物的缺素症状得到缓解或消失。

“目前，我国中、微量元素肥产业虽然蓬勃发展，但是仍存在许多亟须解决的问题：中、微量元素肥行业品牌需要扶持培育，生产技术需要梳理，产品标准需要制定，包装物流成本偏高，施肥机械与设施发展滞后，相关配套政策亟待完善。”中国石油和化学工业联合会相关专家表示。

人们对农产品品质、肥料安全性的诉求，为中、微量元素肥带来了市场空间和发展机遇。与此同时，标准与认定是一个需要正视的问题。

对于环保生态肥料产品认证，要从产品创新、生产过程、农化服务三方面进行评价：“产品是否优化了配方，过程是否低碳环保、节能降耗，服务是否种植效果良好、环境安全”。

这也正是对中、微量元素肥生产企业的要求。而且，目前的肥料销售已经从单纯推广产品向为经销商、农户提供整套作物种植解决方案转变。帮助农民在适当的时候、以适当的量、用适当的方法合理施肥、平衡施肥，也成为了一份行业责任。

注重肥料的科学有效补充，“应进一步关注提高补充养分的有效性，如形态、浓度、方式等及恢复土壤贮存矿物成分的有效性问题”“应区分经济作物和大田作物，中量元素和微量元素”。

农民在使用中、微量元素肥时往往出现两个极端。要么只求土地在有限时间里产出最大化，嫌其见效慢，弃而不用；要么跟风上，盲目滥用或配制不当，而中、微量元素补充容易降低难，一旦过量会造成多年难以修复。

## 十二、果园施用新型肥料的问与答

新型肥料包括微生物肥料、水溶性肥料、缓/控释肥、生物有机肥等。其作用有为作物提供必需的营养成分、改良土壤结构、提高肥效等。随着市场对果品质量的要求不断提高，在果业生产中新型肥料的作用也日渐突显，被越来越多的果农接受。如何在生产中选择和施用新型肥料？本期我们将重点关注新型肥料相关知识，为果农科学施肥提供借鉴。

市面上的新型肥料种类繁多，如何根据功效和果园情况进行施用？对此，针对果农关心的问题予以解答。

问：市面上的新型肥料很多，什么是微生物肥料？

答：微生物肥料是指含有大量有益微生物的肥料，它主要由有益微生物和微生物生命活动所需要的基质组成。能活化磷、钾养分的解磷、解钾菌，能提高作物抗逆性的抗生菌，能促进有机物质转化的腐解菌等。农民朋友在选用时一是要注意品牌，以防假冒伪劣；二是在保存和施用时要满足微生物的存活条件；三是它主要是起“锦上添花”的作用，不可能取代有机肥和化肥的养分供应。

问：什么是缓/控释肥料？在西北干旱地区能用缓/控释肥料吗？

答：缓/控释肥料就是将难溶的或难以被微生物降解的物质与化肥养分（主要是氮）相结合或包裹化肥，或者将肥料制成大颗粒，使得肥料施入土壤后，养分慢慢地释放。因而能提高肥料的利用率，并减少对环境的污染。常用于果树及其他高价值作物。西北干旱地区缺乏灌溉条件，往往不得不一次性施肥。如果引进缓/控释技术或将普通化肥与缓/控释肥料配合施用，肯定是有好处。

问：市面上的叶面肥中含有的腐植酸、螯合剂、氨基酸等起什么作用？

答：铁、锰、铜、锌、钼等元素，在土壤中易于被固定，变成难以被作物吸收利用的物质。腐植酸或螯合剂，能将这些金属离子固定起来，使它不容易沉淀和被固定，从而提高了微肥和土壤中这些养分的有效性。正因为这样，有些产品将腐植酸等螯合剂称为“活化剂”。

问：上述这些物质除了能活化养分外，本身有没有营养价值？

答：腐植酸等高分子有机物除了活化养分外，还可以为作物提供养分，提高作物抗性和改良土壤。氨基酸是蛋白质的组成部分，可以被作物直接吸收利用，促进作物的生长发育。

问：什么是“肥料增效剂”？

答：“肥料增效剂”是肥料商家炒作提出的名词，它可能是提高氮肥利用率的硝化抑制剂，也可能是提高中、微量元素肥效的螯合剂或腐植酸等。如果用量合适，方法得当，对提高肥效是有好处的，但它不能取代化肥。

问：关于“新型肥料”还有什么需要注意的问题？

答：希望农民朋友在选购“新型肥料”时能注意以下两点：一是“新型肥料”的功效、养分含量、质检标准，不像普通化肥那样明确，肥料成本也比较高，因此，要更加注意防止假冒伪劣产品并量力选用。二是对自己尚不了解的“新肥料”，要向专家请教或参考他人的实践。如果心里没有底，又特别想用，可先在自家一小块地上试用一下。

## 十三、新型肥料推广应用应注意的问题

新肥料的推广应用有几条是必须要注意的。首先是产品。产品质量要稳定、效果要突出。这是立身之本。再就是合作伙伴。再好的产品，如果没有志同道合的合作推广者，也只能飘在空中。从多年来我们的观察看，不管企业大小，新肥料产品都需要合作渠道的支撑。如果希望通过一个物理手段的创新，比如新型管道网络，去替代或者绕过终端经销商的参与和推广，是不现实的。在美国等农业大国，规模化、集约化、区块化高度发达，可以实现厂家与大农场的直接对接，基本上依靠卫星定位、现代机械解决了最后一公里的问题。但我们的现状是不一样的。这就要求我们要新老结合、中外结合、厂商结合，仅仅设想砍掉中间、让利农民就能解决新肥料的推广应用，这个想法“很不接地气”。放在农民驾轻就熟的产品领域尚且不现实，何况是需要大量辅导和服务新肥料领域?!

新肥料推广应用之战，需要推土机的大力普及推广，也需要工兵铲的因地制宜、堑壕作战。

新型肥料推广要“工商联手”。2020 年中国要实现化肥农药“零增长”，数量的不再增加意味着肥效的提升是必需的。目前的新型肥料、水肥一体化正是着眼于肥效提升的重要抓手、治本之策。

如何把中国肥料利用率与发达国家之间的 20%～30%的差距缩小？新肥料、新模式中就蕴含着农业的未来。在这个过程中，推土机理论背后的简单思维是要不得的。对传统经营模式的农民来说，让利是有吸引力的，但新肥料到农民手中，如果没有了服务与辅导，新肥料的高肥效发挥不出来，对农民而言，也就是“一锤子买卖”。最终不仅造成浪费，还会将这个新兴产业做死。

这个简单思维是生产导向的思维，忽视商业领域的价值，是一种倒退。没有了商业利润，如何来推动推广服务工作？“在农村的规模经营体系中，很多新型农场、新兴农民，他们有很多是过去的农资经销商转型而来的，在跟他们的推广合作中发现，让利是会增加他们的积极性。”甘良涛说，“但这丝毫不意味着能减少推广服务的跟进，否则我们跟快消品的砸价倾销有何区别？新肥料的推广恰恰

是农资经营中最具技术含量的领域!”

“这个简单思维是对商业的无知与忽视，也会对新肥料品牌的建设带来误导。”甘良涛说。品牌的建设离不开商业领域的运作。它不可能靠产品落地就毕其功于一役，是要在推广应用中一步步积累形成的。不管是否是知名品牌，新肥料的品牌是要可培养的，在持续的推广中形成。如果寄希望于既有的大品牌强力短期的推广，实际上会增加很多额外的隐性成本，并不符合品牌成长的规律。

通过建立战略联盟，形成稳定的合作关系；探索多种定价形式，以保证经营体系的基本稳定；建立战略联盟还有一个探索方向，就是建立“双品牌”，由经销商和生产企业共同创造品牌。生产企业可以与国内外分销能力强、有经营优势、有信誉、有影响力的经销商开展这项合作，真正实现专业化分工和合作共赢，但目前这样做的企业还不太多，还需要生产企业和经销企业共同努力。

制定行业标准、推动和监管市场的准入制度和秩序化，这是推广应用的有力保障。例如，多肽和双氰胺肥料增效剂含量检测行业标准发布与实施，并能为此类肥料的规范化和标准化提供有利的保障。

近日，农业部批准发布 NY/T 2878—2015《水溶肥料 聚天门冬氨酸含量的测定》和 NY/T 2877—2015《肥料增效剂 双氰胺含量的测定》农业行业标准，为添加了聚天门冬氨酸的水溶肥料和双氰胺肥料增效剂的生产、经营、登记和监督管理提供了依据。

聚天门冬氨酸是多肽类的一种增效肥料添加剂。第七届农业部肥料登记评审委员会第二次会议议定，聚天门冬氨酸产品列为有机水溶肥料登记管理，限制混配肥料养分，登记证上应标注聚天门冬氨酸、pH 值和水不溶物等指标。农业部发布农业行业标准 NY/T 2878—2015，适用于水溶肥料中聚天门冬氨酸含量的测定。

在肥料中添加硝化抑制剂、脲酶抑制剂等增效剂成分，可以延长氮肥肥效、提高肥料利用率。近年来，添加了双氰胺等肥料增效剂的稳定性肥料在中国发展很快。第六届农业部肥料登记评审委员会第三次会议议定，将增效氮肥和肥料增效剂作为肥料登记通用名称纳入肥料登记目录管理。农业部发布农业行业标准 NY/T 2877—2015，适用于肥料增效剂中双氰胺含量的测定。

此次，农业部第 2350 号公告同时批准发布了 NY/T 2876—2015《肥料和土壤调理剂 有机质分级测定》和 NY/T 2879—2015《水溶肥料 钴、钛含量测定》。这四项肥料相关的农业行业标准于 2016 年 4 月 1 日起正式实施。

所谓增值肥料，是指增效肥料的一种，专指肥料生产过程中加入海藻酸类、腐植酸类和氨基酸类等天然活性物质所生产的肥料改性增效产品。海藻酸类、腐植酸类和氨基酸类等增效剂都是天然物质或是植物源的，可以提高肥料利用率，且环保安全。增值肥料具有很鲜明的优势：肥料中只需要加入 0.03%～0.3%的增效剂，就能够达到意想不到的肥料效果；而且在肥料中加入增效剂并不会影响肥料养分的含量，比如，增值尿素的含氮量不低于46%；将增效剂添加到肥料产品中，能够精确地测量其含量；另外，增效剂为植物源天然物质及其提取物，对环境、作物和人体无害，且工艺简单、成本低。

锌腐酸是由腐植酸经微生物发酵提取而来的具有更高生理活性与水溶性的物质。将锌腐酸添加到常规复合肥中，得到锌腐酸复合肥，便具备了“四两拨千斤”的效果。中国农科院农业专家赵立虎向记者介绍：骏化锌腐酸复合肥与其他肥料相比具有四个明显优势：一是含有锌元素，锌元素不仅是动、植物生长的必要元素，而且能促进植物的生长发育；二是含有腐植酸能使土壤疏松，使植物根系扎的深且发达，能够多吸收土壤深层内的营养和水分，起到很好的抗旱、抗倒伏功效；三是锌腐酸对氮肥具有很好的缓释作用，可提高肥料利用率；四是使用锌腐酸肥料生产的植物籽粒含锌，含锌粮食对人的健康是有益处的。所以骏化锌腐酸复合肥是绿色、增产、增效、增值的生物生态有机肥料。

# 参 考 文 献


［1］ 溪振邦，黄培钊，段继贤．现代化学肥料学：增订本［M］. 北京：中国农业出版社，2013.

［2］ 高文胜，陈宏坤．新型肥料无风险施用100条［M］. 北京：化学工业出版社，2013.

［3］ 赵秉强．新型肥料［M］. 北京：科学出版社，2013.

［4］ 张洪昌，段继贤，廖洪．肥料应用手册［M］. 北京：中国农业出版社，2010.

［5］ 张洪昌，段继贤，赵春山．多功能肥料应用手册［M］．北京：中国农业出版社，2011.

［6］ 赵永志．设施蔬菜土肥实用技术［M］．北京：中国农业科学技术出版社，2014.

［7］ 马国瑞．蔬菜施肥指南［M］．北京：中国农业出版社，2000.

［8］ 马丁E•特伦克尔．农业生产中的控释与稳定肥料［M］．石元亮，孙毅等译．北京：中国科学技术出版社，2002.

［9］ 武志杰，陈利军．释/控释肥料：原理与应用［M］．北京：科学出版社，2003.

［10］ 张树清．新型肥料及其施用技术［M］．北京：中国农业出版社，2013.

［11］ 赵秉强，张福锁，廖宗文，等．我国新型肥料发展战略研究［J］. 植物营养与肥料学报，2004，10（5）：536-545.

［12］ 王岩，黄波，苏晓，等．植物根际促生细菌型生物肥料研究综述［J］. 山东林业科技，2012，（3）：92-99.

［13］ 何绪生．保水型包膜尿素肥料的研制及评价．博士论文［D］，北京：中国农业科学院，2004.

［14］ 张洪昌，段继贤，赵春山．多功能肥料应用手册［M］. 北京：中国农业出版社，北京，2011.

［15］ 陈清，周爽．我国水溶性肥料产业发展的机遇与挑战［J］. 磷肥与复肥，2014，29（6）：20-24.

［16］ 赵秉强，等．新型肥料［M］. 北京：科学技术出版社，2014.

［17］ 曹涤环．水溶性肥料的选择和合理施用［J］. 农村百事通，2013，15：59-60.

［18］ 高祥照．水肥一体化成为推进农业现代化的重要措施［J］. 中国农资，2014，（26）：20.

［19］ 关绍华，熊翠华，何迅，等．无土栽培技术现状及其应用［J］. 现代农业科技，2013，23：133-135.

［20］ 张洪昌，段继贤，廖洪．肥料应用手册［M］. 北京：中国农业出版社，2011.

［21］ 于广武．叶面肥及其发展趋势［J］. 中国农资，2006，2：60-62.

［22］ 奚振邦，黄培钊，段继贤．现代化学肥料［M］. 北京：中国农业出版社，2013.

［23］ 肖佩刚，师建华．叶面肥的分类及使用技术［J］. 中国农业信息，2011，7：27-29.

［24］ 陆景陵．植物营养学：上册：第2版［M］. 北京：中国农业大学出版社，2003.

［25］ 高志．灌溉施肥——水、肥资源最优化的利用方式［J］. 中国农资，2009，12：66-67.

［26］ 高祥照，杜森，钟永红，等．水肥一体化发展现状与展望［J］. 中国农业信息，2015，2：14-19，63.

［27］ 黄文敏，武艳荣．蔬菜水肥一体化技术肥料的选择与配制［J］. 西北园艺，2012，01：51.

［28］ 关泉杰．概论水肥一体化技术［J］. 黑龙江水利科技，2013，41（5）：44-46.

［29］ 赵云丽．水肥一体化技术与液体肥料［J］. 氮肥技术，2013，34（5）46-48.

［30］ 黄燕，汪春，衣淑娟．液体肥料的应用现状与发展前景［J］. 农机化研究，2006，（2）：198-200.

［31］ 钱佳，马永刚．液体肥料的应用与发展［J］. 安徽化工，2009，35（1）：17-19.

［32］ 林明，印华亮．谈聚磷酸铵水溶液在液体肥料发展中的重要作用［J］. 企业科技与发展，2014，369（5）：12-14.

［33］ 曹涤环．巧辩优质水溶肥［J］. 中国农资，2013，（25）：23.

［34］ 金丽华．水溶肥料的种类、特点和使用方法［J］. 北京农业，2014，2：109.

［35］ 张承林．水溶性肥料及其应用［J］．中国农资，2013，（18）：23.

［36］ 曾宪成．水溶性腐植酸肥料及其功能［J］．中国农资，2013，（4）：24.

［37］ 张洪昌，李星林，王顺利．蔬菜灌溉施肥技术手册［M］．北京：中国农业出版社，2014.

［38］ 程明．蔬菜重力滴灌技术［J］．北京农业，2015，5：20-21.

［39］ 杨林林，张海文，韩敏奇，等．水肥一体化技术要点及应用前景分析［J］．安徽农业科学，2015，43（16）：23-25，28.

［40］ 张源沛，张益民，张建明．灌溉施肥原理及其应用［J］．宁夏农林科技，2000，（3）：10-12.